北京奥运交通丛书之一

北京奥运交通总论

Beijing Olympic Transport Overview

刘小明　全永燊　王兆荣　编著

北京市交通委员会
北京交通发展研究中心　组织编著

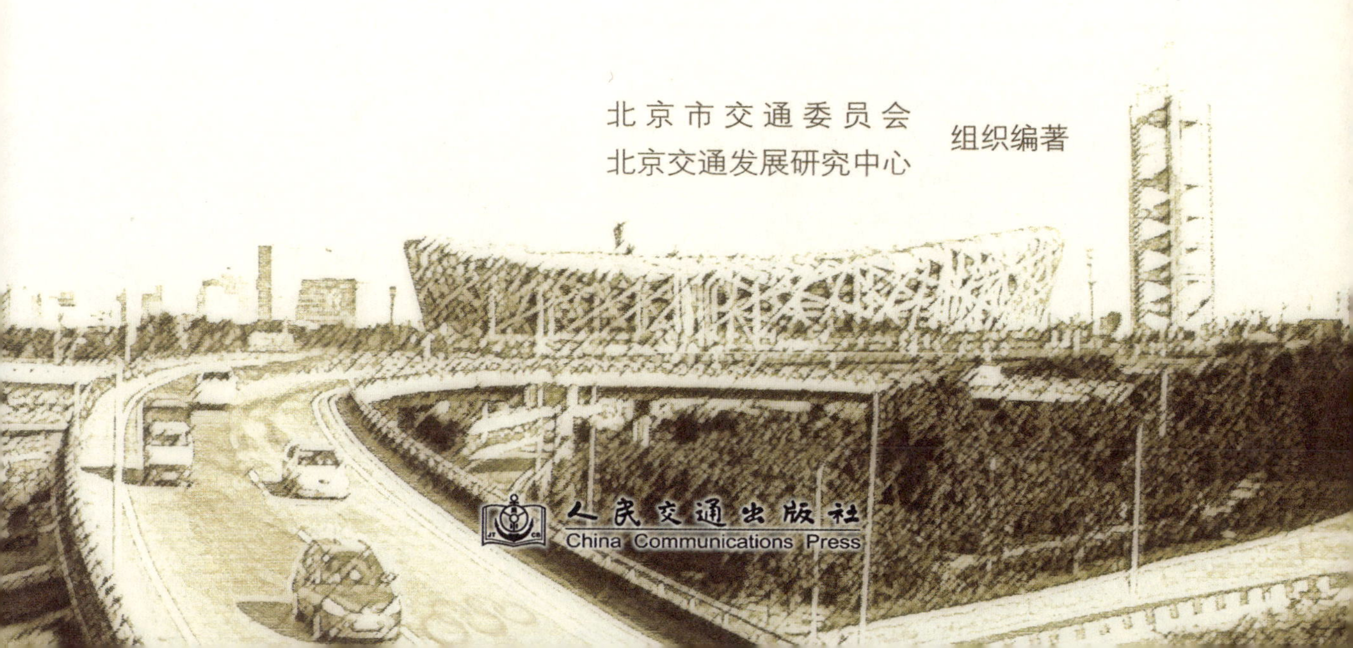

人民交通出版社
China Communications Press

内 容 提 要

本书是北京奥运交通丛书之一，是对北京奥运会残奥会赛前交通筹备、赛时交通运行的综述，共分为九章，主要内容包括：奥运交通概述、奥运交通需求、奥运交通筹备工作、奥运交通规划、奥运交通基础设施建设、奥运交通需求管理体系、奥运交通运行及交通服务保障、奥运交通科技创新、奥运交通财富。

本书可作为政府部门、大型活动组织人员决策和工作参考用书，也可作为交通工作者、科技工作者、教育工作者研究和教学的参考资料。

图书在版编目（CIP）数据

北京奥运交通总论 / 刘小明，全永燊，王兆荣编著
— 北京：人民交通出版社，2010.6
ISBN 978-7-114-08387-7

Ⅰ. ①北… Ⅱ. ①刘… ②全… ③王… Ⅲ. ①奥运会—交通运输管理—研究—北京市 Ⅳ. ①G811.21②F512.71

中国版本图书馆CIP数据核字(2010)第081932号

书　　名：北京奥运交通丛书之一
北京奥运交通总论
著 作 者：刘小明　全永燊　王兆荣
责任编辑：戴慧莉
发版发行：人民交通出版社
地　　址：（100011）北京市朝阳区安定门外外馆斜街 3 号
网　　址：http://www.ccpress.com.cn
销售电话：（010）59757969，59757973
总 经 销：人民交通出版社发行部
经　　销：各地新华书店
印　　刷：北京盛通印刷股份有限公司
开　　本：787 × 980　1/16
印　　张：15.25
字　　数：266千
版　　次：2010 年 6 月　第 1 版
印　　次：2010 年 6 月　第 1 次印刷
书　　号：ISBN 978-7-114-08387-7
定　　价：89.00 元

北京奥运交通丛书
编著委员会

前　言
Preface

2008，百年奥运，中华圆梦。

在党中央国务院的坚强领导下，在北京市委市政府和北京奥组委的统一指挥下，在国际奥委会国际残奥委会和相关国际组织的积极帮助下，在全国各族人民的大力支持下，北京奥运会残奥会圆满成功。北京奥运会残奥会实现了有特色、高水平和两个奥运同样精彩的目标，达到了让国际社会满意、让各国运动员满意、让人民群众满意的要求，全面兑现了向国际社会作出的郑重承诺。北京奥运会残奥会的成功举办，为我们留下了丰富的物质财富和精神财富，同时也积累了宝贵的经验。奥运会后，北京市委市政府站在新的起点上，认真贯彻落实科学发展观，坚持“绿色奥运、科技奥运、人文奥运”理念，大力推进人文北京、科技北京、绿色北京建设，努力把首都建设成为繁荣、文明、和谐、宜居的首善之区。

北京奥运会残奥会的交通问题一直是国际社会关注的热点之一。从2001年申奥成功至2008年奥运会残奥会举办，这7年间，为实现申办奥运交通承诺，首都交通人深入学习实践科学发展观，全面践行“绿色奥运、科技奥运、人文奥运”理念，了解奥运交通需求、编制奥运交通规划、加快奥运交通建设、制订奥运交通政策、实施交通科技创新、评估奥运交通风险、落实奥运交通方案等，实现了北京奥运会残奥会期间交通安全顺畅，公共交通和城市货运保障有力，赛事交通与社会交通和谐运转，受到了国际社会、各国运动员和广大北京市民的高度称赞。

“新北京、新奥运”战略为北京交通的跨越式发展提供了难得的机遇：创新了科学高效的交通管理体制和运行机制；建成了一大批交通基础设施；大力优先发展公共交通，使人民群众普遍得到实惠、出行更加便捷；智能交通等一批科研成果得到了推广应用，城市交通管理服务水平进一步提高；实施了交通需求管理政策，积累了城市交通管理的成功经验；开展了交通安全隐患排查治理和交通应急演练，全面实现了“平安奥运”交通目标；成功实施了奥运交通运行各项方案，为举办大型活动做好交通保障积累了宝贵经验；锻炼培养了一批懂技术、能管理、会服务、高素质的交通服务团队和人员；首都交通行业服务意识和服务水平大幅提高，交通志愿者热情服务成为了首都窗口服务行业的靓丽风景；“公交优先、绿色出行”的理念更加深入人心；交通规划、建设、运营、管理、服务水平明显提升，为北京奥运会残奥会提供了强有力的交通保障。

北京奥运会残奥会交通保障任务的圆满完成，为我们留下了丰富的物质财富和精神财富，同时也积累了宝贵的交通发展经验。站在新的发展起点上，北京市委市政府提出了今后一段时期建设以“人文交通、科技交通、绿色交通”为特征的新北京交通体系的目标，制订印发了《北京市建设人文交通科技交通绿色交通行动计划》，为建设“人文北京、科技北京、绿色北京”，努力把北京建设成为繁荣、文明、和谐、宜居的首善之区提供强有力的交通支持。

为进一步坚持以科学发展观为指导，借鉴奥运交通保障的成功经验推动首都交通发展，为大型活动交通保障提供借鉴，并为教学、科研人员提供研究参考，北京市交通委员会、北京交通发展研究中心组织有关人员编著了《北京奥运交通丛书》。这是集体智慧的结晶，也是将实践经验、科研成果与理论相结合的有益探索。

《北京奥运交通丛书》共分 8 册，从奥运交通需求、规划、建设、运行、政策、科技、安全应急等方面对北京奥运交通进行了较为全面的描述。《北京奥运交通总论》介绍了奥运交通工作的主要内容及做法经验；《北京奥运交通需求》介绍了北京奥运交通服务标准、需求特征、需求分析和北京奥运需求情况等内容；《北京奥运交通规划》介绍了北京奥运申办以来交通规划系统的构成及主要规划内容；《北京奥运交通建设》介绍了北京奥运筹办期间城市交通基础设施及奥运期间临时交通设施的建设情况；《北京奥运交通政策》介绍了北京奥运期间采取的交通需求管理政策制订过程及方法，实施效果及其评价；《北京奥运交通运行》介绍了北京奥运赛时期间交通运行和交通保障过程；《北京奥运交通科技》介绍了北京奥运筹办举办过程中智能交通技术和新技术、新材料、新工艺在交通中的应用；《北京奥运交通应急管理》介绍了北京奥运期间交通安全风险评估、交通应急管理等内容。

《北京奥运交通丛书》的编写力求采取理论和实际相结合的手法，既反映北京奥运申办、筹办、举办过程中的交通筹备、运行组织过程，也论述了大城市交通发展和大型活动的交通规划、建设、组织、管理等相关理论问题，提出了一些新理念、新观点、新方法，并进行实证分析，希望能让广大读者从中获益和启迪。

由于时间仓促，加上编写水平有限，不妥之处敬请广大读者批评指正。

《北京奥运交通丛书》编著委员会

2010 年 2 月

目　录

Contents

4 奥运交通规划 049~102

5 奥运交通基础设施建设 103~126

6 奥运交通需求管理体系 127~150

1 奥运交通概述

1.1 奥运会及奥运交通

1.1.1 近代奥运会发展概况

法国教育家顾拜旦是现代奥林匹克运动的创始人，为创办现代奥运会作出了杰出贡献。1894 年 6 月 16 日至 24 日，根据顾拜旦的建议，来自美国、英国、俄国、瑞士、西班牙、意大利、比利时、荷兰和希腊等 12 个国家的 49 个体育组织的代表，参加了在巴黎索邦神学院举行的国际体育运动代表大会。会议期间，先后有 21 个国家致函，向大会表示支持和祝贺。这次会议通过了成立国际奥委会的决议，并从 79 名正式代表中选出 15 人任第 1 届国际奥委会委员。大会还决定由奥运会举办国的国际奥委会委员担任国际奥委会主席。由于首届奥运会定于 1896 年在希腊首都雅典举行，因此希腊委员维凯拉斯当选国际奥委会第一任主席，顾拜旦为秘书长。大会规定每 4 年举行一次奥运会，通过了遵循“业余运动”的决议。大会还规定奥运会的比赛项目为田径、水上运动、游泳、赛艇、帆船、击剑、摔跤、拳击、马术、射击、体操、球类运动等。

1896 年 4 月 6 日至 15 日，第一届现代奥运会如期在希腊雅典举行。奥林匹克运动终于登上历史舞台，揭开了人类文明史上又一新的篇章。

现代奥林匹克运动是在奥林匹克主义指导下，以体育运动和四年一度的奥林匹克运动会庆典为主要活动内容，促进人的生理、心理和社会道德全面发展，增进各国人民之间的相互了解，在全世界普及奥林匹克主义，维护世界和平的国际运动。

奥林匹克运动包括以奥林匹克主义为核心的思想体系，以国际奥委会、国际单项体育联合会和各国奥委会为骨干的组织体系和以奥运会为周期的活动体系。

自第一届现代奥运会举办以来，历经百余年的发展，不仅奥运会规模和体育运动水平有了翻天覆地的进步，奥林匹克精神也得到了广泛传播。作为一种文化现象，奥林匹克主义以竞技的形式，将不同肤色、不同文化背景的民族紧密联系在一起，对人类的社会活动、人类的文明产生了深刻的影响。奥林匹克运动已成为参与国家和地区众多、具有巨大吸引力、穿透力和凝聚力的一项全球性活动。

目前奥运会的比赛项目有近 30 个大项，约 300 个小项（未含冬奥会项目），其中包括：田径、游泳（含跳水、水球、花样游泳）、射击、举重、自行车、射箭、篮球、排球、足球、手球、曲棍球、体操（含艺术体操）、击剑、国际式摔跤（自由式和古典式）、拳击、柔道、赛艇、皮艇和划艇、帆船（含帆板）、马术、现代五项、乒乓球、羽毛球、网球、棒球等。

2008 年北京奥运会是第 29 届现代奥林匹克运动会。历届奥运会的举办城市和国家见表 1–1。

1.1.2 奥运交通的基本概念

奥运交通贯穿奥运申办、筹办、测试和奥运会运行整个奥运周期，是为保障奥运交通运行而进行的奥运交通规划、建设、运行测试和奥运交通服务与管理的统称。奥运交通的实质是为奥运会的正常运转提供可靠、安全而高效的交通服务，要求在满足奥运赛事交通需求的前提下，兼顾举办城市的社会交通需求，做到赛事交通和城市交通的和谐运转。奥运交通是对城市交通承载能力的一次考验，也是对城市交通运行、管理水平的一次检验。

1.1.2.1 奥运交通服务对象

奥运交通服务对象是来自世界各国的奥运赛事以及相关活动的组织者和参与者，包括：

（1）国际奥委会（IOC）主席、国际残奥委会（IPC）主席、秘书长及官员；

（2）国际贵宾（国家元首、政府首脑、王室代表）、各国体育部长；

（3）国家（地区）奥委会（NOC）、国家（地区）残奥委会（NPC）主席、秘书长及官员；

（4）各国际单项体育组织主席、秘书长及工作人员；

表1-1　历届奥运会举办情况

届次	年份	举办城市	国家	届次	年份	举办城市	国家
1	1896	雅典	希腊	16	1956	墨尔本	澳大利亚
2	1900	巴黎	法国	17	1960	罗马	意大利
3	1904	圣路易斯	美国	18	1964	东京	日本
4	1908	伦敦	英国	19	1968	墨西哥城	墨西哥
5	1912	斯德哥尔摩	瑞典	20	1972	慕尼黑	德国
6	1916	第一次世界大战爆发，未能举行		21	1976	蒙特利尔	加拿大
7	1920	安特卫普	比利时	22	1980	莫斯科	俄罗斯
8	1924	巴黎	法国	23	1984	洛杉矶	美国
9	1928	阿姆斯特丹	荷兰	24	1988	汉城	韩国
10	1932	洛杉矶	美国	25	1992	巴塞罗那	西班牙
11	1936	柏林	德国	26	1996	亚特兰大	美国
12	1940	第二次世界大战爆发，未能举行		27	2000	悉尼	澳大利亚
13	1944	第二次世界大战爆发，未能举行		28	2004	雅典	希腊
14	1948	伦敦	英国	29	2008	北京	中国
15	1952	赫尔辛基	芬兰				

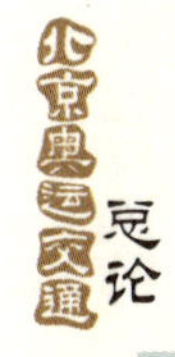

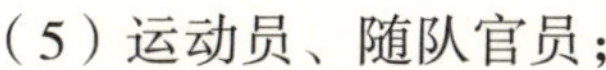
（5）运动员、随队官员；

（6）技术官员、注册媒体；

（7）工作人员、合同商及志愿者；

（8）持票观众。

在上述服务对象中，奥林匹克大家庭（Olympic Family）对服务标准的要求最为严格，其成员包括：国际奥委会主席、委员、荣誉委员、名誉委员；国家（地区）奥委会主席、秘书长；国际单项体育联合会主席、秘书长；各国（地区）代表团团长；国际贵宾；TOP赞助商的全球总裁和CEO；国际单项体育联合会的技术代表；国际奥委会医疗委员会、世界反兴奋剂组织；国际奥委会、国际单项体育联合会和国家（地区）奥委会邀请的客人等。

1.1.2.2　奥运交通服务类别

根据国际奥委会要求，在奥运会期间需要为不同群体提供不同等级的交通服务。不同等级的交通服务分为 5 类，分别为 T1/T2/T3/T4/T5[1]，见表 1–2。

表1–2　各类交通服务方式及服务对象

交通类别	服务方式	服务对象
T1	固定车辆与驾驶员的专车服务，1人1车	•IOC主席、委员、荣誉委员、名誉委员 •国家（地区）奥委会主席、秘书长 •国际单项体育联合会主席、秘书长 •代表团团长 •国际贵宾 •TOP赞助商的全球总裁和CEO
T2	固定车辆与驾驶员的合乘服务，2人或多人合用1辆车	•国际单项体育联合会的技术代表 •国际奥委会医疗委员会 •世界反兴奋剂组织
T3	通用合乘车服务，分为即时和预定两种服务方式	•国际奥委会、国际单项体育联合会和国家（地区）奥委会等客人 •国际奥委会指定的人员
T4	专用班车	•运动员和随队官员、技术官员、注册媒体
T5	公共交通	•奥运会注册人群 •持票观众 •工作人员以及志愿者

（1）T1 交通服务：对持有 T1 类别身份注册卡的每一位客人提供配有专职驾驶员的小客车服务。

持有 T1 类别身份注册卡的客人包括：国际奥委会（IOC）主席、委员、荣誉委员、名誉委员；国家（地区）奥委会主席、秘书长；国际单项体育联合会主席、秘书长；各国（地区）代表团团长；国际贵宾；TOP 赞助商的全球总裁和 CEO 等奥林匹克大家庭成员。

每天服务时间原则上为 8:00 ~ 24:00（根据赛事活动需要可适当延长服务时间），其他时间使用 T3 类别车辆提供交通服务。

[1] 国际奥委会《交通技术手册》（《Technical Manual on Transport》）

（2）T2 交通服务：对持有 T2 类别身份注册卡的客人提供配有驾驶员的专用合乘小客车服务。

持有 T2 类别身份注册卡的客人包括：国际单项体育联合会的技术代表，国际奥委会医疗委员会、世界反兴奋剂组织的代表。

每天服务时间原则上为 8:00 ~ 24:00（根据赛事活动需要可适当延长服务时间），其他时间使用 T3 类别车辆提供交通服务。

（3）T3 交通服务：对持有 T3 类别身份注册卡的客人提供配有驾驶员的合用车辆，类似于免费出租车服务，有“预约”和“即时”两种服务方式。

持有 T3 类别身份注册卡的客人包括：国际奥委会、国际单项体育联合会和国家（地区）奥委会等客人和国际奥委会指定的人员。

每天的交通服务时间为 24h，其中，7:00 ~ 24:00 提供竞赛场馆、机场和抵离地点、总部饭店、国际广播中心 / 主新闻中心、赞助商接待中心、奥运村、媒体村、签约饭店和其他奥组委指定的场所之间的交通服务；00:00 ~ 7:00 只提供奥组委指定驻地、国际广播中心 / 主新闻中心、注册中心、机场等场所之间的交通服务。

（4）T4 交通服务：对持有 T4 类别身份注册卡的客人提供专用班车服务，班车依据事先制订好的班车运行时刻表运行。

持有 T4 类别身份注册卡的客人包括：运动员和随队官员、技术官员、注册媒体。

运动员及技术官员的班车每天服务时间为比赛前三小时和比赛后三小时，严格按照比赛日程安排车辆。

由于媒体有直播和截稿时间的缘故，注册媒体的班车采用 24h 服务制度。

为运动员和技术官员提供：往返于奥运村与机场或其他抵离地点之间的抵离班车服务；往返于奥运村与比赛场馆之间的比赛班车服务；往返于奥运村与官方指定训练场馆之间的训练班车服务；往返于奥运村与比赛场馆之间的观赛班车服务；开闭幕式交通服务。

为注册媒体提供：媒体驻地到主新闻中心（MPC）、国际广播中心（IBC），MPC/IBC 到场馆的点对点的大客车服务。

（5）T5 交通服务：对所有持有奥运会身份注册卡的人员以及持当日观赛门票的观众、工作人员及志愿者提供免费的公共交通服务。

T5 服务人群包括：所有奥运会注册人群、持票观众、工作人员以及志愿者。

按照常规的公共交通运营时间为 T5 群体提供免费的公共交通服务；同时根据比赛及开闭幕式等重要活动，按照 T5 群体的出行需求，调整公共交通的运营时间。

1.1.3 奥运交通服务的基本要求

《主办城市合同》中明确提出“奥运会组委会应向奥林匹克大家庭提供可靠的交通系统。特别是须免费为注册的参赛者、随队官员、技术官员、媒体人员及国际奥委会执行委员会指定的其他注册人员在该城市机场与奥林匹克村和其他注册人员住址之间提供交通车辆；为他们来往于上述住宿地点和主办城市及主办国境内与奥运会有关的所有场馆（包括训练场馆）提供交通服务”；“举办城市与奥运会组委会应采取必要措施，以使公众在奥运会期间得以享受往来于奥运会各场馆之间的可靠、安全而高效的交通服务”。

国际奥委会根据奥运会交通服务工作的实际需要，要求举办城市为不同群体提供不同等级的交通服务，基本要求如下。

1.1.3.1 国际奥委会成员

（1）国际奥委会成员抵达举办城市时，提供从机场到奥组委指定驻地、注册中心之间的相应级别的交通服务。在国际奥委会成员离开举办城市时，提供相应级别的交通服务。

（2）根据国际奥委会全会、国际奥委会执委会、国际奥委会协调委员会以及其他会议或活动的需要，可提供大客车交通服务。

（3）为国际奥委会成员参加开闭幕式提供从驻地前往奥运会主会场的大客车交通服务。具体的服务计划需与奥组委礼宾部门、开闭幕式运行组织部门、奥运会主会场团队和安保部门共同制订。

（4）根据服务对象的交通类别，为国际奥委会成员提供专用和合用的交通服务。

1.1.3.2 运动员、随队官员及国家（地区）奥委会

（1）为集体抵离的运动员、随队官员提供即时班车服务，为零散抵离的运动员、随队官员提供合乘班车服务。

（2）按照竞赛和训练日程为运动员和随队官员提供由奥运村至比赛场馆、训练场馆的班车服务。其中，在开幕式当天，对仍需要训练的运动员及随队官员提供的班车服务在 13:00 结束，如仍需训练的，由各代表团使用分配车辆前往训练场馆。

（3）为运动员和随队官员提供集体往返于奥运村至主会场的交通服务。

（4）为闭幕式当天下午比赛结束晚的运动员提供直接前往主会场的交通服务。

（5）为国家（地区）奥委会提供代表团专用车和国家（地区）奥委会主席和秘书长用车。

1.1.3.3 注册媒体

（1）开幕式前为注册媒体人员和随身携带的行李及器材提供从机场至媒体注册中心、奥组委指定媒体驻地之间的班车服务。

（2）开幕式至闭幕式期间，提供往返于机场至主新闻中心 / 国际广播中心之间、往返于主新闻中心 / 国际广播中心至奥组委指定的媒体驻地之间的班车服务。

（3）闭幕式后提供从奥组委指定媒体驻地至机场的班车服务。

（4）为集中抵离的媒体机构（包括特权转播商和文字 / 摄影媒体）提供机场至奥组委指定媒体驻地之间的专线交通服务。

（5）为转播公司工作人员提供从机场往返与注册中心的交通服务。

（6）为注册媒体提供集体乘车往返于奥组委指定媒体驻地至国际广播中心 / 主新闻中心、国际广播中心 / 主新闻中心至主会场的班车服务。

（7）根据历届奥运会惯例，为奥运会转播公司提供专用车辆，为国际奥委会指定的国际奥林匹克摄影车队成员、国际摄影车队提供专用的 7 座商务车及驾驶员。

1.1.3.4 市场开发合作伙伴

（1）根据《市场开发计划协议》、《市场开发接待指南和基本操作标准》、《国际奥委会接待技术手册》以及组委会签署《赞助协议》各项规定，为奥林匹克合作伙伴（TOP 赞助商）和北京奥运会市场开发合作伙伴提供 T1 和 T3 的交通服务。

（2）根据赞助商提出的出行服务需求，为其提供收费的大客车服务或协议赞助商租用大客车。

1.1.3.5 奥运工作人员

奥运工作人员包括：组委会付薪工作人员、志愿者和合同员工。

为奥运工作人员提供的交通服务主要是免费的公共交通服务（包括地铁、公共汽（电）车）。

1.1.3.6 观众交通服务

奥运会期间，观众交通主要依靠公共交通解决，观赛观众可持当日观赛门票免费乘坐公共汽（电）车或地铁前往场馆。各竞赛、训练场馆和相关奥运设施不提供观众自驾车停车场。

1.1.3.7 无障碍交通服务

为乘坐轮椅的残疾人客户群提供无障碍的客车服务；为 T1、T2、T3 客户提供无障碍专用、合用客车服务；为参赛运动员、随队官员、技术官员、媒体记者，提供无障碍大客车服务。

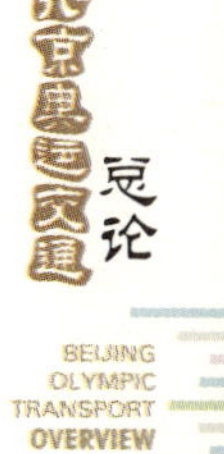

1.2 往届奥运会交通基本情况

经历了百年风雨的现代奥林匹克运动，对于每届举办城市来说，在筹备及运行过程中都会遇到方方面面的问题，在交通问题上尤为突出。

1.2.1 雅典奥运会

希腊是古代奥林匹克运动会和首届现代奥运会的故乡。2004 年，奥运会回到了雅典。共有创纪录的 201 个国际奥委会会员协会参加了本届比赛，有 10600 名运动员参加了 301 个小项的比赛。

雅典举办奥运会最严峻的挑战就是交通问题。雅典交通问题是雅典奥运会开幕前人们谈论最多、担心最多的话题。城市交通拥挤不堪，大部分道路狭窄，交通路网很不发达，城市的基础设施建设欠账太多。然而，2004 年 8 月 29 日雅典奥运会的火炬熄灭之后，人们无不交口称赞这一届奥运会所提供的“快捷、方便、舒适、安全”的交通服务。

雅典奥运会在交通方面的主要成功经验有以下几个方面。

（1）全面改造交通基础设施，提升服务水平。

1997 年雅典申办奥运成功之后，希腊政府首先意识到，公共交通落后状况是雅典的致命弱点，改变雅典交通落后面貌将是雅典举办奥运会中最大的挑战。希腊政府制订了奥运交通基础设施总体规划，其目标是：保证来自世界各国的奥运代表团和观众都能轻松自如地享受安全、舒适和快捷的交通服务。同时，保证在奥运会之后为旅游者也能够提供方便快捷的出行服务。

按照基础设施建设总体规划，雅典重点开展了三个方面的建设工作：首先，在完善市区道路网的同时，修建环城高速公路，疏解市中心区交通压力；其次，建设城市轻轨系统，新建的 51km 轻轨线把国际机场和比雷埃夫斯港口连接起来；第三，对既有的地铁系统进行技术改造，提升服务水平，地铁 1 号线经改造后，缩短了发车间隔，运能提高了 53%。雅典奥运交通服务系统的高效运转正是依赖于由地铁、轻轨和市郊铁路构成的城市快速轨道交通系统。

（2）针对各类群体的差别化交通服务。

奥林匹克大家庭运输服务系统遵循以客户为中心的服务宗旨，建立了分别面向运动员及领队、技术官员、持证媒体记者和各国奥委会官员的多层次差别化交通服务系统。每类交通服务系统都有专门的组织机构、人力资源和车场设施，为相应的乘客群体提供协议承诺的交通服务。此外，雅典奥组委交通部还设立了专门服务于赞助商的交通服务工作组和通过公共交通方式为观众与工作人员提供交通服务的工作组。

车辆和场站设施的建设是上述交通服务系统的基础保障。为奥林匹克大家庭成员服务的巴士和轿车场站都设在奥运比赛和非比赛场馆附近，目的是提供支持奥运交通系统所需的设施和服务。

（3）交通需求管控措施。

雅典奥运会按照以往奥运会交通惯例，采取压缩城市日常出行需求和调整出行方式结构两手并用的需求管理策略。据测算，奥运会期间，早高峰时段出行量压缩20%左右，加上出行方式的转变，道路负荷量实际削减近40%。

为了大幅度削减市区高峰时段道路交通负荷，奥运会前及赛事期间实施了一系列交通控制措施和广泛的社会宣传活动。采取的强制性管控措施主要包括：

①为奥林匹克大家庭成员提供全天候奥运专用通道系统，持有奥运特别许可的车辆才能进入专用通道。

②划定交通控制区域，禁止非特许车辆在交通控制区域内行驶。

③划定停车控制区域，即在奥运场馆周围划定停车控制区，只有获得特别许可的附近居民才被允许在指定位置停车；奥运主干路网和次级路网沿线禁止停车。

（4）实施交通综合管理体制。

为确保奥运期间多类交通服务系统的高效协调运行，建立道路交通运行和城市公共客运交通一体化管理体制。为此，雅典奥组委交通部制订了强有力的实施方案，成立了奥运交通运行中心，地点设在奥运安全和警察指挥中心，不仅便于与道路交通管理部门的统一调整，还承担与4个奥运会协办城市的交通运行协调事务。运行中心在奥运会期间不仅发挥着日常交通统一调度指挥作用，还负责突发事件的应急处置。

1.2.2 悉尼奥运会

2000年，悉尼奥运会有199个奥委会成员国和地区的10651名选手参加了300个小项的竞逐。悉尼奥运会采取的主要交通对策如下。

（1）建立赛时统一的交通管理机构。

奥运会期间成立交通统一管理机构，是悉尼奥运会的一大特点。悉尼奥组委清醒地认识到奥运交通建设及赛时交通运行组织必须充分依靠举办城市地方政府的统筹协调。为此，新南威尔士州政府早在1997年就成立了奥林匹克道路及交通管理局，专门负责协调悉尼奥运会和残奥会的交通事务。

（2）合理布局比赛场馆及奥运村，最大限度缩短赛时交通出行距离。

悉尼奥运会28个比赛大项中的15项赛事集中在奥林匹克公园内，其他12项比赛场馆均在半小时车程范围，只有皮划艇场地距奥林匹克公园有40min的车程。媒体村距奥运新闻中心只有5~6km，且有24h穿梭巴士服务。

（3）实行严格的交通需求管理计划，压缩道路交通负荷。

悉尼市政府及奥组委为保证奥运交通的通畅和万无一失，制订了包括压缩出行需求、调整出行方式构成及出行时空分布在内的一系列交通需求管理方案，并且开展声势浩大的社会宣传活动，最大限度地争取社会广泛支持。在“把悉尼让给奥运会客人”的口号下，许多悉尼市民主动调整休假计划，在奥运期间离开城市，到外地旅游度假。与此同时，政府对奥运场馆周边地区实施了严格的道路交通管理，控制停车泊位，限制小汽车通行，鼓励使用公交方式出行，据赛后统计，在奥运期间，悉尼市公共汽车及轮渡的客运量比赛前增加60%~104%，市郊铁路及城市轨道交通客运量增加30%以上（最高日增幅达6.5倍），市区道路早高峰交通负荷下降18%，西部地区降幅达26%。

1.2.3 汉城奥运会

1988年，汉城奥运会有159个奥委会成员国和地区的8391名运动员参加了237个小项的比赛项目。汉城奥运会采取的主要交通对策如下。

（1）实行交通需求管理措施。

① 对私人小汽车实行单双号限行措施。

② 推行合乘大客车，各类客车的平均乘坐率提升了30%以上。

③ 实施弹性工作制，错峰出行，有效地缓解了早晚高峰时间的交通拥堵压力。

（2）提高公共交通系统运输能力。

① 提高地铁的输送能力，增加运力投入，日平均输送客运量增加了3.3个百分点。此外，提高公共交通的运力，延长公交路线和公交运行时间，并在主要客流集散点和赛场之间安排穿梭巴士，最大限度地方便乘车。

② 除鼓励使用公交出行外，还充分发挥出租汽车的辅助运输，满足奥运期间的一些特殊需求：一方面增加赛场观众的疏散能力，另一方面免费为往返驻地与机场的奥林匹克大家庭成员提供出租汽车服务。

（3）为高强度的人流集散提供引导服务。

发放交通指南；设立奥运会导游接待处；在地铁车厢内提供英语广播等。

1.2.4 洛杉矶奥运会

1984 年，洛杉矶奥运会有 140 个奥委会成员国和地区的 6829 名选手参加了 221 个小项的赛事。

奥运会为该市带来至少 600 万旅游者，分布于 24 个比赛场馆周边，加上 2.5 万名运动员和工作人员的日常出行，给这座本来已经交通非常拥挤的城市带来了难以想象的交通压力。地方政府没有充裕的时间，也没有充足的资金来扩建新的交通设施，奥运会期间的交通只能通过严格的需求管理和改进既有设施的运行管理方式来应对。

洛杉矶奥组委建立了一套特殊的票务政策，用以调整出行时间分布，包括对全天穿梭在洛杉矶各大体育馆的公交车辆发售打折的全天通票，这有助于减少各大体育馆地区的车辆和行人在赛前赛后高峰时的出行。另外，政府还采取了鼓励休假和上下班通勤出行错时的对策方案，以最大限度削减早晚高峰的道路交通量。

1.3 奥运交通的关键问题

通过分析近几届奥运会交通建设与运行的经验，深入探索奥运交通的一般规律，结合北京奥运会实际需要，总结出奥运交通需要处理好以下几个问题。

1.3.1 把握奥运需求与城市需求之间的特殊关系

奥运会是一项国际性重大社会活动，其特定的交通需求必须得到全面满足。但是对于举办城市而言，它毕竟是城市发展进程中一个十分短暂的特殊事件。城市交通的战略目标和发展规划始终是以城市中长期发展目标为着眼点，以满足城市经济社会可持续发展和日常功能正常运转为主要任务。因此，制订奥运交通的对策与实施规划首先要研究奥运特定的交通需求与城市日常需求的差异性和可兼容性，在保证城市交通中长期可持续发展前提下，寻求最大限度地兼顾两种需求的解决方案，其关键在于对需求规律的把握。

奥运交通需求的特殊性易于理解和把握，而它与城市日常需求的可兼容性却往往被忽视，这也正是奥运后出现一些交通设施利用不充分的根源所在。

因此，对于城市正常发展需求和奥运临时需求既对立又兼顾的双重关系的把握，是决定奥运交通战略决策的基础。

1.3.2 交通规划系统的集成问题

一个举办城市，从申办成功到奥运会的顺利举行，要经历长达七、八年的筹备过程，在这个过程中，交通规划是关系这一盛会成败的一项重要工作。从战略层面的交通行动纲领及战略规划、各交通系统运行规划到每一个场馆的交通运行计划，每个举办城市要研究和编制的交通规划有几十项之多。

交通规划的编制和充实、完善工作贯穿于奥运筹备及整个赛事期间的全过程，不同阶段要做不同层次、针对不同具体目标和内容的规划。

根据往届奥运会交通规划工作的实际体验，最为棘手的问题并不在于各个单项规划本身，而在于如何处理它们之间的相互依存与制约关系以及它们与交通系统外部相关规划（例如场馆布局规划、安保系统规划、环境改善规划等）的制约反馈关系。

因此，奥运交通规划必须围绕赛事要求、安保系统等做好整合规划，使得各规划间相互协调、相互支撑，从而保证交通安全有序地运行、规范标准地服务。

1.3.3 大规模高强度人群集散问题

历届奥运会交通系统面临的首要难题是如何有效实施高强度人流集散管理。受时空条件的严格限制，相对于人群的聚集管理而言，疏散管理难度更大，风险也更高。因此，历届奥运会都把场馆瞬发高强度人群疏散作为交通运行组织规划的一个重点。奥运会开幕式不仅是人流集散量最大，而且集散群体构成复杂，不同群体集散时间、路线、方式均有特定的要求，因此，集散组织最为复杂。制订人群集散规划和实施方案，不仅需要反复滚动核实优化进场各类群体的人数、在场内的位置分布、退场次序、退场路径、离场后的流向分布以及交通方式，而且要分析掌握不同时空环境条件下人群集散的行为特征以及各类风险因素对集散程序和效率的影响规律。

北京奥运会对开闭幕式人群疏散时间在满足国际奥委会一般要求的基础上作出不超过 120min 的承诺，而开幕式实际疏散 10 万人仅用时 75min，创下了历届奥运会开幕式人群疏散时间最短、最为有序的新纪录。

北京奥运会在大规模高强度人群集散管理上的成功经验，不仅在于科学、周密的规划以及各类疏导技术手段的应用，更重要的是采取了人群集散实时动态仿真技术对实施方案的有效性、可靠性及可能存在的风险进行事先评估，并通过一系列的现场演练测试进行方案校验和修正。在人群集散组织规划中，运用动态仿真技术的一大难点在于集散活动规律分析和行为特征参数的标定。

1.3.4 需求管理力度的把握及方案可实施性的科学评估

制订不同形式的交通需求管理方案，以期最大限度压缩赛时道路网交通负荷是历届奥运会无一例外采取的通常做法。毋庸置疑，为应对奥运期间附加的各类复杂、高强度的特殊交通需求，制订交通需求管理政策和实施方案是必要的，但问题在于无论是需求管理政策，还是具体的实施方案，如何在事前对其有效性与可实施性（包括实施后的负面影响）作出科学的评估。只有在科学评估的基础上才能准确把握各类不同管理对策的优先等级以及组合关系。不论是单项管理方案，还是组合的“一揽子”方案，都涉及需求管理力度与可操作性的把握和利弊权衡。

纵观历届奥运会交通需求管理对策方案的制订背景与实施效果，可以看出共同的困惑在于需求管理对策的着眼点究竟放在哪里？是否一定要以大幅度压缩城市日常交通需求（例如鼓励或强制市民休假）为代价，为奥运短时需求让路？实际上，任何一种需求管理政策的实施，不仅关系到不同社会群体的利益，而且对城市正常运行及可持续发展不无深刻影响。显然，我们的战略着眼点不应只局限于奥运期间的交通供需平衡关系，而是应该着眼于需求管理的长效性及可持续性。问题的突破点恰恰是前面所述的有关两种需求差异性和可兼容性的正确把握。北京奥运会在制订按车牌尾号单双号限行方案的过程中，对社会公众的承受能力作出认真评估，细致、缜密地调查市民的各类出行需求，同时又以公共客运系统支撑能力评估为基础，确定出行结构调整的可能幅度，并有针对性地采取了多项人性化措施，包括：允许有特殊需求的车主申请更换牌照；设置限行缓冲时段；免征车船税和养路费；发放货运特许通行证等。同时在需求管理方案实施之前，对各项必要的支持条件和保障措施逐一落实。

1.3.5 奥运交通筹办、赛时指挥体制与运行机制问题

在奥运会筹办中，永久交通设施、临时交通设施的规划与建设，交通服务方案的制订与人员、车辆的筹集，交通运行组织与管理政策方案的制订都需要有强有力的管理体制推动。历届奥运会交通工作因其重要性、复杂性都备受关注。如何整合奥运交通、社会交通使之协调运转，如何整合社会车辆、驾驶员、场站等资源，如何整合各方面的信息资源，如何充分发挥和调动国家部门、举办城市、属地政府、市民等各方面的优势和积极性，举全国、全市、全民之力做好交通服务，所有这些都需要建立统筹协调、高效运行的统一的指挥体制和运行机制。

一个好的奥运交通指挥体制可以有利于加强不同部门之间、不同赛区之间的统

筹协调，有利于整合各类资源、充分发挥资源效率，有利于提高运行效率和应急处置能力；一个好的运行机制能够避免部门之间的扯皮和上下级之间的摩擦，提高工作效率，能够使交通服务与管理更加流畅、更加集约化和一体化。

北京奥运会在交通指挥体制和运行机制上进行了有益的探讨。借助政府的体制优势，筹办初期就对市政府、奥组委的工作职责进行了界定：奥组委以掌握奥运交通服务需求为重点，城市政府以构建完善城市交通体系、整合各类资源做好交通服务为重点。随后，建立了由国家和北京市政府相关部门、部队等组成的协调小组，围绕奥运交通需要，分工负责，统筹推进机场新航站楼、城际快速铁路、城市轨道交通、快速路系统、高速路系统、城市道路等建设，在基本明确各类服务群服务要求后，整合各类资源，组织人力、运力，建设临时场站；在奥运测试赛热身阶段，协调小组办公室转化为协调城市交通与奥运交通的交通运行中心，建立“双进入”体制，以场馆为中心，分系统分客户群负责，一体化指挥和协调交通运行。交通运行中心在奥运会期间不仅发挥着日常交通统一调度指挥作用，还负责突发事件的应急处置。

1.4 北京奥运会交通基本情况

1.4.1 北京奥运会概况

1.4.1.1 赛事规模

2008 年 8 月 8 日开幕的北京奥运会，共设 302 个比赛项目，204 个国家和地区的 10965 名运动员参加了北京奥运会。北京奥运会成为奥运史上参赛国家（地区）和运动员最多的一届奥运会。85 位国家元首、政府首脑、王室成员出席了北京奥运会开幕式。北京奥运会观众达到 588.7 万人，日均 36.8 万人，创观众最多记录。

往届奥运会规模对比，见表 1–3。

表1–3 奥运会规模对比

举办城市	比赛项目（个）	参赛国家和地区（个）	参赛运动员（人）
北京	302	204	10965
雅典	301	201	10600
悉尼	300	199	10651
亚特兰大	271	197	10318
汉城	237	159	8391
洛杉矶	221	140	6829

1.4.1.2 场馆分布

北京奥运会比赛在 36 座竞赛场馆内举行，其中北京市的竞赛场馆 31 座（图 1–1）。

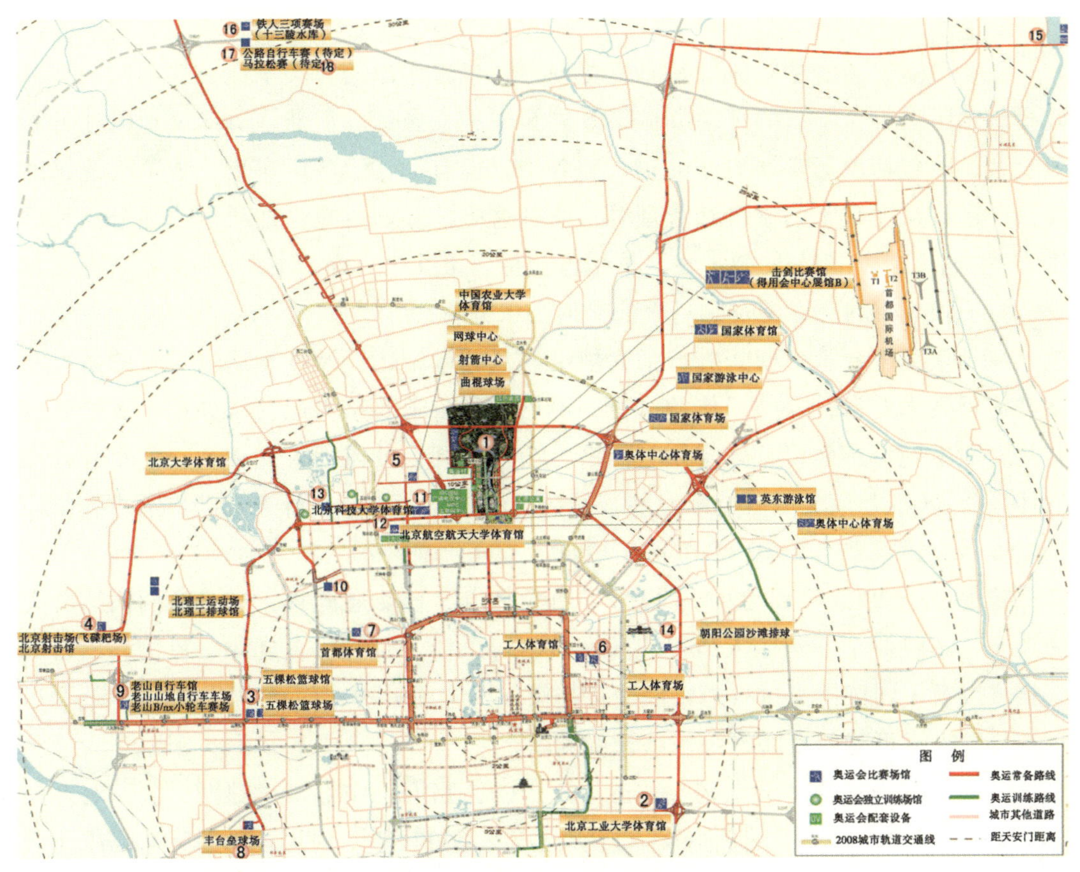

图1–1　北京奥运会北京市比赛场馆分布图

考虑交通高效、快速集散的需要，比赛场馆布局采取相对集中并充分考虑场馆赛后利用的原则。在位于城市北部地区的奥林匹克公园内，集中安排了运动员下榻的奥运村及 10 座比赛场馆，其余比赛场馆和训练场馆距奥运村也均在 30min 车程范围内。

京外城市竞赛场馆 5 座，分别为青岛奥林匹克帆船中心（帆船比赛）、香港奥运马术比赛场（马术比赛）、天津奥林匹克中心体育场（足球预选赛）、秦皇岛奥林匹克体育场（足球预选赛）、沈阳五里河体育场（足球预选赛）。

北京的比赛场馆中，使用现有场馆 12 座，新建永久性场馆 11 座，建设临时场馆8座。其他城市的5座场馆中，使用现有的2座，新建的3座。

残奥会期间，使用京内竞赛场馆17座，京外场馆2座。

1.4.2 北京奥运交通的主要任务

北京奥运交通的主要任务是全面兑现申办报告作出的有关承诺，并不折不扣地履行与国际奥委会签订的《主办城市合同》中相关条款。显然，奥运交通的任务纷繁复杂，既包括奥运交通设施的建设与养护，也有运输服务的车辆、人员、线路的安排，还有交通政策的制订和管理等，所有这些任务都要建立在科学交通分析和周密方案的基础上，相关的技术性具体工作包括以下几个方面。

（1）大规模的交通调查和科学的交通需求分析。

在北京奥运会筹备期间进行了大规模的基础设施建设及技术运输装备的研发和多类应用技术储备，这些工作的进行，不单纯着眼于北京奥运会举办期，更重要的是从全面实施城市建设总体规划与经济社会发展规划的需要，构建"新北京综合交通体系"，实现北京交通可持续发展，并在此前提下，充分估计奥运特殊需求，全面保障奥运交通可靠、安全和高效的运行。

首先，于2000年和2005年进行了两次全市综合交通调查，通过这两次综合交通调查，不仅对全市常住人口及流动人口出行总量、时空分布规律、目的与出行方式构成以及不同群体出行行为特征变化趋势作出全面分析，而且也对2008年及今后城市日常需求可能的发展趋势作出预测判断。

其次，配合这两次出行调查，还对全市郊区路网、中心城道路网、公共客运网（地面公交与轨道交通）的负荷及运行状况作了调查评估。对城际客货运输需求（包括航空、铁路、公路、水运等）也作了现状调查和预测分析。

再次，研究前几届奥运会残奥会奥林匹克大家庭、媒体、赞助商及观众等不同群体在奥运期间的出行需求特征与一般规律，了解各城市交通服务的经验与教训和国际奥委会对奥运交通运行组织的原则与具体要求，结合北京奥运会在赛事规模及场馆布局的实际，着重分析奥运交通需求与城市日常需求的差异性及兼容性。

（2）研究制订奥运交通总体战略。

此项工作旨在为奥运交通规划、建设、运行保障提供宏观指导，作为筹备期间以及奥运会举办期间交通工作的统一行动纲领。其主要内容包括：交通工作的总体战略目标、基本任务、组织架构、基础设施建设与供给策略、资源与环境政策、技术与法制保障、需求管理政策等。

（3）建立科学的交通规划体系。

首先，北京奥运会汲取历届奥运会交通规划工作的经验教训，在着手编制各专项规划之前，从各个单项规划的功能定位、目标、编制基础依据、成果内容与形式以及各项规划相互制约关系的研究入手，确定奥运交通规划体系层次结构和衔接关系，并明确这一规划体系与外部相关规划的层位关系及相互衔接关系。

其次，在规划体系总体框架指导下，完成了“战略与总体规划”、“城市综合交通专项规划”及“奥运服务专项规划”三个层次的多项奥运交通专项规划。从申办期间的交通行动规划，到赛时的交通运行组织规划，对各项规划都进行了时间、阶段、目标、内容上的总体把握，使各项规划之间在时间阶段和规划层次上互相依存、互相衔接，形成了结构清晰，功能齐全的完整交通规划体系。在场馆交通运行计划中，根据赛事安排，把各项交通工作规划到岗位，工作时点明确，职责清晰。

不仅如此，在构建上述交通规划体系的同时，妥善处理了交通规划与场馆布局规划、安保系统规划以及城市环境规划等相关规划之间的协调关系。在这个规划体系中，首次把“系统运行组织规划”置于与“交通基础设施总体规划”并重的位置，作为规划体系中承上启下的核心部分。

（4）新型交通工程装备与新技术手段的研发。

落实“绿色、科技、人文”的三大奥运理念，北京奥运筹备期间的一项重要工作是在交通规划、基础设施建设、系统运行、交通服务等涵盖奥运交通服务保障工作全部领域开展科技创新活动，全面提升奥运交通的科技水平。这方面的工作主要包括：

① 新型高效、环保、节能、无障碍运输装备的研发（包括车辆、通信、信号、运输调度系统等）；

② 道路网运行动态实时监测、应急指挥调度与诱导系统的研发；

③ 交通运行实时数据采集与综合处理系统研发；

④ 针对大规模、高强度人流与车流集散的动态仿真技术研发；

⑤ 建设工程新工艺、新材料的研发；

⑥ 系统风险评估技术研发；

⑦ 技术规范、标准以及法制保障系统。

正是得益于按照统一部署开展的上述一系列技术研发与技术储备工作，北京奥运会赛时交通没有出现任何失控的事件，奥运会后城市交通建设与运行始终维持平稳、有序的状态。

1.4.3 对北京奥运交通的总体评价

北京奥运会期间交通保障工作圆满完成，赛事交通与城市交通和谐运转，全面兑现申办报告所作的各项承诺。

在奥运会期间，道路体系始终保持运行顺畅，奥林匹克大家庭成员及媒体、工作人员从驻地到场馆车程时间不超过 30min；开闭幕式组织得当，创下了 75min 疏散 10 万人的历届奥运会最好纪录；交通环境质量全面达标；开闭幕式当天，全市 8 条地铁线路及公共汽（电）车全天候运营；实现持票观众及持证人员免费乘坐公共交通的承诺。

奥运会期间，“一揽子”交通需求管理方案的实施取得了预期效果，道路交通负荷下降 22.5%，早晚高峰路网运行速度分别达到了 30.2km/h 和 25.2km/h，比奥运会前分别提高了 28.5% 和 24.1%。城市公共客运系统效率和服务水平的提高为交通需求管理方案的成功实施提供了有力支持。奥运期间全市公共客运系统每日完成的客运量比奥运前提高了 13%，高峰日客运量增幅达 26.5%。

北京奥运交通运行和服务不仅实现了“安全、可靠、便利”的预期目标，而且在应对奥运会交通几个关键问题上取得了重大突破，为实现举办一届“有特色、高水平”的奥运会残奥会庄严承诺作出了贡献,得到国际奥委会和国际社会的高度评价。交通运行中心被党中央国务院授予北京奥运会、残奥会先进集体。

国际奥委会在伦敦召开的总结会上评价北京奥运会四大贡献时，指出北京奥运会提供了“近乎完美的调度和交通运输系统”。之后召开的国际奥委会第 121 届全会对此再次予以充分肯定。

国际奥委会执行主任费利对北京奥运会交通评价说：“历届奥运会交通都是困扰组织者的最大难题，也是一项艰巨复杂的工作，这一届北京奥运会对交通没有任何的抱怨，交通组织运行顺畅。”

伦敦奥组委主席科尔勋爵对北京奥运会交通规划尤为赞赏，他说：“北京奥运会交通成功的基础就是早作规划，一开始就有一个详细的规划体系。”

综上所述，国际社会一致认为：“北京奥运交通保障工作目标明确、规划合理、准备充分、组织到位、工作务实、运行高效、服务周到”，是历届奥运会交通工作表现最出色、最圆满、承诺兑现率最高的一届奥运会。

2 奥运交通需求

奥运会期间的交通需求可以分为两部分，一是城市正常运转的交通需求，二是奥运会本身特定的交通需求。

奥运会的举办城市几乎无一例外地都面临着尖锐的交通供需矛盾和难以彻底摆脱的交通拥堵困扰。因此，如何正确处理奥运会期间的短期交通特殊需求与城市日常交通需求的关系，既保证奥运会各项活动顺利开展，又能以奥运作为发展契机，促进城市经济社会可持续发展，就成了一个不可回避的重大课题。

破解这一难题的关键首先在于对奥运交通需求与城市日常交通需求的双重特性（兼容性和差异性）的正确把握，即：两者的差异性究竟在哪里，同时又在多大程度上可以相互兼容？

2.1 北京奥运交通承诺

2001 年 1 月，北京奥申委向国际奥委会递交了 29 届奥运会北京申办报告（《北京·2008》）。其中，就北京交通向国际社会作出了以下承诺。

2.1.1 交通运行与服务总体目标

（1）为参赛运动员服务，确保准时、安全、舒适；

（2）保证奥林匹克大家庭成员、媒体、贵宾享用舒适、安全、准点、可靠、快速的专用车辆和专用交通线路；

（3）保证观众及时、安全、顺利观赛；

（4）除位于远郊区的两个比赛场地之外，其余所有比赛场馆到奥运村的行车时间不超过 30min（表 2–1），奥林匹克专用道高峰时间行车速度可达 60km/h 以上；

表2–1 申办报告中奥运村到各场馆的公共汽车（小汽车）的行程时间

距离（km）/时间（min）	奥林匹克公园	奥运村	新闻中心和国际广播电视中心	主要饭店区
首都国际机场	20 / <20（17）	20 / <20（17）	20 / <20（17）	17～30 / 15～30
奥林匹克公园	– / –	– / –	– / –	8～13 / 10～15
工人体育场、工人体育馆	12 / <15（13）	12 / <15（13）	12 / <15（13）	4～19 / 9～25
北体大体育馆	10 / <10（9）	10 / <10（9）	10 / <10（9）	19～24 / 16～21
北航体育馆	3 / <10（9）	3 / <10（9）	3 / <10（9）	9～20 / 11～25
首体院体育馆	5 / <10（9）	5 / <10（9）	5 / <10（9）	8～19 / 10～24
首都体育馆	12 / <15（13）	12 / <15（13）	12 / <15（13）	2～28 / 3～34
五棵松体育馆、五棵松棒球场	18 / <20（17）	18 / <20（17）	18 / <20（17）	7～22 / 6～29
丰台棒球场	23 / <25（21）	23 / <25（21）	23 / <25（21）	12～27 / 10～33
北京射击场	19 / <20（17）	19 / <20（17）	19 / <20（17）	1～22 / 11～24
老山自行车馆、老山山地车场	23 / <25（21）	23 / <25（21）	23 / <25（21）	13～28 / 12～35
城区公路赛场	25 / <25（21）	25 / <25（21）	25 / <25（21）	12～27 / 10～33
紫禁城铁人三项赛场、天安门沙滩排球场	18 / <25（21）	18 / <25（21）	18 / <25（21）	1～16 / 2～25
顺义奥林匹克水上公园	36 / <30（25）	36 / <30（25）	36 / <30（25）	25～30 / 25～40
北京乡村赛马场	34 / <30（25）	34 / <30（25）	34 / <30（25）	32～45 / 27～38

注：数据来自奥运申办报告（《北京·2008》），括号内为小汽车的行车时间。

（5）提倡和鼓励使用公共交通，最大限度地减少奥运会对社会日常生活秩序的影响；

（6）交通设施和服务项目照顾残疾人士的特殊需要；

（7）公共汽车、出租汽车和奥运会专用车辆均使用清洁燃料。

2.1.2 基础设施保障

申办报告对2008年奥运会提供的交通基础设施条件作出以下承诺：

（1）扩建首都机场，使年客运能力从2000年的3500万人次增加到4800万人次；

（2）新建98km五环路、35km城市快速路联络线和扩建105km城市主要道路；

（3）设置奥林匹克专用车道，85%的比赛场馆在奥林匹克交通环沿线，且各场馆均有两条以上交通线路与奥林匹克公园连接；

（4）轨道交通线路将由2000年的2条增加到7条，总里程由54km增加到191.9km，并专门修建直达奥林匹克公园的地铁；

（5）地面公交系统到2008年将有650余条线路，年客运量达45亿人次，公共交通网络根据需要进行调整，开设公交专线，观众和持证工作人员可免费乘坐公共交通工具；此外，为体现“绿色奥运”精神，奥运会之前90%的公共汽车和70%的出租汽车都将使用清洁燃料。

（6）提供奥运交通服务人员，包括专业驾驶员、管理人员和志愿者等。

2.2 奥运需求与城市发展需求的关系

2.2.1 2008年城市交通需求

为全面把握城市交通需求的数量和特征，以社会经济、人口、机动车保有量为主要因素，在分析居民出行特征及其发展变化趋势的基础上，对奥运会举办年（2008年）的城市交通需求进行了全面分析。

（1）社会经济发展。

2001年全市地区生产总值达2920亿元，依照年度增长趋势，预计2008年全市地区生产总值将达9630亿，有望突破万亿。

（2）人口和机动车增长。

2001年全市常住人口为1367万，按照发展趋势预测，2008年全市常住人口将达到1650万人。2001年北京市的机动车保有量为170万辆，其中私人机动车101万辆。

1995 ~ 2000 年期间，机动车保有量增长势头极为迅猛，5 年期间增幅高达 63.6%，其中私人小汽车的增幅竟高达 90%（图 2-1），考虑 2001 ~ 2008 年期间北京仍处于机动化快速发展期，私人汽车的拥有量增速不会放缓，可能影响增速的是交通模式选择与相应的交通政策导向。因此，对奥运会举办年全市机动车保有量分别采用时间序列和曲线拟合方法进行了预测分析，未来北京市机动车的增长会出现高、中、低三种发展趋势，结果如图 2-2 和表 2-2 所示。

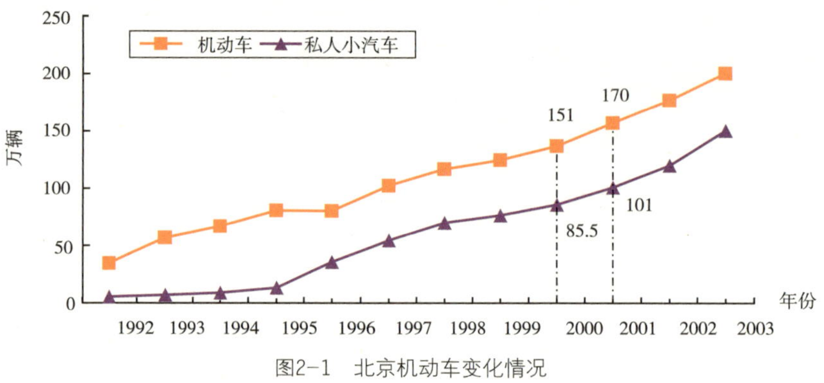

图2-1　北京机动车变化情况

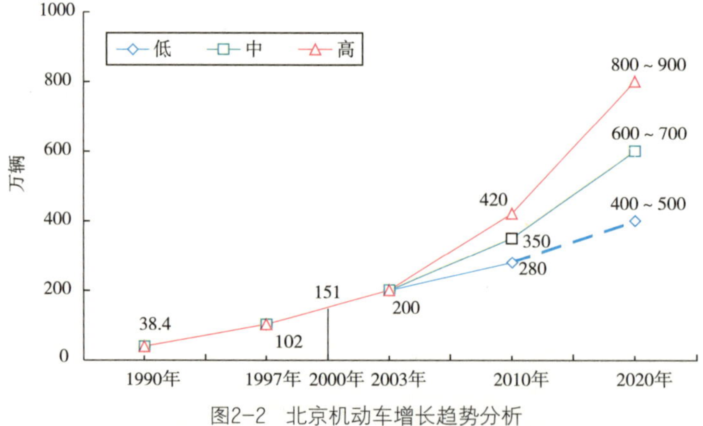

图2-2　北京机动车增长趋势分析

表2-2　机动车保有量预测分析

年　份	按时间序列法（万辆）	按GDP-机动车保有量弹性曲线（万辆）	按Gompertz曲线拟合（万辆）
2001（实际）	169.8	169.8	169.8
2008	295.8	304.7	325.1
2010	340	352.8	365.8

从后来的实际发展情况看，当时按 320 ~ 330 万辆的预测值作为规划依据，基本符合实际。

（3）出行总量。

出行总量随经济社会发展而继续增长，2008 年，在不考虑任何奥运需求管理措施的情况下进行背景交通需求预测，在典型工作日六环路以内日出行总量将达到 3171 万人次，除去步行，总出行量为 2231 万人次，平均出行率为 1.85 次 / 天。与 2000 年相比，出行总量增长 12.4%（图 2-3）。

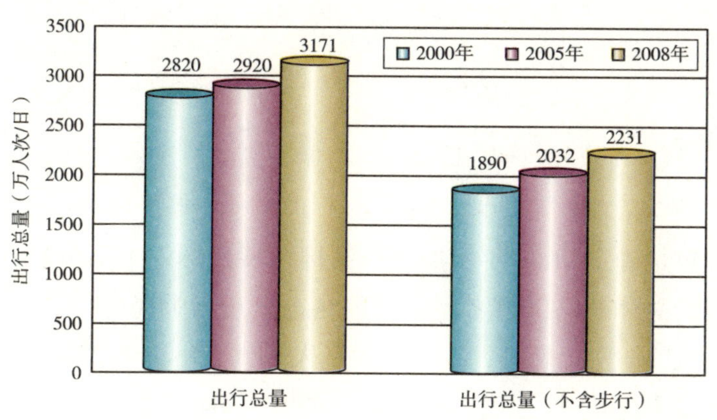

图2-3　北京市2000年、2005年出行总量调查数据及2008年出行总量预测

（4）出行方式结构特征。

自 1986 年第一次出行调查以来，北京市出行方式构成的变化呈现了一个非常突出的趋势特征——私人机动车（主要是私人小汽车）方式急剧上升，公共交通方式在 2000 年以前一直呈下滑态势，在 2000 年之后略有好转，但增长势头仍明显不及私人小汽车方式（图 2-4 及表 2-3）。

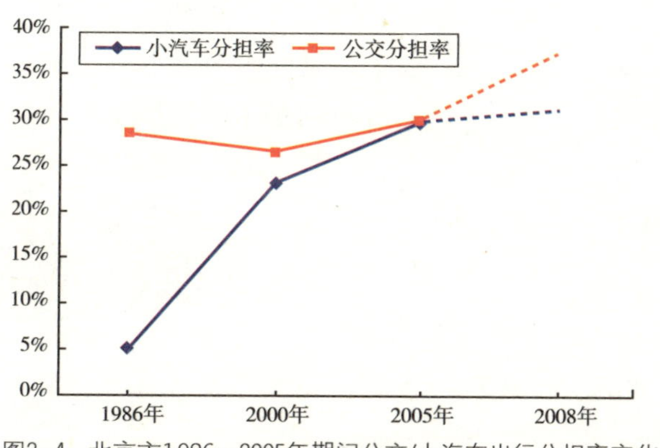

图2-4　北京市1986～2005年期间公交/小汽车出行分担率变化趋势

表2-3 1986～2005年北京市出行方式构成变化

出行方式	各年份各出行方式的分担率（%）		
	1986年	2000年	2005年
小汽车	5.04*	23.20*	29.80
公共交通（含轨道交通）	28.20	26.50	29.80
出租汽车	0.35	8.80	7.60
单位班车	–	–	2.50
自行车	62.70	38.50	30.30
其他	3.77	3.07	–

*1986年和2000年"小汽车"出行方式统计数据中含单位班车、摩托车出行量。

上述发展态势是确定2008年预期出行结构发展目标一个不可忽视的客观因素，但是从交通发展的总体战略需要考虑，必须在未来几年中竭尽全力设法改变此前多年以来呈现的"惯性"发展轨迹，有效遏制私人小汽车出行方式急剧上升的势头。

为此，在奥运申办成功之后，对2001～2007年期间北京市城市道路系统及公共客运系统可能的发展前景作出判断，在此基础上，对照这一期间出行需求总量、机动车保有量的增长趋势，设定2010年之前4种不同的出行结构比选方案（表2-4）进行市区交通整体运行水平的测试，并以"建设成本"、"资源消耗及环境影响"、"交通服务满足度"等作为评价指标，经过定性与定量综合评价，最终确定2008年日常出行结构中公交方式不低于36%（赛会期间不低于45%），2010年全日出行中公交分担率不低于40%。

表2-4 测试比选得出的2008年出行方式构成

出行方式	出行分担率（%）	出行分担量（万人次）
小汽车	43～39	870～960
公共交通+班车	33～37	736.5～825.8
出租汽车	4	89.28
自行车	20	446.38
总计		2231.0

根据上述分析预测，2008年出行结构可能达到的最好水平如图2-5所示。

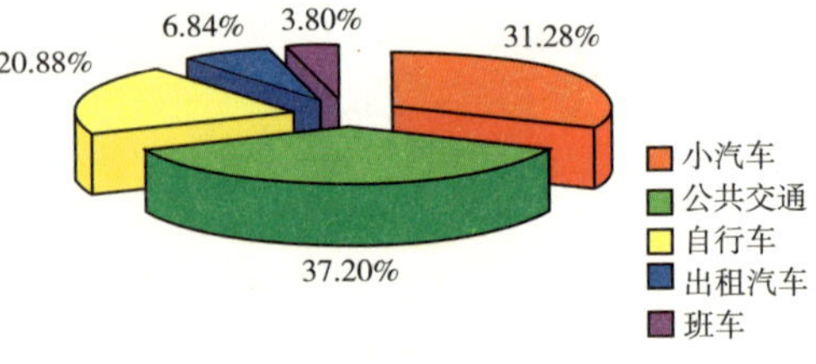

图2-5 预测北京市2008年可能的出行结构

（5）出行距离特征。

2001 ~ 2008 年期间正是城市空间结构快速调整期。2001 年之前的十几年间市区建成区面积由 380km^2 扩展到 490km^2，平均年增幅为 8 ~ 10km^2。对应于此，在 1986 ~ 2005 年期间日常通勤出行的平均行程由 6km 增至 9.3km。

随着市区建成区范围的不断扩大及郊区新城规模扩展与功能布局进一步完善，加之城际交通的改善，市民出行活动范围将继续大幅度扩展，预测 2008 年居民平均出行距离将从 2005 年的 9.3km 可能提高到 10 ~ 11km。在此期间各种交通方式的平均距离变化也有明显差异（表 2–5）。

表2–5 北京市2005年和2008年各种交通方式平均出行距离对比

交通方式	平均出行距离（km）	
	2005年	2008年
小汽车	14.0	14～16
公共交通	10.5	9～10
出租汽车	8.6	8～9
班车	15.2	15～17
自行车	4.2	2～3
平均	9.3	10～11

对比 2001 年和 2008 年小样本交通调查数据，可以看出，在 2008 年之前的 7 年筹备期内，出行需求总量增长最敏感的因素是出行距离的增长导致出行周转量大幅增长，增幅达到 16%，高于出行总量（人次 / 日）9.7% 的增幅。

（6）出行时间分布。

对比 1986 年、2000 年和 2005 年居民出行调查，可以看出居民出行时间分布的变化特征。相比 1986 年第一次出行调查而言，2000 年调查结果显示早晚高峰更加明显，尤其早高峰小时比例明显偏高；而 2005 年调查结果则显示出行时间分布相对分散，早晚高峰时间延长，高峰小时系数下降，但是需求总量绝对值上升（图 2–6）。出行时间的相对分散与不同性质企事业单位及团体上下班时间的调整以及市民某些活动有意避开早晚高峰出行有着一定的关系。

2005 年相比 2000 年的出行时间分布，其变化趋势将有一定的延续性，也就是说在 2001 ~ 2008 年 7 年间的出行时间分布，将整体呈现出早晚高峰时间延长、高峰小时系数下降、需求总量绝对值上升的变化趋势。考虑到 2008 年奥运会举办过程中，包括错时上下班等一系列需求管理政策的实施，将使该变化趋势更加明显。基于以上考虑，预测 2008 年北京市出行时间分布如图 2–6 所示。

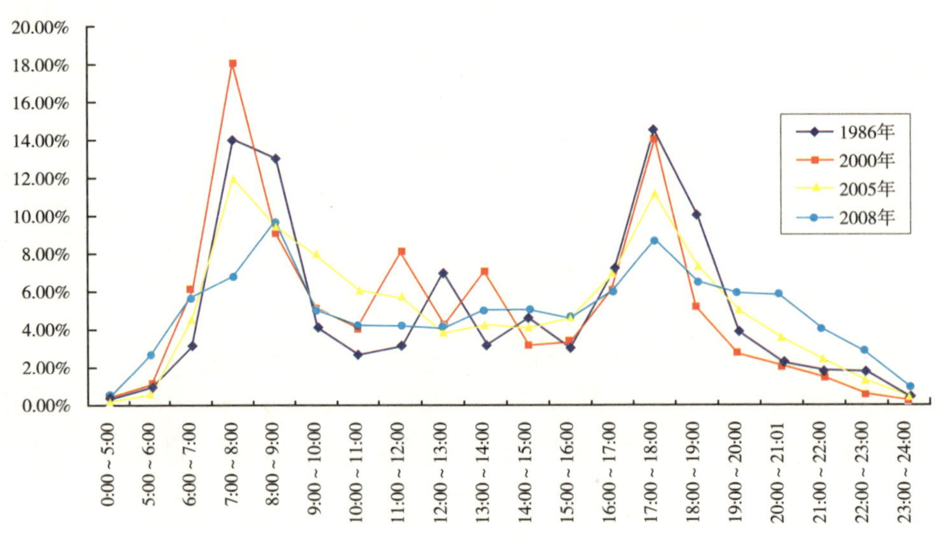

图2-6　1986年、2000年、2005年出行时间分布及2008年出行时间分布预测

（7）部分出行群体出行需求变化。

奥运会期间正值学生放假，学生出行特征的变化以及由于奥运会而诱增的旅游需求都会对城市背景交通需求产生影响，从而引起居民出行特征的变化。北京市六环路以内共有小学生 49 万人、中学生 86 万人、大学生 63 万人。在奥运会期间，有 30 多万学生作为志愿者参与奥运会服务工作。因此，这一期间学生的出行量虽比放假前有所削减，但仍然会维持一个较高水平，只是出行目的、出行起讫点（O-D）以及出行方式会有所变化。其中一部分学生的主要出行目的由上学的通勤出行转变为奥运服务出行，出行频率与日常相比不会有大的变化。另一部分学生转为一般的休闲出行，日出行率由 2.19 次 / 日减为 1.32 次 / 日，总出行次数减少 173 万人次。2001 年进京旅游人员的出行总量为 28 万人次 / 日，在城市背景交通模型中已经体现。假设奥运期间来京旅游人数（主要是持票观众及与奥运相关的公务活动）总量为 2001 年的 1.5 倍，出行特征和现状旅游人员的出行特征相近，这部分新增进京人群出行量为 14 万人次 / 日。奥运会期间大部分建筑工地将停工，由此将会削减日常出行量 200 万人次。经对各类群体出行需求变化的综合分析，奥运会期间城市日常需求有增有减，二者冲抵后大致仍维持多年平均年递增率 6% ~ 10% 的正常增长趋势。

（8）公共客运系统。

2001 年全市全年共运送乘客 44.7 亿人次（折算为 36.6 亿人次），其中轨道交通完成客运量4.4亿人次(折算为3.6亿人次)，公共汽(电)车运送乘客40.3亿人次(折算为33亿人次)。公共交通系统中各种交通方式承担客运量的比例为:轨道交通9.8%;公共汽(电)车90.2%。奥运会筹备期间，当时预测2008年公共交通系统年客运量为58 ~ 60亿人次。其中，轨道交通分担客运量11 ~ 12亿人次，公共汽(电)车运送乘客47 ~ 48亿人次。2008年公共交通系统客运量实际构成如表2-6所示。

表2-6 北京市公共交通年客运量变化（单位：亿人次）

项　目	2003年	2004年	2005年	2006年	2007年	2008年
轨道交通	4.7（3.8）	6.1（5）	6.8（5.6）	7.0（5.7）	6.6	12.2
公共汽（电）车	37.1（30.4）	43.9（36）	45.0（36.9）	39.8（39.8）	42.3	47.1
合　计	41.8（34.2）	50.0（41）	51.8（42.5）	46.8（45.5）	48.9	59.3

注：因2006年实施市政交通一卡通、2007年实施公交低票价政策，2007年公共汽（电）车、轨道交通客运量统计口径变化，2006年以前（ ）内数据为可比修正数。

2.2.2 奥运会交通需求

奥运会带来的交通需求可以划分为客运交通需求和货运交通需求两部分，货物运输多数集中在夜间，对城市背景交通的影响较小，本部分重点分析奥运客运交通需求。

奥运交通具有需求量大、时空分布集中、需求层次多、准点率要求高的特点。同时，运行在交通网络中的交通流又具有很大的随机性。

奥运会交通需求来源于不同的群体，根据服务等级的不同，奥运会交通需求的对象存在很大的差异。

2.2.2.1 奥运会交通需求特性分析

(1)需求的多层次差异性。

在奥运会期间，各类人群的出行是最基本的交通需求。其中，涉及官员、运动员、裁判员、志愿者、组织人员、赞助商、贵宾、记者、观众等各类人员，他们的出行需求量级差异很大，出行时空分布及方式也不尽相同，必须作出有针对性的周密安排。

T1 ~ T4与T5交通需求特性的差异主要体现在以下几个方面，即：出行目的不同、出行方式选择不同、时效性要求不同、私密性及舒适性等级不同。

① 出行目的不同。T1 ~ T4 大家庭成员出行目的呈多样性，既有观赛、参赛，也有为赛事服务、新闻报道和其他相关事务等；T5 的出行目的就是观看比赛。

② 出行方式选择不同。T1 ~ T4 大家庭成员出行会根据不同的服务标准和优先等级配备交通工具并提供相应的交通服务，而 T5 的主要出行方式是免费公交。

③ 时效性要求不同。T1 ~ T4 大家庭成员的出行时效性要求更高，不仅要确保各项赛事严格按照赛程时间表顺利进行，还要满足申办报告中承诺的出行时间及场馆人流集散时间要求。

④ 私密性及舒适性等级不同。奥运安全保障工作至关重要，为保障大家庭成员的安全，T1 ~ T4 大家庭成员车辆一般在安保圈内配备专用停车位，同时相比免费公共交通的 T5 群体舒适性要求更高。

综上所述，T1 ~ T4 交通服务的多层次差异性、服务等级标准及出行时效性要求非常严格，但比 T5 相对易于组织，而 T5 的交通服务标准虽不及 T1 ~ T4，但其具有高度分散、随机性强、难以组织的特点。

（2）需求时空分布的高度集聚性。

奥运会各类群体日常出行需求在时间上和空间上都具有显著的高度集中的特点。首先，各比赛日客流集聚量不均衡（图 2-7），最高日与最低日可相差 2 ~ 3 倍。同一比赛日，不同场馆区的人流聚集量也有成倍的差异。此外，在空间分布上的需求高度集中特点也非常突出。尽管奥林匹克大家庭成员、注册媒体及赞助商每天活动范围有一定差异，但对于某些特定的比赛日，其出行空间分布也会呈现高度集中的态势。加上观众集散在时间与空间上的重合叠加，使这种集聚强度成倍增大。开闭幕式作为整个赛会期间两个非常特殊的活动，客流的时空分布的高度聚集性更是平日无可相比的。

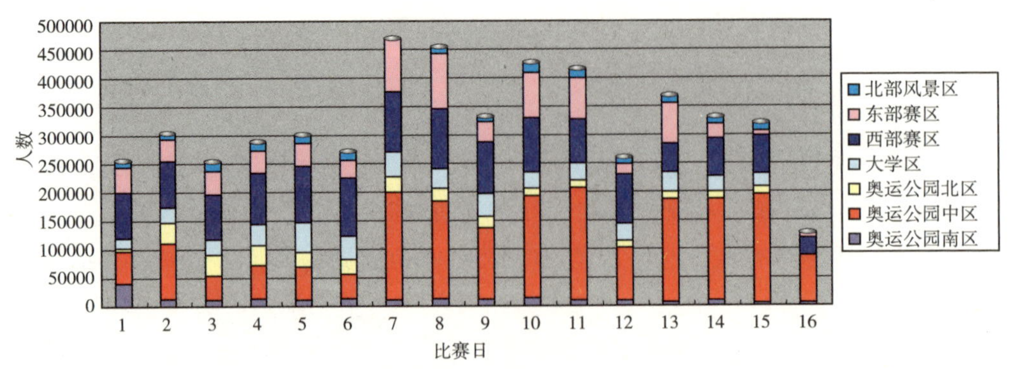

图2-7　北京奥运会期间各比赛日人流集散量预测

通过对北京奥运会交通系统的分析预测，同样发现奥运会交通需求具有显著的高峰集中特点。以奥林匹克公园观众客流需求为例，高峰日观众客流需求可达全赛程平均客流需求量的 1.8 倍，同时，存在着显著的高峰需求期。

奥运会交通需求呈现以上特点的原因主要有两方面：第一，比赛项目的时间安排方面，部分上座率高和观众数量大的比赛项目安排比较集中，导致观众客流集中在了某些时段；第二，比赛项目的空间安排方面，一些重大项目比赛场馆的安排集中于部分场馆区，使众多的观众向部分区域汇聚。这种出行时空分布高度集聚现象在奥林匹克公园最为显著。奥林匹克公园是比赛项目和重大活动最集中的区域，其观众集散问题也将是奥运会期间必须面对的最严峻的交通问题之一。

然而，从另一个角度看，与奥运相关的各类群体出行时空分布的高度集聚特征，在客观上恰恰表明它对整个城市的交通运行影响只是局部性的，而且就其总量（即便是高峰日的出行总量）而言，也只相当于城市出行总量的 5% 左右。因此，只要能够充分把握奥运短期需求的特殊规律性，有相应的应对策略和措施，完全有可能把它对城市日常出行的影响减至最小。

（3）需求的规律性。

奥运期间，尽管与奥运会相关的各类群体出行需求（T1 ~ T5）呈显著的多层次差异性，各层次人群出行目的、出行路线、出行时间以及出行工具选择均不相同，而且需要为之提供的交通服务标准也有很大差别，但是除 T1 ~ T3 类中少数出行主体（VIP 官员、赞助商等）之外，绝大部分出行均与赛事安排密切相关，各场馆赛事日程表及重大奥运文化活动的日程表在客观上决定了他们（包括观众）的出行活动。因此，赛程安排、各项赛事场馆安排及时间表是分析和掌握 T1 ~ T5 日常出行需求规律最重要的依据。当然，赛程并非不会有变更，具体赛事时间、地点也会有变化，依靠部门之间有效的沟通和必要的技术手段完全可以实时跟踪了解这些变更，从而实时做出服务的调整，并发布服务变更信息。总之，掌握各群体日常出行的时空分布规律，不仅可以有针对性地以恰当的方式为不同群体提供奥运交通服务，而且可以真正做到合理兼顾和协调奥运交通需求与城市日常需求，维持整个城市交通系统的平稳、高效运行。

2.2.2.2 奥运会交通需求总量

据预测，近 5000 名国际奥委会、国家（地区）奥委会、国际体育单项组织的官员以及 100 多位国家元首、政府首脑和王室成员出席北京奥运会。此外，有 17000 名运动员和随队官员、2800 名技术官员、22000 名注册媒体记者、近万名赞助商及其客人、10000 多名非注册媒体人员需要接待。奥运会期间来自世界各地及国内的观众可达 500 多万人次，高峰日观众人数将接近 50 万人。

在车辆需求方面，根据北京奥运会交通服务需求和标准，奥运会赛时为注册人员提供车辆（不含京外赛区）5045 辆（其中：小客车 3275 辆，大客车 1690 辆，货运行李车 80 辆），为赞助商提供收费大客车 600 辆，通过收费卡项目为注册人员提供小客车 1500 辆，直接上会用车合计 7145 辆。除直接上会服务的车辆外，还需要为奥运会相关的非注册媒体、开闭幕式等大型活动、奥运公交专线提供车辆 2321 辆（其中：非注册媒体 151 辆（含大客车 60 辆），大型活动 670 辆，34 条奥运公交专线 1500 辆），即直接和间接为奥运会服务用车总计 9466 辆。同时还需要为 500 多万人次的观众提供公共交通服务。

2.2.2.3 奥运会期间日常交通需求转移变化

奥运会期间共招募了来自国内外的注册志愿者 77500 人，其中近 90% 来自北京市。在此期间，这些应征志愿者以及一大批专职或兼职为奥运服务的工作人员日常出行目的、时空分布、方式选择均因奥运会而改变。不仅如此，因需求管理政策的实施，部分居民及外来流动人口的日常出行也有相应变化。由于需求管理政策的着眼点是调节出行时间分布和出行方式，而并非压缩日常需求总量，因此奥运期间城市日常需求总量变化幅度不大，但方式和出行目的转移是主要的变化趋势。

（1）奥运会期间公共交通需求变化。

奥运会期间，由于针对小汽车出行采取严格的管控措施，城市公共交通的需求量会发生比较大的变化。综合考虑各种影响因素，估算日客运量在常规出行需求的基础上将会增加 50% 左右，新增客运量可能会达到 450 ~ 470 万人次。需求量变化的估算基于以下前提：

•奥运期间北京市民正常工作，未考虑带薪休假；

•奥运观众以外的国外及外地进京人员规模基本不变；

•奥运会车辆停驶政策导致出行转移的特征与中非论坛[1]相似。

计算公共交通承接的转移客运负荷时，全面考虑了正负两方面的影响因素。

①导致公共交通需求增加的因素：

•机动车限行政策导致部分机动车出行者放弃使用自驾车，转而使用公共交通出行方式；

[1] 指2006年中非论坛北京峰会期间，北京采取限制机动车出行、错峰上下班、中小学提前放学等多项交通管理措施。

•观看奥运比赛的观众使用公共交通出行方式；

•服务奥运比赛的工作人员及志愿者使用公共交通出行方式；

•奥林匹克大家庭成员个人旅游、购物等出行使用公共交通方式。

②导致公共交通需求减少的因素：

•部分观众为了观看奥运比赛放弃日常上班、购物等出行；

•部分工作人员为了服务奥运比赛放弃原有的工作出行。

本次估算参照了中非论坛的情况，论坛的数据对本次计算结果有一定影响。

（2）公共客运系统承担的转移客运量估算。

①出行方式转移带来的公交客运量增量估算。

•因实施机动车限行政策而产生的转移量。奥运期间实行机动车按单双号行驶的限行方案后，将有一部分小汽车出行转移为公共交通出行方式。考虑到停驶机动车数量、六环路以内车辆所占比例、车辆的出行强度、车辆承载率、公共交通比例和换乘系数等因素，估算增加的客运量为 315 万人次 / 日左右。

•观看奥运比赛的观众使用公共交通出行方式，高峰比赛日增加的客运量约为 135 万人次 / 日。

•服务奥运比赛的工作人员及志愿者使用公共交通出行方式，新增的公交客运量约为 21 万人次 / 日。

•奥林匹克大家庭成员个人旅游、购物等出行使用公共交通方式，增加的公交出行量估算约为 8 万人次 / 日。

②出行目的的改变需要扣减的公交客运量估算。

奥运会期间使用公共交通方式的本地观众和工作人员，其中有一部分在奥运会前也同样使用公共交通方式出行，只不过是出行目的改变而已，为了避免在计算过程中重复计算，应将以下两部分客运量在总需求量中减去。

•部分观众为了观看奥运比赛放弃日常上班、购物等出行，减少的出行量约为 12 万人次 / 日。

•部分工作人员为了服务奥运比赛放弃原有的工作出行，减少的出行量约为 4 万人次 / 日。

综合上述（转移增量扣除重复计算的客运量），奥运期间预计净增公交客运量 465 万人次 / 日。

（3）各种交通方式转移客运量估算。

根据上述估算结果，由轨道交通、公共汽（电）车、出租汽车共同构成的城市

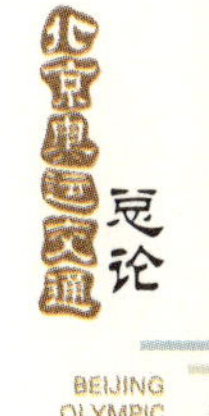

公共客运服务系统在奥运会期间将承担新增需求量 465 万人次 / 日。各方式分担客运量的情况为：轨道交通预计可分担 110 万人次 / 日，出租汽车可分担 75 万人次 / 日，其余由公共汽（电）车分担，约为 280 万人次 / 日。

2.2.3 奥运交通需求与城市交通背景需求的差异性与兼容性

在全面分析了北京奥运会期间城市日常交通需求及奥运交通的短期特殊需求之后，需要解决的一个问题是准确把握和处理两种需求的差异性与兼容性，以便能够在满足奥运交通保障要求的同时，最大限度地保持奥运会前后城市交通的持续和稳定发展。

北京奥运交通“以满足城市经济社会可持续发展中长期需求为目标，稳步推进城市综合交通基础设施建设的同时，兼顾奥运短期需求”的总体战略原则，正是基于奥运交通需求与城市交通需求存在兼容性这一基本认识。

如前所述，尽管奥运需求存在许多有别于城市日常需求的显著特性，但与城市日常需求相比，其总量不大，而且其影响波及的区域也有限。

从图 2-8a）和图 2-8b）中可看出，无论是全日出行量还是高峰小时出行量，奥运带来的短期需求只相当于城市日常需求量的 4% ~ 5%。不仅如此，在这一短期需求中，有近 80% 来自本地观众和志愿者、工作人员。与奥运会前相比，他们也只是改变了出行目的、方式和空间分布而已。

此外，从图 2-9 两种需求的时间分布看，奥运会的赛事交通需求与城市日常出行的高峰叠加效应并不明显，22:00 ~ 01:00 以及 13:00 ~ 15:00 出现的两个小高峰恰恰正是日常交通需求的低谷时段。因此，无论在需求总量上，还是在需求时空分布特征上，城市交通背景需求与奥运交通需求都有很强的兼容性。

在看到奥运交通需求与城市交通背景需求兼容性的同时，必须认真分析二者的差异性，以便采取特殊的应对措施。在描述奥运需求的特性时，已经对二者的差异性作出明确阐述，概括起来，主要有三点：第一，奥运交通需求的多层次差异和离散性特征比较明显，奥运 T1 ~ T5 群体的出行不仅在目的、时空分布以及方式选择上有很大差异，而且在交通服务标准上也有严格的等级差别，夜间需求也大大高于城市日常需求。第二，奥运需求的高度聚集特征是城市日常需求无法相比的。特别是奥运大型活动及赛事举办时，这种高度聚集客流尽管持续时间短并事先预知可控，但服务要求严格、涉及范围大，城市日常交通的常规服务方式难以应对。因此必须针对奥运需求的这一特殊性，采取不同于日常客流服务体制与运行模式的特殊运行

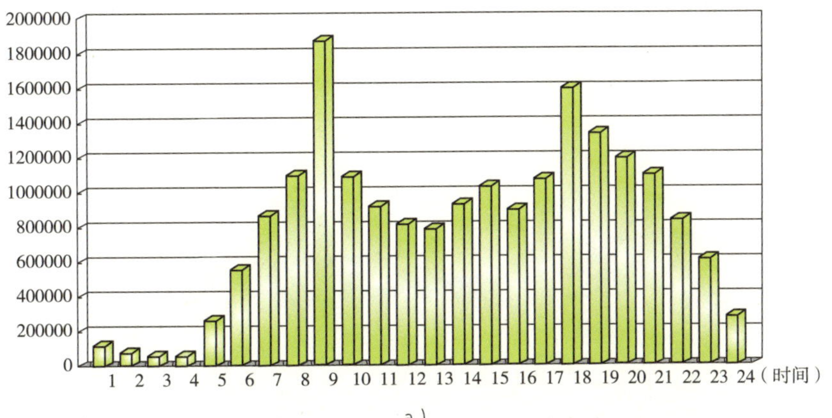

a）

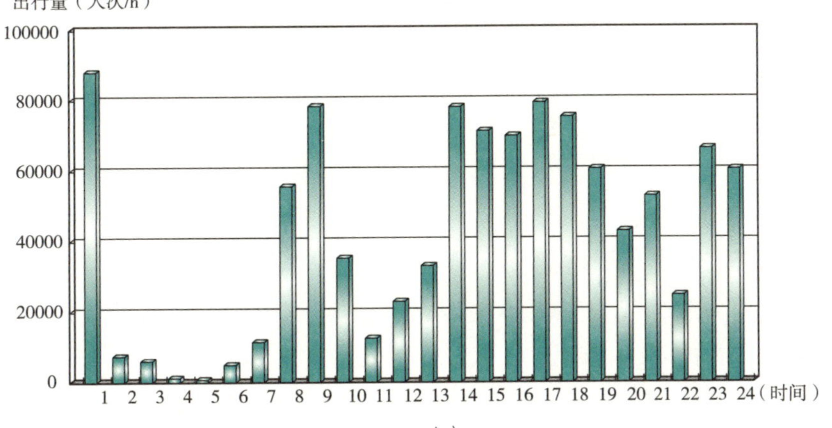

b）

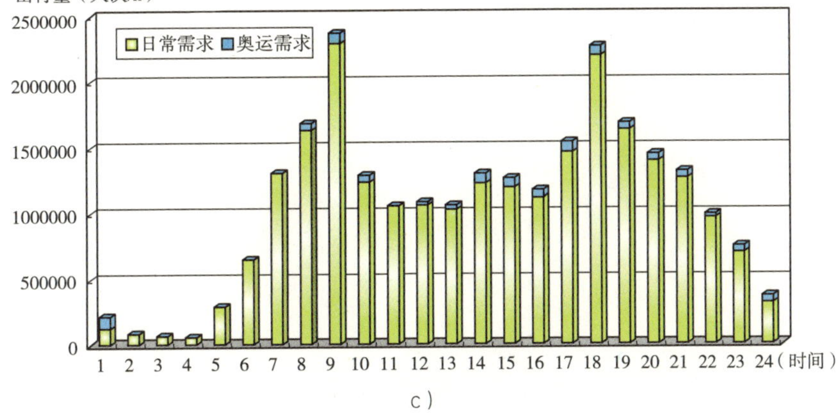

c）

图2－8　交通需求时间分布图（预测值）

a）2008年日常出行需求（工作日全天出行量）时间分布图；b）2008年奥运交通需求（各类群体一日出行量）时间分布图；c）两类需求叠加后的一日出行总量时间分布图

组织方式以及专用的临时性服务系统。第三，奥运交通出行的时间分布规律与日常城市出行规律也有差异，在日常出行峰谷奥运出行需求也有两个高峰，对于城市公共客运系统而言，需要在运输组织上作出特别安排。

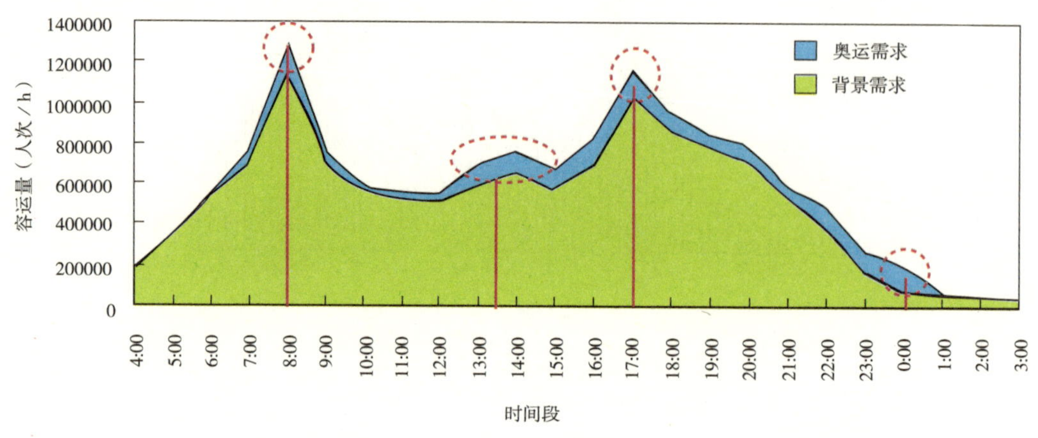

图2-9　奥运期间工作日公共交通需求和奥运交通需求叠加时间分布图

正确把握城市交通需求和奥运交通需求的关系是奥运交通规划、建设与运行管理正确决策的重要前提。只有正确认识并把握二者的关系，才能对奥运临时交通设施规划以及城市永久交通设施的关系有一清晰认识，在此基础上，为城市交通规划、建设、运行管理与服务作出正确的决策，使奥运会残奥会给北京留下更多的城市交通规划、建设、管理的宝贵财富。

3 奥运交通筹备工作

3.1 对城市交通发展总体形势的科学判断

2001 年 7 月 13 日，北京成功获得了第 29 届奥运会举办权，实现了中华民族对奥运会的百年期盼。这是我国政治、经济、文化发展史上一个重大的里程碑。

交通作为奥运会成功举办的一项重要保障条件，不仅国际奥委会为之关注，也是历届举办城市最为棘手的一大难题。

在申办阶段，我们对北京的交通基础设施条件以及未来交通需求发展趋势进行了全面的科学评估分析；在此基础上，运用现代城市交通理论与经验，制订了切实可行的交通发展战略、交通建设规划以及运行管理与服务对策实施方案，并就 2008 年奥运会交通运行方案预期目标向国际奥委会作出庄严承诺，得到国际奥委会的认可。尽管如此，在取得申办权后，国际社会仍然对于奥运会交通状况不无担心和忧虑。对此，北京市也有十分清醒的认识。就当时北京交通总体形势而言，实现申办承诺目标确实有很大难度。主要难点在以下几个方面。

3.1.1 大幅度扩充路网容量，保证市区路网畅通难度很大

在申办报告中，对赛时奥林匹克大家庭成员早晚高峰的出行时间作出了明确的承诺，即驻地到比赛场馆及媒体工作场所行程时间不超过 30min。实现这一承诺目标，单纯依靠大幅度扩充市区道路网规模，以期提高路网承载能力来平衡未来 7 年机动车负荷需求增量是一项不能完成的任务。

申办当年，北京市区道路交通拥堵状况已较为严重，二环路以内高峰时段负荷度已达 0.9，四环路以内路网总体负荷水平也达到 0.8，五环路以内为 0.67。经测算，到 2008 年，市区出行总量将比 2001 年增加 20% ~ 30%，机动车出行量增幅可达 50% ~ 60%。在这种情况下，要确保市区干道早晚高峰时段运行速度不低于 25km/h，即便把道路网容量扩充幅度提高至可能的最高限（增幅 70% 左右），高峰小时干道平均车速也只能达到 12km/h，仍低于 2000 年的实际水平（14.6km/h）。

实际上，在 1986 ~ 2000 年期间，北京市道路网容量扩充平均年增幅只有 6% 左右，按照这一速度，要在未来 7 年内把路网容量扩充 70% 是有相当难度的。

3.1.2 公共交通基础薄弱，出行结构调整任务艰巨

从北京申办奥运成功之日到奥运会开幕的 7 年，正是北京市城市化与机动化同时步入高速发展期的一个非常特殊的历史阶段。

申办成功之前的一段时间，北京市进入私家车保有量快速增长期，在此期间公共客运系统的发展则相对滞缓。在 1995 ~ 2000 年的 5 年内，私人机动车保有量净增 143%，同期公交客运系统年客运量平均增幅仅为 19.4%，相对于小汽车出行比例的增加，公共交通出行结构在萎缩。在公共客运系统中，快速大容量的轨道交通所占比重很低。取得奥运申办权的 2001 年，全市仅有两条轨道运营线路，全长 54km，而在此前的十年间，轨道交通运营里程每年年均仅增 1km，轨道交通分担的客运量在公共客运系统中仅占 9.8%，不仅与欧美发达城市有很大差距，与曾举办过奥运会的两个亚洲城市相比也存在明显差距（图 3-1）。正因为如此，在北京市出行方式构成中，公共交通所占比重相对较低（只有 26%），并且正在受到急剧膨胀的私人小汽车方式严峻挑战，呈逐年恶化趋势。

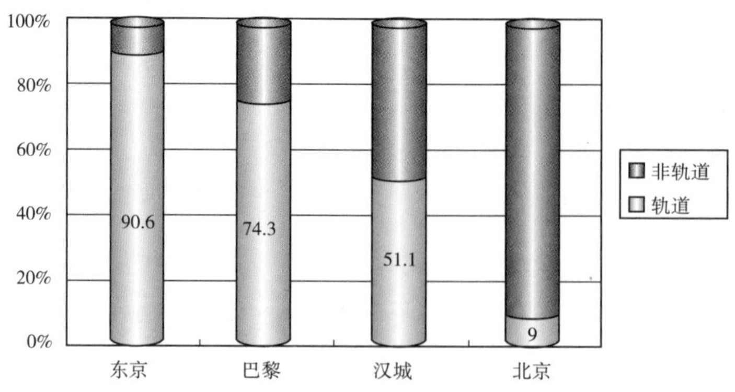

图3-1 2000年北京轨道交通客运分担率与国外城市对比

根据多种可能的交通战略方案测试，到 2008 年奥运会期间，城市出行结构必须有极为显著的改善（公交出行分担率由 26% 提升至 45% 以上），并同时采取严格的需求管理对策，市区路网负荷度才有可能维持在 0.65 以下，高峰时段干道平均车速才有可能达到 20km/h 以上。

3.1.3 小汽车增长迅速，需求管理对策实施面临严峻挑战

自 20 世纪 90 年代以来，北京市进入私家车保有量快速增长期，仅 1995~2000 年的 5 年内，私人机动车保有量净增 143%，其中私人小客车的增幅更高达 286%。在申奥成功以后，一方面北京市人均 GDP 进入了 3000 美元，另一方面汽车作为支柱产业的政策，机动车，特别是私人小汽车在北京必然有个快速增长的过程。按照国际上通行的城市交通发展策略，在小汽车快速发展阶段，随着交通状况的恶化，必然伴随着严格的交通需求管理措施的实施，以遏制小汽车的快速增长和无节制的使用。

申奥成功后，北京的交通发展与交通政策一直备受国内外关注。在优先发展公共交通、提高小汽车的使用成本、减少无节制地使用小汽车等需求管理措施中，由于公共交通服务水平的薄弱、刚刚购买了小汽车的兴奋及低年级独生子女上下学交通等问题，北京更容易出台优先发展公共交通的政策措施，而要出台限制小汽车出行或经济杠杆引导小汽车使用的政策，必然会遇到各方面巨大的压力。

针对小汽车出行需求采取严格的需求管理对策固然是往届奥运会的常规做法，但是需求管理对策方案的实施是以高水平的公共客运服务系统为必要支撑条件的，在这一点上北京比往届奥运会举办城市都要困难得多。

由上述分析可以看出，就申办当年的条件而言，要实现申办奥运交通承诺难度之大。

在客观分析了从取得申办权到奥运会开幕之日的 7 年期间，北京交通需求变化与交通基础设施供给能力增长的趋势之后，不仅清醒地认识到与承诺目标的差距和实现承诺的难点所在，而且在对奥运期间奥运短期需求与城市发展长远需求科学分析的基础上，明确了未来 7 年筹备期间交通发展的基本战略和重大任务。在利用宏观交通规划模型对可供选择的多种战略方案进行反复测试评估的基础上，就交通与城市空间结构、功能布局协调关系、出行结构优化、需求管理、交通基础设施供给策略等有关交通发展模式的重大问题作出科学决策，作为指导后续多项交通建设规划与运行组织规划编制的原则和基础依据。

基于上述研究，对 2008 年奥运会期间的交通形势作出如下判断：交通需求的增长仍然保持强劲势头，小汽车出行需求的膨胀尤为突出，道路基础设施供给能力的扩充受到空间与环境条件的制约，很难实现供需平衡。交通发展的根本出路在于：必须坚定不移地加快城市空间结构与功能布局调整；坚定不移地加快城市交通出行结构优化调整。依靠这一战略，制订并实施相应的交通建设与运行组织方案，2008 年奥运会交通承诺目标是完全可以实现的。

3.2 交通模式选择

基于对 2001~2008 年北京交通发展总体形势的客观分析，必须在交通发展模式上作出新的抉择。

世界大城市在不同的历史背景下，采取了不同的交通发展模式和发展途径，概括起来，不外乎以下 5 种模式，即："以小汽车出行为主导的"交通模式、"严格限制小汽车使用"的交通模式、"以大规模轨道交通为主要支撑"的交通模式、"以大容量快速公共汽车（BRT）为主导的"交通模式及"多元化交通方式组合协调运行"的交通模式。

通过对上述 5 种模式产生和发展历史的分析，并从北京城市形态、城市规模、人文、经济、地理、环境及资源条件综合考虑，第五种交通模式应该是北京正确而可行的选择。

3.2.1 公共客运交通在日常通勤出行中占据绝对主导地位

建立以公共交通为主体、多种交通方式并存的城市客运系统，这是土地空间资源紧张，受能源与环境严格约束的特大城市交通发展无可替代的共同战略模式，北京也不例外。

从长远看，北京目前的出行结构与道路基础设施条件很难适应快速增长的汽车交通需求，要在短时间内缓解城市交通拥挤的矛盾，必须大力发展公共交通体系。同时在北京既有交通设施资源的分配上给予公共交通以充分的优先权，确立公共客运在中长距离出行中的主体地位，抑制小汽车通勤交通的过度膨胀；另外，鼓励短距离出行使用自行车和步行方式。

为在 2008 年初步建成北京轨道交通和大容量快速公共汽车交通网络，在公共财政投入、路权分配以及资源配置政策上必须作出重大调整，要重点支持轨道交通与大容量快速公共汽车系统建设。

同时，初步建成先进的智能化公共客运调度与乘客信息服务系统，大幅度提高公共交通服务水平和吸引力，提高其在城市通勤出行中的比例，也是符合北京现实情况，实现公交优先的重要手段。

3.2.2 多种交通方式协调共存

实践和经验都证明，像北京这样日常交通需求具有极为复杂多层次差异性特征的特大城市，完全依赖单一的交通方式是难以支撑城市功能正常运转的。实现多种交通方式的协调组合，依靠多方式交通网络的匹配与无缝衔接，寻求运输系统的整体效率最大化，才有可能真正适应未来北京交通发展需要。

申办奥运成功的当年，北京市地铁和公交系统还不够发达，市民日常通勤出行多采用小汽车方式。由于日益增加的小汽车出行而导致频繁的交通拥堵现象主要集中在市中心区和上下班高峰时间内，根据不同区域、不同时段的交通状况，采用合适的交通方式或多方式组合完成出行，是提高市民的交通出行效率、减少交通拥堵发生的有效手段。

在不同交通方式之间，应鼓励小汽车使用者换乘公共客运交通进入城市中心区，减少中心区的交通压力；城市中心区交通设施的供给以公共客运为主，对小汽车使用实行分时分区有弹性的限制管理，必要时在交通特别拥挤区域有选择地实施通行收费制度等。实现这样的交通方式衔接组合，需要结合轨道交通和大容量快速公共汽车新线建设，在五环路周边地区统一规划建设小汽车停车换乘公交的设施，并实行停车低价位优惠服务，而在有条件的边缘集团和郊区新城增加高标准道路设施供给，为小汽车交通提供适度支持，满足小汽车交通的出行需求。

在公共交通方式之间，也要构筑方便的换乘枢纽设施，以保证轨道交通、大容量快速公共汽车、常规地面公交及出租汽车相互之间的换乘。

3.2.3 交通与城市用地布局相协调

长期以来，北京的城市建设一直是“以旧城为中心，向四周扩展”，形成一种同心圆式的向外蔓延的“摊大饼”发展模式。

正是由于这样的单强中心发展模式，造成了北京中心区城市功能的过度聚集以及人口与就业岗位的高度集中。三环路以内生成与吸引的出行量占市区出行总量的

50%。其中，仅占市区建成区面积 12% 的二环路以内旧城区的出行量却占市区出行总量的 25%。

与此同时，北京城市交通的发展重点长期放在缓解市中心区日益加剧的交通供需矛盾上，未能给予边缘集团和郊区卫星城的开发建设以充分的交通支持，城市中心区功能、就业岗位和人口的疏解进程缓慢，以致新开发区成为“卧城”或“产业园”。因而，中心区的交通状况也就难以从根本上得到改善。

“多方式一体化交通”协调发展的模式将有助于改变城市中心区功能过于集中所导致的交通需求时空分布畸形化趋势。

按照这一发展模式，要实施城市建设重点的战略转移，严格控制中心区建设规模和土地开发强度，集中力量进行市区边缘集团及郊区新城的建设；旧城区实行有机更新的原则，严格控制大型公共建筑和大型商业设施；为支持新的城市空间发展战略实施，要沿城市发展轴构建多种交通方式兼容的复合型大容量交通走廊。在实施城市空间结构调整的同时，要同步优化调整城市功能布局。

总之，一方面，要疏解中心区过多聚集重叠的功能；另一方面，要完善新城与边缘集团功能结构，避免对中心城的过度依赖产生的强大向心力。这是北京城市发展长期的、艰巨的、而且也是必须坚决实施到位的战略任务。

3.3 筹备阶段交通工作组织架构

3.3.1 组织架构

在成功取得 2008 年奥运会举办权的 5 个月后，北京 2008 年第 29 届奥林匹克运动会组织委员会（北京奥组委）于 2001 年 12 月 13 日成立。

北京奥组委由若干个部门组成，其中包括秘书行政部、总体策划部、国际联络部、体育部、新闻宣传部、工程和环境部、市场开发部、技术部、法律事务部、运动会服务部、监察审计部、人事部、财务部、文化活动部、安保部、媒体运行部、场馆运行部、物流部、残奥会部、交通部、火炬接力中心、注册中心、开闭幕式运营中心、票务中心等 26 个部门。

各部门分别担负着一项或多项任务，任务涉及从场馆规划到环境管理的各个领域。随着奥运会的日益临近，奥组委的组织结构也随之相应调整。

在奥组委内部，“工程和环境部”的职责是协调并监督奥运场馆建设，解决相关环境保护问题。“交通部”负责奥运会和残奥会的奥林匹克大家庭的交通服务和交通管理。

在政府层面上，与“工程和环境部”相对应的是“北京市 2008 年工程建设指挥部办公室”，由北京市政府建立，是一个临时性公共机构，专门监督和协调奥林匹克场馆和相关基础设施的建设，包括交通相关基础设施的规划及建设工作。与奥组委交通部相对应的，则是北京市交通委员会，主要是统筹协调城市交通和奥运交通的各项规划、设施建设、运输服务、交通管理等工作，负责落实各项交通规划，保障奥运期间城市交通正常运行以及观众的交通运输服务等。为 T1 ~ T4 提供交通服务是奥组委交通部的职责。

为全面协调举办城市、协办城市以及中央各有关部门的各项工作，成立了奥运工作领导小组。奥运工作领导小组除统筹协调中央与地方多部门奥运筹备工作外，进一步明确了奥组委与政府职能部门的职责分工及协调关系，还特别为交通筹备成立了奥运会交通工作协调小组。

3.3.2 协调小组——负责交通筹备协调工作的专职机构

2006 年 6 月，奥运会交通工作协调小组正式成立，协调小组办公室设在北京市交通委员会。北京奥运会交通工作协调小组是奥运会（残奥会）筹备阶段政府与奥组委交通工作协调机构。协调小组受北京市政府、北京奥组委共同领导，小组组长由北京市主管副市长和奥组委执行副主席担任（图 3-2）。

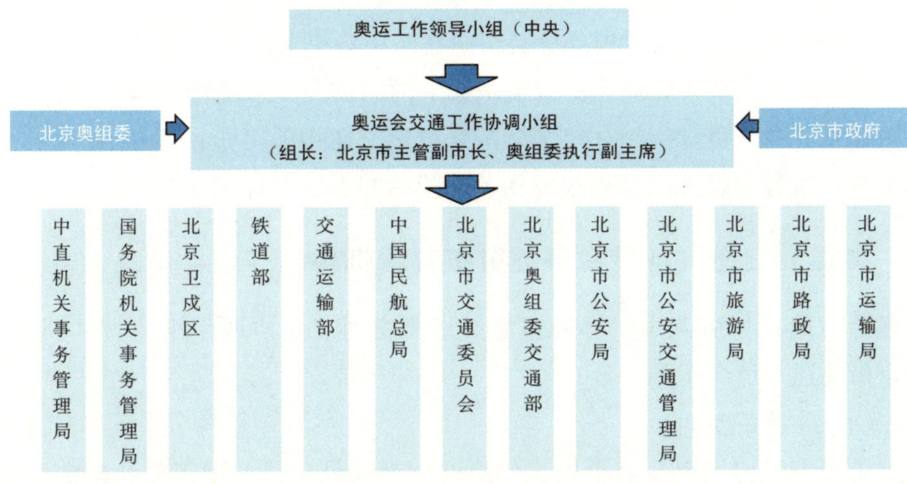

图3-2 奥运会交通工作协调小组构架图

小组成员单位包括：中直机关事务管理局、国务院机关事务管理局、北京卫戍区、铁道部、交通运输部、中国民航局、北京市交通委员会、北京奥组委交通部、北京市公安局、北京市公安交通管理局、北京市旅游局、北京市路政局、北京市运输局。

3.3.2.1 主要职能

在北京市委市政府和北京奥组委领导下，根据奥运会残奥会筹备阶段交通工作的需求，协调小组负责协调组织中央国家机关、驻京部队、北京市和奥组委相关部门，落实全市奥运会交通规划、建设与运行管理工作，对奥运会残奥会交通实行统一领导，同时负责京外赛区城市交通相关协调工作。

3.3.2.2 工作职责

（1）建立中央国家机关、驻京部队、市政府相关部门和奥组委的交通协调工作机制，对奥运交通和社会交通实施统一领导；

（2）研究实施奥运交通设施规划、建设、管理，满足奥运会赛时运行需求；

（3）统筹全市运输市场运力资源，组织赛时交通运输服务；

（4）组织赛时城市交通管理，确保奥运交通与城市交通协调运转；

（5）研究确定奥运交通相关政策及立法需求，保障奥运会赛时交通运行；

（6）定期听取奥运交通筹备进展情况汇报，决定重点工作项目和阶段性工作计划，审定上报市政府和奥组委重大事项。

3.3.2.3 成员单位职责分工

各成员单位按职责分工，落实相关工作，具体分工如下：

（1）中央直属机关事务管理局负责组织在京中央机关配合奥运交通相关工作；

（2）国务院机关事务管理局负责组织在京国家机关配合奥运交通相关工作；

（3）北京卫戍区负责组织驻京部队配合奥运交通相关工作；

（4）北京市各主管部门及奥组委相关部门的职责分工详见 3.3.3。

3.3.3 奥运会交通筹备日常事务组织管理机构

奥运会交通工作协调小组办公室是奥运会交通工作协调小组的日常办公机构，设在北京市交通委员会（图 3-3）。

3.3.3.1 主要职责

（1）负责组织协调奥运会交通工作协调小组成员单位开展工作，拟定协调小组工作计划，撰写相关文件和信息，监督检查相关部门重点工作落实情况；

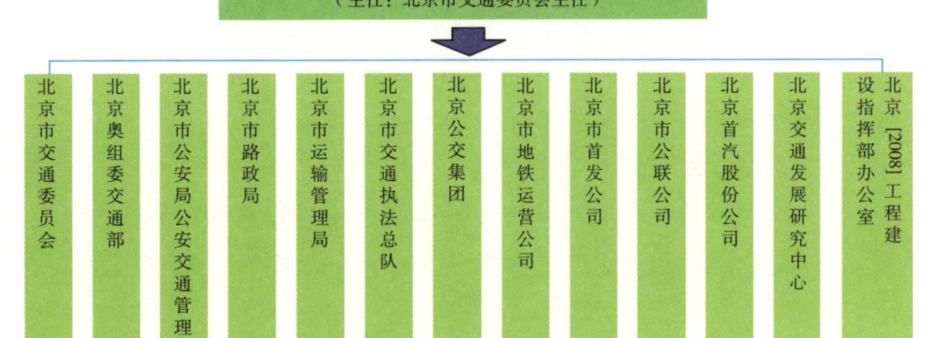

图3-3　奥运会交通工作协调小组办公室构架图

（2）建立办公室工作制度和协调机制，落实协调小组的各项工作部署和决定，领导组织五个工作组开展日常工作；

（3）组织开展奥运交通调研工作，研究提出解决重大问题的建议，为协调小组领导决策提供依据；

（4）负责做好协调小组各成员单位派驻联络员的组织管理工作，了解掌握并及时协调处理各单位反馈的情况和问题；

（5）完成协调小组领导交办的其他事项。

3.3.3.2　工作机制

（1）综合协调机制：协调市政府各部门和奥组委，及时解决筹备工作中的问题，做好奥运交通筹备和赛时交通运行工作；协调中直机关事务管理局、国务院机关事务管理局、北京卫戍区、民航总局、铁道部、交通运输部、建设部等部门。

（2）信息通报机制：各成员单位及时上报奥运工作信息，每月上报奥运交通工作进展情况，由办公室负责汇总，编制“奥运交通信息”和“奥运交通工作情况月报”。

（3）例会工作机制：每月由办公室主任主持召开一次由各成员单位领导参加的工作进展情况协调会，不定期召开工作调度会，以切实推进各项工作。

（4）监督检查机制：由办公室牵头，按照各成员单位的奥运交通工作计划和年度工作安排，对奥运交通工作进行督查。发现问题时，立即督促有关单位解决并呈报协调小组。

（5）派驻联络员制：各成员单位至少派一名专职工作人员作为联络员常驻办公室，该联络员具有双重身份，既是办公室日常工作人员，又负责与其原单位进行信息沟通，以确保奥运交通各项工作衔接、顺畅。

3.3.3.3 成员单位及职责

（1）北京市交通委员会：统筹城市交通基础设施规划建设，制订奥运会期间公交免费政策，统筹奥运期间交通需求管理政策，全面负责协调小组办公室日常工作，保障奥运会期间城市交通正常运转。

（2）北京市公安局公安交通管理局：负责奥运会交通组织管理，规划设置奥林匹克专用车道和专用交通指路标识，为比赛班车和重要贵宾提供警车带路，开展交通安全社会化宣传，为奥运会期间提供安全、有序、顺畅的交通环境，保障奥运交通与社会交通协调运转。

（3）北京市运输管理局：协调筹集奥运会交通服务车辆和人力资源，对交通服务人员进行专业培训，负责奥运公交运营线路规划建设，组织落实奥运会赛时出租车保点运输，负责城市日常交通运输服务。

（4）北京市路政局：负责城市交通基础设施建设养护，协调轨道交通建设的有关事宜。

（5）北京公交集团：实施奥运会期间注册人员和观众公交免费运输服务，保障赛时社会公共交通服务，对所属人员进行专业培训。

（6）北京市地铁运营公司：实施奥运会期间注册人员和观众公交免费运输服务，保障赛时社会公共交通服务，对所属人员进行专业培训。

（7）北京奥组委交通部筹备组：编制奥运会（残奥会）交通服务标准和交通运行计划，提出奥运交通相关需求，负责奥运场馆车流、人流、物流统筹规划，发布奥运交通信息，实施奥林匹克大家庭成员交通服务和运行管理，奥运场馆及主要活动场所内的交通组织管理，协调京外赛区城市奥运交通服务工作。

（8）北京市交通执法总队：负责机场、火车站、长途站运营秩序管理。

（9）北京交通发展研究中心：负责奥运交通的技术支持工作。

（10）北京市首发公司：实施高速公路建设养护，落实奥运车辆快速通行高速公路有关事宜，对所属人员进行专业培训。

（11）北京市公联公司：实施奥运相关交通设施建设养护。

3.3.4 机构职能的变迁

2008年5月，随着奥运筹办工作由筹备阶段向整合预热阶段转换，奥运交通筹备的组织职能与内部架构也开始从筹备阶段向赛时运行阶段转换，成立了北京奥运交通运行中心，运行中心的具体职责逐步从筹备转向赛时运行服务。具体组织架构详见“7 奥运交通运行及交通服务保障”。

3.4 筹备阶段各项交通工作任务

根据北京申办及筹备阶段交通的总体态势及未来的发展形势，北京奥运交通工作在筹备的7年中，在“绿色、科技、人文”理念的指导下，以举办一届有特色、高水平奥运会为标准，抓住“新北京、新奥运”机遇，开展了各项交通筹备工作。

3.4.1 与国际奥委会沟通和密切合作

了解交通服务保障的具体要求，包括明确服务标准、服务时间、服务运行方案等；向国际奥委会协调委员会及相关机构报告交通筹备进展情况，接受各工作组对筹备工作情况的检查，对各代表团、各单项组织交通服务进行沟通并协商方案。

3.4.2 制订交通发展战略、政策及科学的交通规划体系

在认真分析把握城市未来交通供需形势和奥运交通需求的基础上，研究制订交通发展战略及战略实施保障政策。在总体战略规划的指导下，建立交通规划体系构架和构成这一体系的各专项规划方案，用于指导城市交通及奥运交通专用基础设施的建设、运行等，并为赛时交通运行组织作必要的准备。

3.4.3 组织开展交通基础设施建设

2001 ~ 2008年，北京市在公路与道路、公交、轨道交通、航空、铁路等方面进行了大规模的基础设施建设，既为了满足奥运特殊交通需求，同时更加注重城市长远发展的需要。交通基础设施建设以满足城市长远发展为着眼点，建设与场馆运行相配套的交通设施及必要的临时性交通场站设施，满足奥运特殊交通需求。

3.4.4 积极推进出行结构优化调整

鉴于奥运交通需求的强度高、时空分布集中、服务水平要求高等特征，为实现

奥运交通承诺,举办一届有特色高水平奥运会残奥会的目标,必须要制订科学的规划,开展大规模的基础设施建设,建立运行组织保障体系。但是无论是规划还是设施建设或运行组织,都面临许多尚未解决的技术难题。不仅如此,为履行奥运交通承诺,充分体现"绿色奥运、科技奥运、人文奥运"的理念,还需要解决一些先进交通装备问题。因此,重大技术的攻关与先进装备的研发也是奥运筹备阶段一项重要而又十分艰巨的任务。

关键技术与装备的研发涉及交通规划与运行管理的信息化与智能化技术(动态监测、方案评估、实时诱导等)以及设施建设与装备制造新材料、新工艺等方面。技术研发与储备主要着眼于提高奥运交通规划的科学水平,保障既有交通服务系统高效有序运行以及交通基础设施建设中资源节约与环保。

在技术研发方面,国家科技部与北京市政府大力合作,将《北京奥运智能交通关键技术研发》列入国家"十一五"科技支撑项目计划,给予资金和研发人力资源条件的支持。北京市科委也设立专项课题开展相关研究和示范。研发工作主要归结为如下四大类。

3.4.4.1 各类规划与建设、运行、管理方案的预评估技术

对于奥运会这类大型活动,交通的规划、决策、管理必须做到科学合理、实用有效、准确无误。因此,各类交通规划决策方案在实施前的有效性预评估是一项不可或缺的主要工作环节。鉴于交通系统运行的连续性和敏感性,不允许在现实运行系统中对某些不成熟的决策方案做现场测试,设施建设方案更无法通过现场测试做反复优化调整,唯一途径是通过各种模拟仿真技术研发,建立交通方案的评估模型应用体系。

通过研发车流、人流、枢纽等的交通仿真和建模技术,能够对奥运交通规划、设施建设规划、交通组织和运行方案、需求管理政策、专用道设置、奥运公交专线规划、场馆人流组织等方案进行预评估和效果检验,并提出合理的修正、补充方案。

3.4.4.2 道路系统运行实时动态监测与分析评价技术

通过路网全方位实时监测取得运行状态数据是交通规划与运行管理一切决策方案制订的必要前提和实施保障。但对路网进行大范围无盲区不间断的实时动态监测是以往奥运会没有解决的难题。其技术难点在于此前国际上通用的"道路负荷水平评价"方法与指标体系完全不适用于路网整体运行状况的动态评价。传统的以"断面流量"和"通行能力"为基础参数的评价技术方法体系,既无法满足监测数据时空连续性要求,又不能真实反映自由流、约束流、紊乱流三种不同流态下路网运行特征参数的相关性规律,必须寻求一种全新的评价体系和支持这一评价体系的相关

技术手段，包括数据采集、多源异构数据融合、指标阈值及评价算法模型等。自2002年以来，开展了浮动车交通信息采集技术的可行性研究，并以自主研发的行车记录仪为核心设备的浮动车交通信息采集试验，累积采集了大量路网动态数据。此后通过浮动车数据处理分析等关键技术研究，自主研发建立了基于浮动车信息系统的“路网运行实时动态评价分析平台（图3-4）”，为道路系统运行实时动态监测奠定了基础。同时，随着路网数据采集技术的发展，路网运行动态评价技术也取得了进展。这些关键技术的攻克，为后来多项奥运交通规划、需求管理方案的制订与实施提供了必要的技术保障。

3.4.4.3　智能化交通关键技术与装备

随着智能交通系统（ITS）20世纪后期在世界各发达国家的快速发展，智能交通技术在奥运会中逐步得到应用。以亚特兰大奥运会为代表，亚特兰大为举办1996年奥运会而建设了极其庞大的ITS系统，包括智能交通管理系统、公交车辆定位系统、停车管理系统和紧急事件管理系统等，对高峰流量削减、污染物排放减少起到了重要作用，但由于系统测试时间过短以及没有强有力的核心管理机构，在使用过程中遇到了许多事先没有考虑到的问题。由于交通压力相对较小，以及准备阶段的物力财力等原因，悉尼和雅典奥运会ITS技术并没有得到更大范围应用，而主要是以交通控制中心为核心的奥运交通运行管理体系。我国自20世纪90年代引入ITS技术领域并开始探索研究以来，国家科技部、北京市政府分别在“十五”和“十一五”期间大力投入发展智能交通，开展包括交通检测技术与装备、信号控制技术与装备、交通信息处理技术、交通综合信息平台技术、公共交通调度技术等的基础研究和技术研发。

3.4.4.4　环保车辆、无障碍设施、新型建筑材料和新工艺装备等

绿色奥运体现在交通上就是交通系统中运行车辆的节能环保，以及在交通基础设施建设中采用新材料和新工艺，提高废旧料的使用率，降低污染。北京针对绿色奥运需求，开展了纯电动汽车、混合动力车等新能源环保车辆的技术研发。在基础设施施工方面，探索研究废旧料回收再利用、环保节能施工工艺，以实现绿色奥运目标，进而推动交通行业的节能环保技术发展进程。

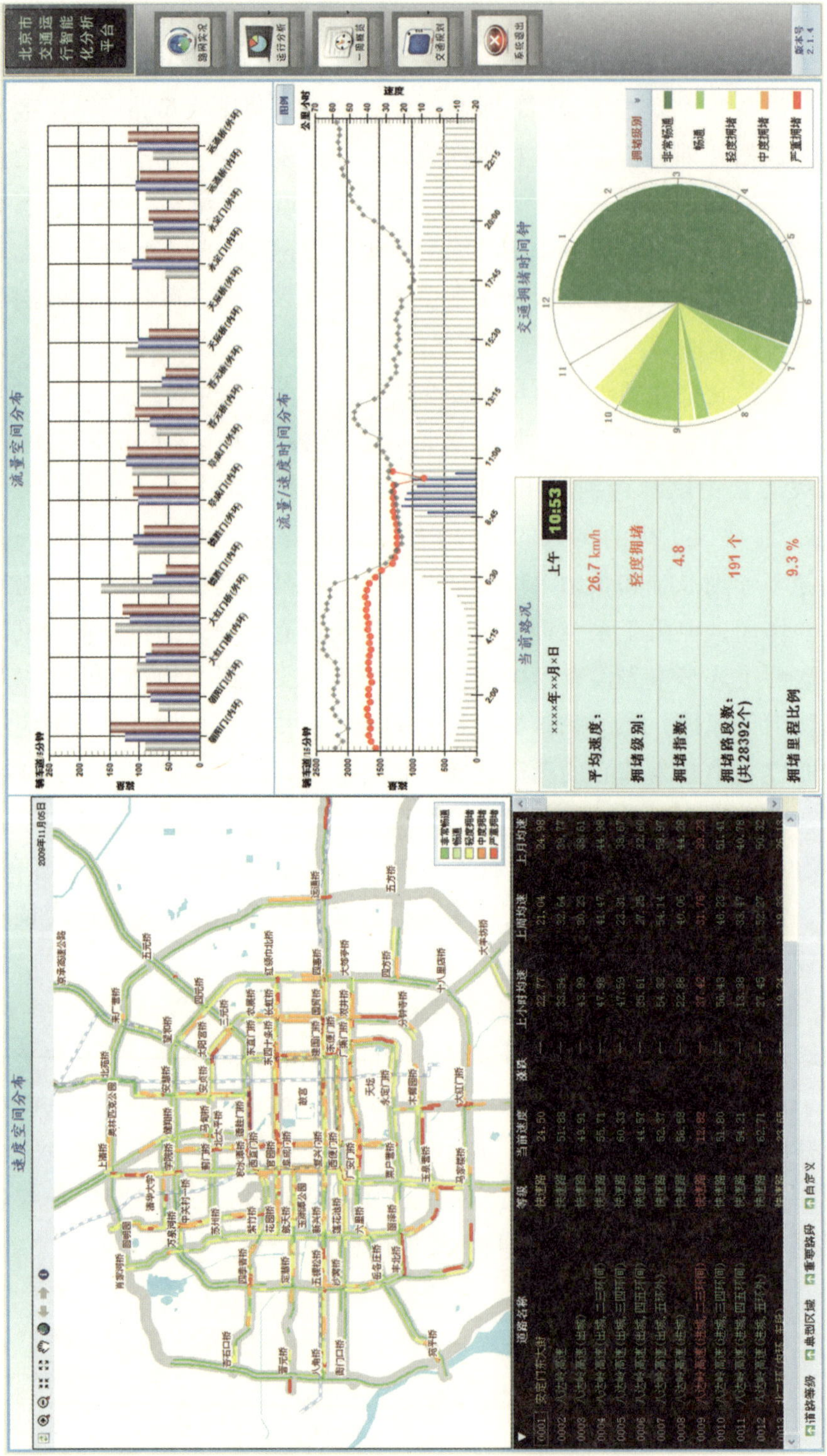

图3-4　路网运行实时动态评价分析平台

4 奥运交通规划

4.1 交通规划总体目标和主要内容

交通规划的总体目标是以尽可能少的资源消耗和环境影响，在保证城市交通可持续发展的前提下，全面满足奥运交通服务要求。

奥运交通规划是由很多相互关联的专项规划组成的一个系统，主要内容包括：交通战略规划、城市交通基础设施规划、城市综合交通系统整体运行规划、交通需求管理规划。城市交通基础设施规划又包括：对外交通枢纽规划、道路网系统规划、轨道网规划、公交网规划、城市公共交通枢纽、奥运场馆周边交通设施规划等。城市综合交通系统整体运行规划包括：道路运行管理规划、轨道交通运行规划、城市公交运行规划、出租汽车运行规划、城市货运运行规划和与奥运赛事服务相关的规划，如奥运专用道规划、奥运公交专线规划、奥运班车系统规划、奥运出租汽车服务规划、场馆交通组织规划以及开闭幕式运行组织规划等。

奥运交通规划是一个完整的体系，既包括服务理念、管理理念的战略规划，也包含每个场馆、每个客户群服务的具体运行岗位的交通计划。可以说，奥运交通工作是“千条线一根针”，所有交通服务与管理在赛时就是服务于赛事的场馆。场馆的道路体系、场站体系、公交线路、各类客户群的车辆停靠点、交通组织流线以及交通服务的时间安排、交通服务人员岗位职责都要在场馆交通运行计划中体现。场馆交通运行计划中各岗位的职责及服务要求固化后，形成培训材料，这样确保方案的实施和有效。

4.2 交通规划体系与规划系统集成

上述各项规划在此前的历届奥运会也几乎无一例外地都要逐项编制，但有一个难以解决的问题就是如何处理这些规划之间极为复杂的交互关系，还有更为棘手的问题是如何处理它们与交通领域之外的其他规划（既有指导交通规划的上位规划，如城市土地利用规划，也有与之平行但又相互制约的规划，如场馆设施规划、安保规划等）的互动衔接关系。

实际上，需要编制的数十项交通专项规划，都是互为依据、彼此之间存在交互链接关系的。所有各项规划分处于不同层次、赋有不同功能目标，其内容关联性形成的相互制约关系使规划系统成为一个有机的整体。

4.2.1 交通规划体系的结构层次与相互关系

奥运交通规划可分为战略目标层、总体规划层、城市基础交通规划层和奥运专项规划层四个层级，每个层级有各自的目标和定位（图 4-1）。

战略目标层是交通规划体系的最高层，它为其他三个层次的规划规定各自的目标、基本原则和应当包含的具体内容。

总体规划层是以城市总体发展目标及城市综合交通规划为依据，制订奥运发展战略目标，提出实现战略目标的基本策略和各项战略任务实施进程与保障政策。

城市基础交通规划层是根据上述两个层面提出的总体目标和战略任务，着重研究城市日常运转的交通服务体系外延扩充和内涵改造的任务与实施途径，具体包括：城市交通基础设施规划和城市综合交通体系整体运行规划。这一功能层面是整个规划体系承上启下的重要环节，也是整个交通规划体系的核心部分。其中，城市交通基础设施规划是以满足城市可持续发展需求为前提，兼顾奥运需求而制订的城市骨干基础设施网络建设规划；城市综合交通系统整体运行规划以奥运期间可提供的基础设施为前提，合理配置和有效利用各项交通资源，建立一个满足赛时需求的高效运行系统。

奥运专项规划层的规划同样分两部分内容：基础设施规划和交通运行规划。基础设施规划在奥运专项规划层主要包括奥运场馆周边交通设施规划，而交通运行规划在此层次包括奥运专用道规划、奥运公交专线规划、奥运班车系统规划、奥运出租车服务规划、场馆交通组织规划等。

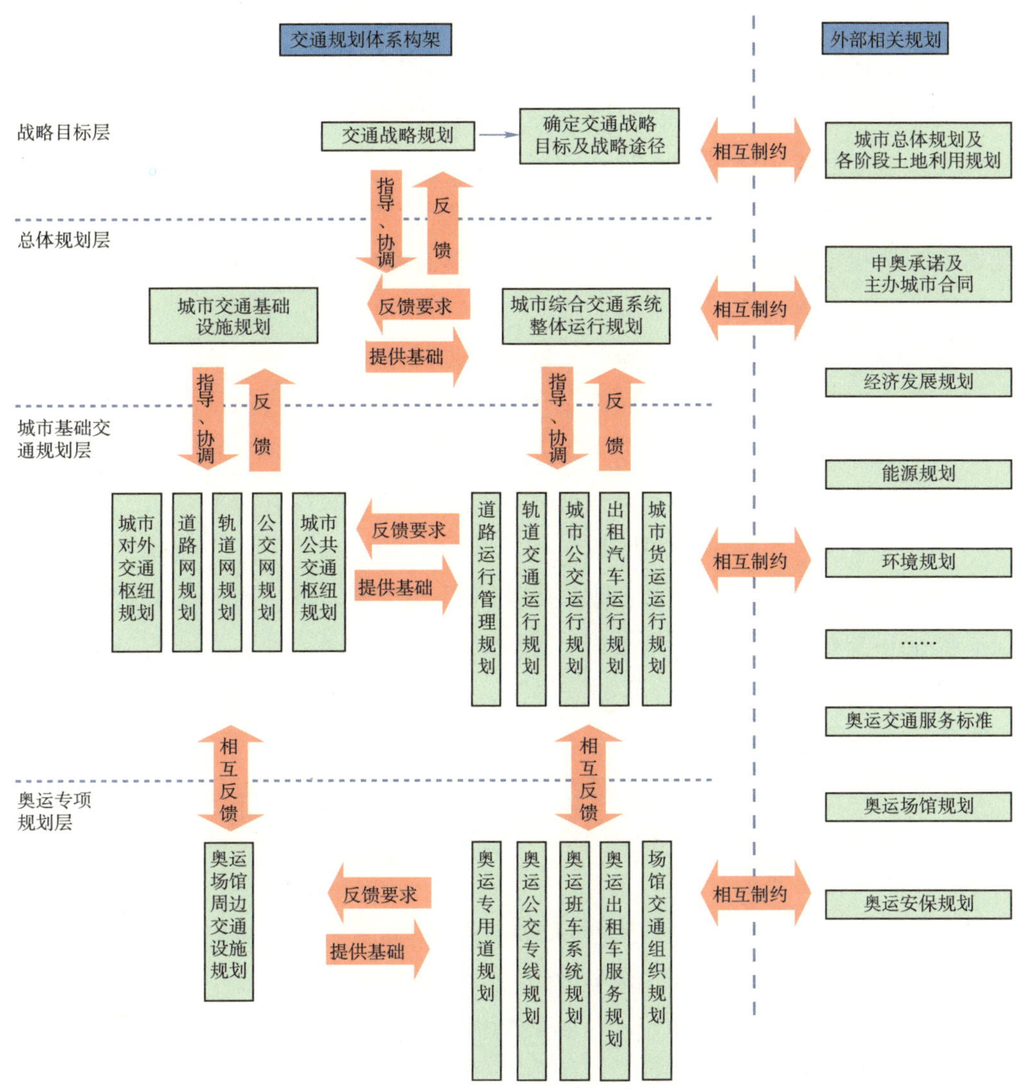

图4-1　奥运交通规划体系层次结构

如前所述，四个规划层次由上至下，是逐级辖属的关系，下一层承应上一层次提出的要求，同时也要向上一层次提出反馈意见，作为上一层次规划调整、落实的依据。在同一层次上的多项规划也同样存在相互制约、相互反馈的关系。例如：在城市基础交通规划层次内，城市交通基础设施规划和城市综合交通系统整体运行规划共同构成了城市交通供给系统，并以满足交通需求为目的而相互依存。前者是后者的基础，在基础设施条件下建立的交通运行系统具备一定的能力，此能力如果仍不能满足交通需求就要重新研究交通基础设施规划的合理性，可能需要从建设项目的选择、建设时序安排等方面重新调整规划，或者对交通需求管理方案作出调整。同理，虽然交通需求管理的规划方案也是基础设施建设规划的依据条件之一，但在研究编制需求管理方案之后，也可能要对基础设施的规模提出修正，系统也要相应调整。此外，交通需求管理政策导致需求的结构、时空，甚至交通运行组织规划也要做相应调整，而这种调整又再次引起基础设施建设规划的相应更改。同一层次各项规划编制过程中，多重交互关系决定了整个规划编制过程是一个反复地相互反馈和迭代修正的流程。

战略目标层与总体规划层所包含的各项规划的这种制约与反馈的关系可能更为复杂，它更多地涉及交通规划与城市总体规划，以及已经纳入经济社会发展规划中的“十五”及“十一五”交通投资规划等外部规划之间的交互关系，影响范围大，协调难度也更大。比如，面对奥运交通需求与城市发展的背景需求双重叠加的特殊需求形势，交通发展与城市空间结构、功能布局之间的互动关系，就成了比以往任何时期都更为突出的一个关键，它既决定交通基础设施建设方向，也决定需要采取的交通政策利益取向。只有十分谨慎、深入、细致地把握这种互动制约关系，在得到相关规划编制主管部门全力合作的前提下，才有可能完成这一层面规划编制的“反馈—修正—再反馈”的迭代流程。

奥运专项规划层各规划之间的关系与上述两层基本一致，奥运场馆周边设施规划为交通运行规划在场馆的衔接处提供设施基础，各项交通运行规划也对场馆周边的交通设施布局提出要求。

城市基础交通规划层的各项规划在编制过程中需要考虑奥运专项规划层，注重城市设施与奥运设施，城市运行与奥运运行的相互协调，奥运专项规划层在把握奥运需求方面更为细致，根据奥运相关的具体情况对城市基础交通规划层提出修正。

4.2.2 交通规划体系与外部相关规划的关系

在进行交通规划的同时，除了要重视交通规划体系内各子项规划的相互制约与依存关系之外，还要认真处理与外部系统的衔接、互馈、协调关系。交通规划体系与外部系统的联系是普遍的，覆盖各个层次的。

首先，交通发展是城市发展的重要组成部分，交通规划要服从城市发展的总体目标要求。城市总体规划及经济社会发展规划是交通规划的上位规划，不仅决定交通需求总量和特征，而且也决定交通供给能力及供给模式。因此，交通规划是以其上位规划为依据的。鉴于城市交通对城市发展的能动反作用，应重视交通规划对城市总体规划的反馈作用。

交通规划不仅与城市总体规划之间存在密切的相互制约、相互支持的关系，其他相关的规划之间同样也存在相互制约、相互支持的关系。如产业布局规划、能源规划、环境规划等。交通规划要符合其他规划中相关强制性内容要求，如在环境敏感地区限制交通基础设施建设等；同时，交通规划也要给其他规划提供支持，如改善交通结构，提倡公共交通出行有利于降低能源消耗、改善空气质量等。

奥运会的相关要求和规划与交通规划也有紧密联系，《申奥交通承诺》和《主办城市合同》中有很多关于交通的条款，《交通服务标准》中也对交通系统的指标提出了要求，这些都需要通过交通系统的规划实现。此外，很多其他奥运的规划也都与交通规划相互配合、相互衔接，如《奥运场馆建设总体规划》、《奥运安保规划》、《奥运场馆运行规划》、《奥运服务规划》等，这些规划既是交通规划的基础依据，又都需要交通规划的支持。

综上所述，奥运交通规划体系不是一个孤立的封闭体系，在编制过程中要充分顾及它与外部规划的互动关系。

4.2.3 交通规划集成的必要性

奥运交通规划包含宏观、中观、微观三个层面数十个专项，每项规划的目标、功能地位、时空范围、规划依据条件、内容及成果要求都有很大差异，但这些专项规划之间却存在密切的制约关系，是一个不可分割的相互依存的整体。如何正确把握各专项规划之间以及它们与交通系统外部相关规划之间错综复杂的交互制约关系是困扰历届奥运会交通规划人员的一大难题。在认真总结以往经验的基础上，北京奥运会交通规划从交通规划系统集成入手，力图在破解这一难题上取得突破。

交通规划集成，一方面是基于对各项规划之间交互关系的认识；另一方面是出于规划编制程序的科学性及规划成果可实施性的考虑。历届奥运会交通规划的实践经验表明，忽视规划体系的客观存在，忽视构成这一体系的各专项规划在体系中的客观位置及相互之间的关联性，就无法准确地把握各项规划的功能目标及编制条件。如果规划定位不明确，各规划之间的衔接关系不清楚，各规划也不进行有效整合，势必导致各专项规划目标、策略原则乃至一些重大规划对策不一致，甚至相悖。如果下位规划不遵守上位规划提出的要求，存在的问题不及时向上位规划反馈，上位规划对下位规划存在的问题视而不见，平行规划之间的衔接错位等。这些难以避免的弊病不仅导致规划工作程序混乱、效果低下，而且影响规划的有效性和可实施性。

4.2.4 系统集成的内涵

系统集成就是要明确各项规划的功能地位，界定各项规划的基本目标、编制的前提条件、实施保障条件，梳理各规划的衔接关系，明确各专项规划在规划体系中的层级，以及它们与交通系统外部相关规划的关系。在此基础上，建立高效有序的规划编制工作程序，并对各项规划的“输入”（依据条件）与“输出”（成果反馈）制订规范要求。北京奥运会在系统集成方面作了很多努力，为整个奥运会交通规划工作打下了坚实的基础。

4.3 专项规划主要内容

4.3.1 战略规划

战略规划是交通规划体系中最高层级的专项规划，是其他三个层次各项规划的基础和原则依据。战略规划要解决的问题是中长期城市交通发展战略方向、基本目标和实现这一目标的战略途径。

自 2002 年初开始，北京市着手奥运筹备期至后奥运时期交通发展战略的研究，其主要成果《北京交通发展纲要（2004 ~ 2020）》（以下简称《纲要》）于 2004 年底经市政府正式批准并向社会公开发布。在《纲要》的编制过程中，对 2002 ~ 2004 年期间可供选择的战略方案进行了具体方案设计和测试比选，作为战略规划中有关发展目标、战略途径、基本政策及行动计划论证的一个重要内容。

4.3.1.1 《纲要》

（1）背景。

《纲要》的编制工作始于奥运申办成功后，北京迈入实施“新三步走”战略的重要时期。成功举办一届“有特色、高水平”的奥运会，全面实现“新北京、新奥运”战略构想是这一时期的主要任务。

在 20 世纪最后的 10 年，尽管北京在交通设施建设与运行管理上不断加大资金投入，但由于交通需求总量的急剧增长及需求构成的多样性和复杂性日趋强化，城市交通总体形势依然非常严峻。展望 21 世纪初的 10 ~ 20 年，北京的社会经济现代化、城市化以及机动化将同时步入高速发展期，受资源环境容量的严格制约，继续沿用传统的交通发展模式，将无法摆脱愈来愈严峻的交通紧张局势的困扰。

正是在这一背景下，北京市委市政府提出要重新思考北京交通发展模式和战略目标定位，探索适合我国国情和北京市城市发展客观实际的交通战略途径。

《纲要》在总结北京及国内外同类城市交通发展历史经验的基础上，以定性与定量相结合的手段剖析了北京城市交通问题的症结，对未来供需关系发展趋势作出科学判断。在此基础上为北京量身定制了一套交通发展战略方案，提出了建设“新北京交通体系”的目标和控制性指标，并为实现这一目标制订了基本交通政策和近期的重大行动计划。

《纲要》是一份中长期战略规划，也是指导 2004 ~ 2020 年期间全市交通规划、建设与运营管理的一份纲领性文件;《纲要》既是政府在发展交通事业上对社会的承诺，也是规范社会公众交通行为的基本准则。

（2）对交通现状症结的诊断。

《纲要》指出:“北京交通发展既面临世界大城市普遍存在的共性问题（例如，小汽车交通需求过度膨胀与城市资源和环境承载力的矛盾等），同时也有其自身的特殊性问题:

- 城市空间结构、功能布局的发展与交通发展不协调；
- 公共客运系统薄弱，难以支持城市出行结构的优化调整；
- 道路系统功能级配结构失衡，系统扩充和改造受到土地使用布局的制约；
- 交通系统规划、建设、运行、管理及服务缺乏有效整合。

（3）对供需关系发展趋势的判断。

《纲要》从影响交通供需关系的三大客观因素——经济社会发展进程（经济结构与社会结构、人口、经济总量等）、城市化进程（人口与就业岗位分布、城市空间布局、土地使用等）以及交通机动化发展进程（主要是汽车进入家庭的进程）的可能变化，对 2004 ~ 2020 年期间需求与交通基础设施供给能力作出定量分析。预计 2010 年全市出行总量将达到 3500 ~ 4000 万人次 / 日，其中，中心城区出行量达到 2300 万人次 / 日；2020 年全市出行总量可达到 5200 ~ 5500 万人次 / 日，其中，中心城区 3300 万人次 / 日。

基本结论是：2010 年之前，出行需求总量和中心城交通建设投资规模的增长趋势较为稳定；出行需求时空分布及方式构成的发展趋势则有很大的不确定性。因此，未来改善交通状况的关键在于城市功能布局、交通发展模式、系统整合和政策调控的力度。

（4）交通发展目标与战略任务。

基于对历史经验的总结、现状问题症结诊断以及对未来供需状况可能走势的预测判断，经过多种战略方案的测试（见 4.3.1.2），《纲要》确定了北京近、远期交通发展的目标和战略任务。

① 远期（2020 年）目标：北京交通发展的远期目标是全面建成适应首都经济和社会发展需要，满足全社会不断增长和变化的交通需求，与国家首都和现代化国际大都市功能相匹配的“新北京交通体系”。

“新北京交通体系”的基本特征为：

• 以人为本的交通服务宗旨；

• 以“一体化交通”作为新体系的基本结构框架；

• 实施以内涵发展为主的集约化发展模式；

• 以信息化为新体系的技术支撑；

• 以法制化为保障。

② 近期（2010 年）发展目标：在 2010 年之前，初步建成交通设施功能结构较为完善、承载能力明显提高、运营管理水平先进、基本适应日益增长交通需求的“新北京交通体系”框架，初步形成中心城、市域和城际交通一体化新格局，中心城交通状况有所缓解，为全面实现“新北京、新奥运”战略构想提供支持，为成功举办一届“有特色、高水平”的奥运会提供可靠的交通保障。

针对上述目标，《纲要》还明确制订了以下 4 个方面的具体规划指标：

• 完善城市快速路网，扩充次干路与支路构成的“微循环”集散系统，使中心城道路网高峰小时负荷能力比 2003 年提高 40% 以上，干道平均车速不低于 20km/h。

• 建成以快速大容量客运交通为骨干，多种方式协调运输的城市公共客运系统，中心城公共交通出行量比例达到 40% 以上。

• 初步实现智能化交通运行管理，提高通行效率与安全水平。2010 年要基本建成具有国际化先进水平的智能化道路运行管理与出行信息服务系统以及智能化公共客运运输组织调度系统。

• 发展绿色交通，2008 年之前机动车尾气排放达到“国Ⅳ”（相当于欧Ⅳ）标准。

③ 战略任务：在确定上述发展目标之后，《纲要》针对北京交通发展的实际，明确提出“必须着手优化调整城市总体布局及城市交通结构模式”，即：坚定不移地加快城市空间布局与功能布局调整，控制中心城建成区的土地开发强度与建设规模；坚定不移地加快城市交通结构优化调整，尽早确定公共客运在城市日常通勤出行中的主导地位。同时，全面整合既有交通设施资源，提高资源使用效能。

④ 基本交通政策：为完成上述战略任务、实现战略目标，制订了五项基本交通政策作为交通战略规划的重要组成部分，这是奥运交通战略规划的创新尝试。

交通先导政策：坚持城市交通基础设施建设适度超前、优先发展，充分发挥交通建设对城市空间结构调整的引导和支持作用。要继续保持与城市经济社会发展相适应的、稳定的交通建设投资规模，2010 年之前年度交通地方投资总额不低于当年 GDP 的 5%，预计 2010 年之前总投资额 2500 ~ 3000 亿元。

公共交通优先政策：在明确“两定”（确定优先发展公共交通在城市可持续发展进程中的战略地位；确定公共客运服务的社会公益性属性）前提下，按照“公平”和“效率”原则，合理分配和使用交通设施资源，在规划、建设投资、运营扶持和改善服务等多个环节，为公共交通发展提供全面优先条件，做到建设投资优先、设施用地优先、路权分配优先和财税扶持优先。

小汽车需求引导政策：在大力发展公共客运为主体的综合运输前提下，对小汽车交通在行驶区域、行驶时段以及停车泊位供给等方面实行差别化调控管理，特定区和特定时段实施必要的限制，保持汽车交通量与道路负荷容量协调匹配增长，确保中心城道路系统维持可以接受的适当水平。

区域差别化交通政策：从城市不同区域交通需求和可能提供的交通资源实际状况出发，中心城与新城采用不同的交通模式，实施因地制宜的交通设施供给与管理政策。中心城内的旧城区和旧城以外的区域交通模式与政策也要有所区别。

政府主导的交通产业市场化经营政策：在充分考虑城市交通服务社会公益性，满足公众日常需要的前提下，积极推进政府主导的交通产业市场化步伐。这一政策涵盖交通建设投融资、特许经营、运输市场准入与退出机制等相关领域。

4.3.1.2 战略方案设计与测试

战略方案是战略规划的核心内容之一，它是确定交通发展目标和制订规划不可缺少的依据。

战略方案实质上是从城市发展与交通发展的互动规律出发，在二者发展方向和策略的组合上作出最佳的抉择（图 4–2）。

作为城市发展方向的表征可以用“土地使用”，而交通发展方向的表征可用“交通方式结构”。前者可在战略方案设计中作为假定前提条件，而后者作为战略方案中的主要优选指标。在“城市”与“交通”两个战略发展方向组合方案抉择中，方案的内容则主要由“交通基础设施供给”和“需求管理”两个方面构成，方案设计的切入点就是交通方式结构的设计。

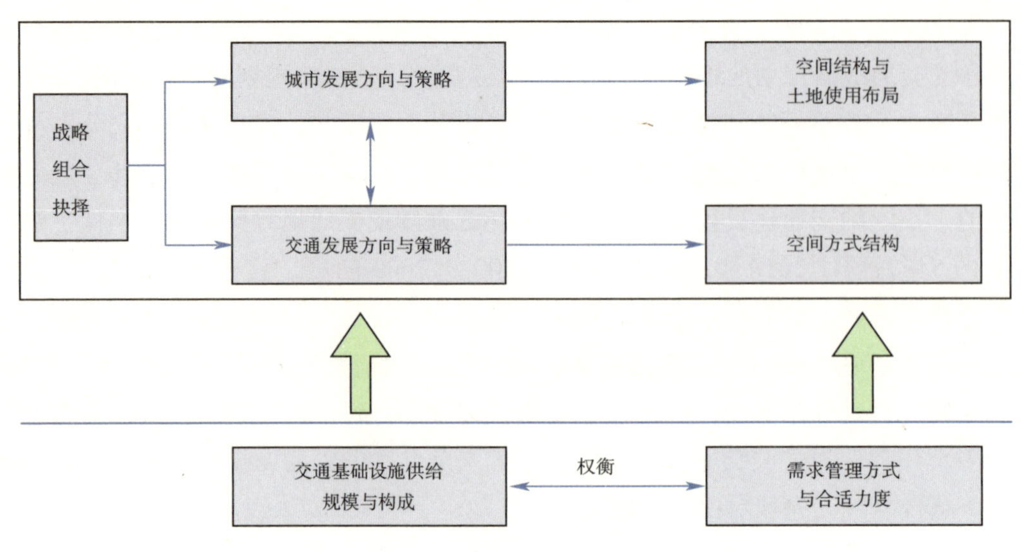

图4-2　战略方案设计思路图

（1）三类可供选择的战略方案。

第一类方案：以全力扩充道路设施容量作为主要战略手段满足不断增长的需求。其要点之一，道路建设高投入，短期内即形成规模较大的城市道路与郊区公路网络；要点之二，对小汽车的出行需求和市中心区土地开发采取相对宽松的管理对策，控制公共客运系统（尤其是投资巨大、建设周期长的轨道交通）的投资规模，放缓建设进程。

第二类方案：对小汽车的保有量实施总量调控；同时严格控制城市化进程和规模扩展，尤其控制中心城区土地开发强度；压缩道路建设投资；超前建设大规模轨道交通网络。旨在依赖大容量高效轨道交通和极为严格的小汽车需求管控来满足未来不断增长的交通需求。

第三类方案：适当扩充道路与公共客运系统，在二者的投资规模上注重保持一个适宜的比例，同时建立适度的需求管理体系，只对小汽车使用作适当限制，而不限制小汽车的拥有。

根据预先假定的几种不同交通发展目标和规划期内供需两方面可能达到的上限与下限边界，针对上述三类方案，分别制订了可用于横向比较的一系列方案组合，经过第一轮对 29 种组合方案的筛选，选出四套有代表性的战略方案，再作第二轮定量测评和比选。

四种战略方案的宏观描述如下。

方案一：对道路、公路和停车设施的投资力度最大，而对公共交通的投入相对较小。市区土地开发的控制力度也相对较低，中心区就业岗位集聚程度相对较高，城区就业岗位数占全市的比例为20%。由于公共交通发展相对较慢，因此小汽车的增长速度较快，居民出行方式选择的倾向较少受到政策措施的影响。

方案二：对道路、公路和停车设施的投资力度最低，而对城市公共客运系统的投入最大。此外，对市区土地开发规模和强度予以严格控制，中心区过于集聚的功能、就业岗位得到疏解，城区就业岗位数占全市的比例预期降至17%。考虑到公共交通的优先发展，将会在一定程度上延缓私人小汽车保有量的增长速度，2010年汽车保有量可控制在230万左右，居民出行方式选择受交通设施结构改变而变化。

方案三：对道路、公路、停车以及大容量公共交通的投入力度适中。市区土地开发的控制力度也适中，城区就业岗位数占全市的比例为18%。在公交服务水平提高和政策措施引导的双重作用下，小汽车实现了适度增长的趋势，2010年全市客车保有量达到300万辆。由于对使用公交采取了较多的政策鼓励措施，居民出行方式选择会受到供给调整和政策引导两方面的影响。

方案四：所有的边界条件和交通建设计划都与方案三相同，只是政策引导的力度更大，所实施的政策措施更加有利于提高公共交通吸引力，更加有利于避免小汽车交通的过度使用。

四种战略方案组合要素比较见表4-1。

表4-1　四种战略方案组合要素比较

	方案一	方案二	方案三	方案四
市区土地使用控制力度	+	+++	+++	+++
道路与公路的投资力度	+++	+	++	++
轨道交通的投资力度	+	+++	++	++
鼓励使用公交的政策措施	+	++	++	+++
对小汽车使用管理的严格程度	+	+	++	+++

注：+的数量越多代表措施的力度越大。

上述四个方案中，对几个有控制力的主要策略指标进一步作了界定（表4－2、表4－3、表4－4）。

表4–2　四种战略方案中选择的轨道交通建设规模对比

	2000年现状（km）	2010年规划拟达到的规模（km）			
		方案一	方案二	方案三	方案四
五环路以内	50	140	211	189	189
城八区	54	162	250	223	223
全市	54	227	339	313	313
轨道建设规模		低	高	中	

表4–3　四种战略方案选择的道路网（五环路内）建设规模对比

	2000年现状（km）	2010年规划拟达到的规模（km）			
		方案一	方案二	方案三	方案四
快速路	181	377	347	375	
主干路	249	552	359	377	
次干路	415	535	482	454	
合计	844	1464	1188	1207	
道路建设规模	–	高	低	中	

表4–4　四种战略方案选择的机动车保有量对比

	2000年现状（万辆）	2010年规划拟达到的规模（万辆）			
		方案一	方案二	方案三	方案四
全市	151.3	489.8	317.5	381.1	
市区（城八区）	94.3	255.1	174.1	214.6	
机动车增长趋势	–	高	低	中	

（2）战略方案的模型测试分析。

①交通方式结构。

如前所述，在所有专项交通规划与指标中，“出行方式结构”是最具战略意义的一项指标，它直接关系到交通供给策略、既有交通资源（例如路权）配置以及需求管理等涉及交通发展全局的交通规划、建设与运行管理决策。

利用经过标定和有效性验证的宏观规划模型，对四个代表性方案的高峰小时出行方式结构进行了预测。单就“出行方式结构”一项指标而言，方案四最佳，方案三次之。当然，在出行结构中，公交分担率高固然有利于整个交通体系的运行水平改善，但公共交通基础设施（尤其是轨道交通）规模与服务水平能否支持，则要全面权衡了。

②道路运行水平。

道路系统承载能力、运行效率和负荷水平也是战略方案决策的重要指标。经模型测试，给出了四种方案所对应的高峰小时道路运行主要指标。测算结果表明，方案一和方案二的高峰小时路网饱和度超过了 0.8，平均车速在 15km/h 以下，服务水平比 2000 年有明显下降。方案三和方案四的路网饱和度分别为 0.65 和 0.59，平均车速上升到 19km/h 和 21.7km/h，服务水平有明显改善。

③公共客运系统运行水平。

公共客运系统实际可以完成的周转量及满载率是衡量其承载能力与服务水平的关键指标，也是决定出行结构的重要因素。方案三和方案四无论在系统整体运能、运行效率、服务水平上都比 2000 年有明显改善，尤其是运力结构构成上，轨道交通和地面常规公交的比例大大改善，两者在客运周转量的构成比例上由 2000 年的 1:6 变为 1:1.1 ～ 1:1.3，轨道交通在公共客运系统中骨干作用得到充分体现。

④方案比选。

战略方案的比选原则是：以城市资源与环境承载力作为严格的边界约束条件，权衡系统总体运行水平与成本代价（包括基础设施建设成本、系统运营管理成本、服务成本等），作出选择。

为了简化比选过程，根据上述原则，选择“系统服务水平”、“对城市出行需求满足程度”以及“建设成本”（考虑到“运行成本”与“服务成本”的标定过于复杂，未纳入）。从四个战略方案指标测评（过程从略）结果中可看出，方案一和方案二的投入都较大，尽管可以承担交通的出行需求，但这是以牺牲道路网服务水平为代价的，道路运行状况的恶化已经到了不可接受的程度。方案三和方案四的交通服务水平均可接受，方案三在满足小汽车出行需求上比方案四要宽松些，但可承担的出行总量却要少得多，而且环境成本也更高些。

综上所述，拟将第四方案作为推荐的基本方案。在此基础上，针对可能采取的不同需求管理对策和基础设施建设过程中可能的变动，对方案再作进一步优化。

最终方案测试的各项宏观指标见表 4-5。

预测 2010 年高峰小时道路机动车流量和速度见图 4-3 、图 4-4。

表4-5　推荐方案测试宏观指标统计表

指标		推荐方案
交通方式特征（市区）		
全日出行人次（万）	小汽车（摩托车）	606.18
	地面公交	607.62
	轨道交通	412.17
	班车	21.44
	自行车	321.43
	出租汽车	364.67
	合计（机动化出行量）	2333.51
全日模式分担率（%）	小汽车（摩托车）	25.98
	地面公交	26.04
	轨道交通	17.66
	班车	0.92
	自行车	13.77
	出租汽车	15.63
早高峰出行人次（万）	小汽车（摩托车）	66.33
	地面公交	75.69
	轨道交通	62.07
	班车	6.59
	自行车	29.38
	出租汽车	22.08
早高峰模式分担率（%）	小汽车（摩托车）	25.30
	地面公交	28.88
	轨道交通	23.68
	班车	2.51
	自行车	11.21
	出租汽车	8.42
分方式日出行率（次/日）	小汽车（摩托车）	0.64
	公交（含班车）	1.10
	自行车	0.34
	出租汽车	0.39
	合计（机动化出行率）	2.47
小客车出行属性	高峰小时出行（万车次）	30.49
	高峰平均出行率（次/车）	0.16
	全日出行（万车次）	279.27
	全日平均出行率（次/车）	1.47

指标		推荐方案
分方式平均出行距离（km）	小汽车（摩托车）	11.34
	公交（不含班车）	10.14
	自行车	1.88
	出租汽车	6.17
交通供应与需求		
道路网（市区高峰小时）	容量（PCU 万km/h）	855.40
	流量（PCU 万km/h）	516.24
	V/C	0.60
分区机动车出行量（万车次/日）（不含自行车）	内城区（发生）	169.06
	外城区（发生）	541.81
	全市	835.63
分区机动车周转量（万车公里/日）（不含自行车）	起点为内城区	1343.95
	起点为外城区	5026.38
	全市	8414.17
分区人员出行量（万人次/日）（不含班车客流）	内城区（发生）	710.43
	外城区（发生）	1637.43
	全市	2546.23
分区人员周转量（万人公里/日）（不含班车客流）	起点为内城区	5693.83
	起点为外城区	15430.60
	全市	24916.69
城市轨道网（全市）	线路条数	13
	轨道线长度（km）	313
	全日上客量（万）	742
	单位公里轨道客流强度（万）	2.37
	所需列车数（列）	379
	高峰小时平均满载率	0.37
地面公交网（全市）	线路条数	269
	线路长度（km）	4099
	全日上客量（万）	869
	所需车辆数	10853
	单位标车年客运量（万）	26.82
	高峰小时平均满载率	0.59
公交系统（全市）	全日上客量（万）	1611.01
	公交系统乘客换乘系数	1.58

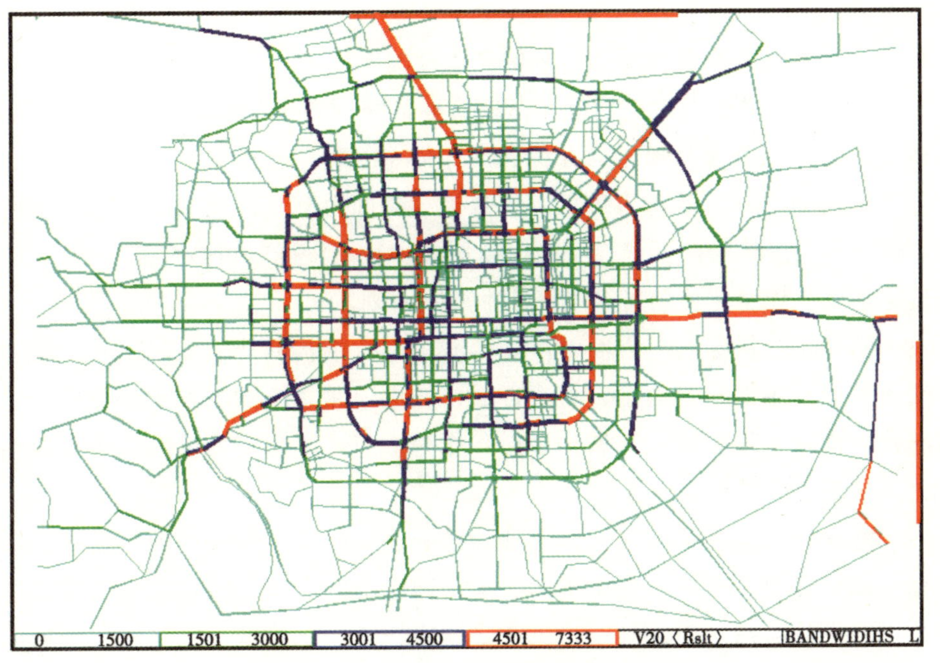

图4-3　2010年高峰小时道路机动车流量预测图

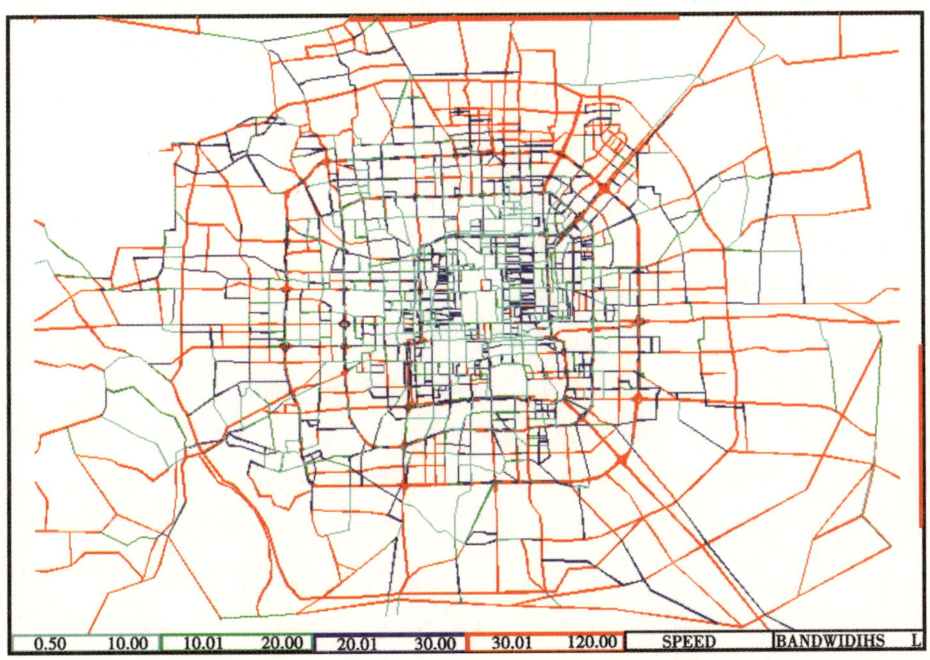

图4-4　2010年高峰小时道路机动车车速预测图

4.3.2 交通基础设施规划

4.3.2.1 交通基础设施总体规划的基本战略原则

交通基础设施总体规划的目标是落实交通战略规划在基础设施建设方面的要求，将总体目标分解到各个分项中，在综合交通体系结构、基础设施条件（规模、功能级配、容纳能力）以及运行管理机制、政策等方面得到全面整合，以确保交通服务系统不仅能满足奥运会的要求，又能保证城市中长期交通的可持续发展。

交通基础设施总体规划遵循以下基本战略原则。

（1）结构优化策略：一方面，从优化城市出行结构的战略需求出发，着力加强公共交通基础设施的建设力度；另一方面，城市道路系统的建设规划要把改善功能级配结构，消除系统“瓶颈”和“短板”作为重点，同时要为公共客运交通网络结构优化及网络规模扩充提供支持。

（2）近、远期兼顾的策略：交通基础设施建设以满足中长期城市发展需求为主要目标，同时要充分考虑近期（奥运会）交通改善的需要，重点满足场馆周边交通集散，场馆之间联络，场馆与城市重要交通枢纽之间联系的交通需求，为奥运交通运行提供可靠保障。

（3）系统整合策略：从城市交通与城际交通一体化、市域交通与中心城交通一体化以及不同交通运输方式协调衔接的目标要求出发，全面整合系统资源，着重处理好各类基础设施（场站、网络）功能级配与布局协调关系。

4.3.2.2 城市交通基础设施专项规划要点

交通基础设施专项规划包括中心城道路网规划、城市公共客运系统规划、市域公路网及公路主枢纽规划、城市对外交通枢纽规划等。

（1）中心城道路网建设规划要点。

针对既有路网的结构性缺陷，着重抓好两头：一方面要完善快速走廊和交通主干道网络系统；另一方面要大力扩充“微循环”系统。前者是着眼于提高路网的整体机动性，后者则是为提高路网的集散能力和可达性，同时也为扩展路面公共交通网的覆盖率创造条件。中心城道路网规划不仅要满足畅达性、安全可靠性（整体应变能力）要求，同时还要注重与城市布局、历史文化风貌、环境的协调关系。

① 中心城道路网总体格局在保留旧城区传统的方格网基础上，以环形加放射线的形式向外围扩展。旧城区范围规划了 4 横 3 纵的主干道系统，旧城以外布置 3 条城市快速环线、1 条高速公路环线、19 条快速放射线及 18 条放射状主干道，构成中

心城道路主骨架系统。快速放射干线及若干辅助放射干道既作为环线间的联络通道，又与市域范围高速公路及主要干线公路系统衔接，使两个网络（中心城道路网及市域公路网）形成一个整体（图 4-5）。

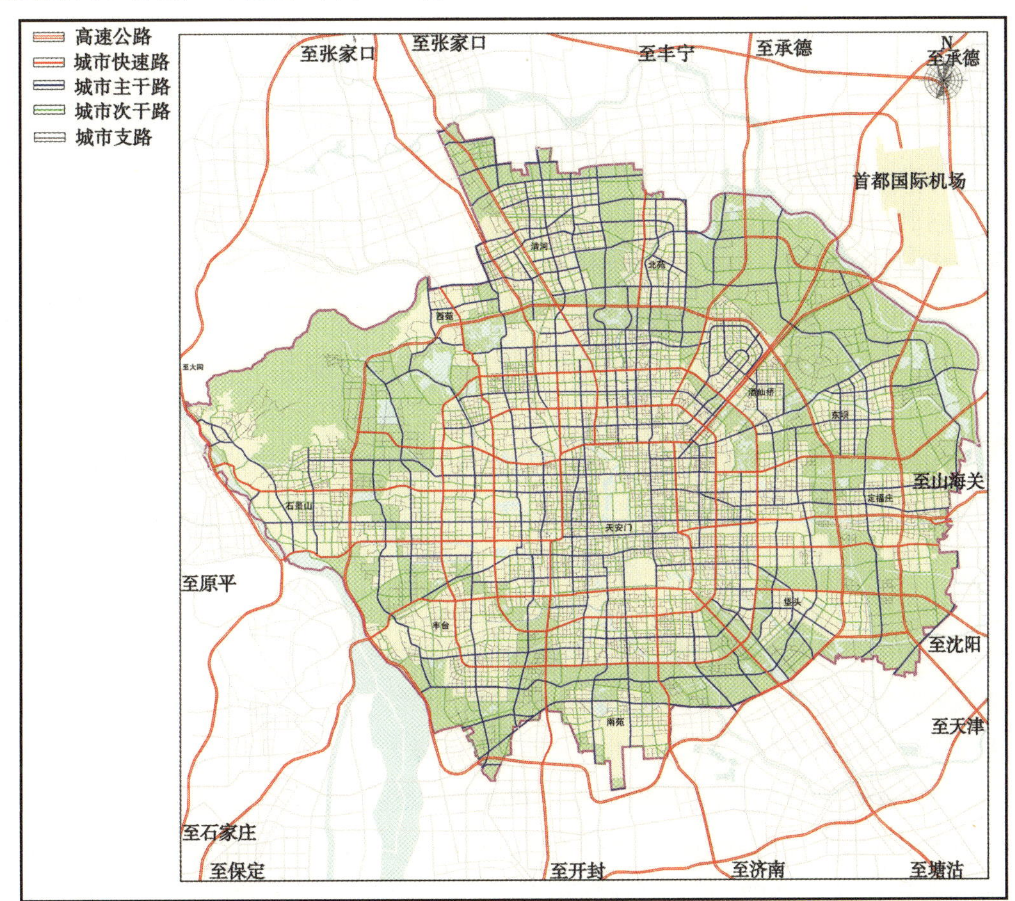

图4-5　中心城道路网规划图

② 按照路网机动性与可达性合理匹配的原则，在明确路网基本骨架的前提下，对于次干路与支路构成的集散系统布局及其与主骨架系统的衔接关系也作了精心规划。

③ 最终形成的中心城道路系统，规划道路总里程为 4754km，道路网密度为 4.4km/km^2，道路用地率为 16.4%（其中，二环路以内的旧城区达到 22.4%），道路网容量（高峰小时负荷能力）可达 1421 万车 km/h。

④ 自行车和步行交通系统。北京的自行车交通是历史发展的产物，它的存在符合城市交通需求的特征，是中短距离交通出行的理想交通工具，也是居民生活的组成部分。自行车交通有利于首都的环境保护，符合国家能源安全及低碳社会发展战

略要求。因此，需要对自行车交通采取积极的、扶持性的交通政策，为自行车交通创造更为安全、更为方便的出行环境。

北京自行车交通政策是：提倡自行车交通方式，为自行车交通创造良好和安全的环境，使自行车交通在未来城市交通体系中继续扮演重要角色。

步行交通是城市居民出行方式中重要组成部分。步行交通环境是反映城市文化和“以人为本”精神的重要窗口。无论是现在还是将来，步行交通都将在北京综合交通体系中扮演重要角色。

北京城市的步行交通政策是：提倡步行，实行步行者优先，为包括交通弱势群体在内的所有步行者创造良好和安全的步行环境。

⑤ 新城道路系统规划原则与布局要点。新城是北京未来城市发展的重要空间，是承担中心城人口和功能疏解、新的产业聚集、带动区域发展的规模化城市地区，具有相对独立性。新城道路网系统要结合新城的土地使用规划，带动城市空间发展。新城道路功能与中心城有很大的不同，在规划中要充分考虑新城的空间特点、经济发展和交通需求的时空分布规律。

（2）城市公共客运系统专项规划要点。

① 发展目标。全面推行公共交通优先发展战略，加快确立公共客运交通在城市日常出行中的主导地位，积极引导个体机动化出行方式向集约化公共交通方式转移，促使城市客运出行结构趋于合理。在2020年前基本建成以公共交通为主体、轨道交通为骨干、多种客运方式相协调的综合客运交通体系。

② 发展指标。客运交通结构是衡量城市交通是否可持续发展的关键指标。2010年中心城公共客运系统分担出行量不低于40%（同时要确保奥运期间高峰时段分担比例不低于45%），2020年中心城公共交通方式应承担不小于50%的客运出行量。

③ 规划建设重点。

•大力扩充城市轨道交通系统，2010年之前基本确定其在公共客运系统中的骨干地位，力争2010年承担公共客运量的比例由2001年的9.8%提升到30%以上。

•优化调整公共汽（电）车运营网络，完善功能层次结构，扩大覆盖范围，增加重点地区支线网密度，提高可达性。

•整合公交服务资源，建设综合换乘枢纽，改善各种客运方式自身系统内不同线路换乘衔接关系以及不同交通出行方式之间的换乘衔接关系。

•构建并逐步完善中心城外围组团、郊区新城、市域范围乡村三级公交服务网络体系。

（3）市域公路网及公路主枢纽专项规划要点。

① 公路网布局。北京市公路网规划布局主要考虑三个层面。

在“国家公路网”层面上：服从于《国家高速公路网规划》和国道主干线及区域经济干线布局，其功能为服务于全国性的客货运输。

在“京津冀区域”层面上：作为京津冀地区之间的快速交通联络通道，其功能除保障过境交通畅通外，兼顾北京市与京津冀区域内地级以上各城市有便捷的高速公路相沟通，尤其要强化京津之间的交通联系，强化北京市对外辐射功能。

在“北京市域”层面上：作为中心城与新城、空港区、出海口之间的联系通道，以及新城之间相互联系的主要通道；同时也是县乡城镇与新城之间的交通联系通道。

② 公路主枢纽规划。北京是全国最重要的交通运输枢纽，已形成了由铁路、公路、航空等多种运输方式构成的综合运输体系。在北京城市对外交通体系中，公路长途客货运输已占据主导地位。

未来，随着国民经济的发展和人民生活水平的提高，道路运输结构与形态也将产生相应的变化。由于公路运输与其他运输方式相比更加方便灵活，能够提供“门到门”的运输服务，且随干线公路等级的不断提高、公路网络的不断完善，在今后一定时期内，公路运输仍将继续保持其主导地位。

北京公路主枢纽客货运站场系统由 9 个客运枢纽和 11 个货运枢纽组成。

（4）中心城停车设施规划要点。

① 规划对策。停车场的规划应与北京市机动车的发展政策相协调，与城市用地规划相协调，与城市道路规划相协调，与城市公共交通的发展相协调，与历史文化名城保护政策相协调。

在城市总体规划与交通发展战略规划的指导下，对城市不同区位的公用停车场采用差别化的停车设施供给与管理对策，对中心城区、边缘集团、重点地区区别对待，不同程度地满足机动车的停车需求。

对于旧城，要通过控制停车场的规模，缓解道路交通过度拥挤的现象，保持一种低水平的供需平衡。对于交通繁忙地区，不提供充足的停车设施，同时采取必要的高额停车收费策略，用经济手段调节停车的需求与供给。

对道路交通产生、吸引较大的重点地区，近期增加适量的停车泊位，改变停车的混乱状况，使其有序化；远期，在满足重点地区客流出行、吸引的条件下，合理引导重点地区出行的交通方式结构，减少停车设施的供给。

② 公用停车场。根据规划原则，在旧城人口稠密、商业集中的地区，规划安排

公用停车场，主要是满足大型公共建筑、商业区、旅游场所、体育场馆、医院等停车的基本需求，有限地解决旧城停车难的问题。在二环路以内规划停车场59处。

在中心城的商业区、旅游场所、体育场馆、医院等地规划安排公用停车场，提供较好的停车条件和服务。在二环路以外规划公用停车场141处。

③ 换乘（P+R）停车场。在四环路、五环路周围的公共交通枢纽站、轨道交通的换乘站安排换乘（P+R）停车场，为居住、工作在四环路、五环路周围的出行者提供小汽车换乘公共交通的服务。

在中心城外围不同方位的交通走廊及新城内，结合公共交通枢纽站与轨道交通的车站设置换乘（P+R）停车场，为从较远地区进入中心城换乘公共交通的出行者提供服务。

④ 自行车停车规划。居住区、公共建筑按照相关规范（规定）配建自行车停车设施。公用停车场、换乘停车场、公共交通车站根据需求设置充足的自行车停车位。

（5）城市对外交通枢纽规划要点。

城市对外交通枢纽包括公路、铁路、航空，其中关于公路主枢纽规划如前所述。

① 北京铁路枢纽规划。北京铁路枢纽现有京山、京九、京广、京原、丰沙、京包、京通、京承、京秦、大秦线10条干线，在既有铁路干线基础上，规划引入京沪、京广、京哈客运专线，积极推进京津地区以及向华北、东北纵深地区辐射的城际快速铁路的建设。

客运系统按“四主两辅”总体布局，北京站、北京西站、北京南站和北京北站为主要客站，新北京东站（通州）、丰台站为辅助客站，新北京东站（通州）预留发展条件。北京站与北京西站、北京北站与广安门站间以地下直径线连接。

② 航空港规划。空港不仅是关系城市经济社会发展的重要对外交通设施，而且也是奥运交通不可或缺的保障条件。在奥运申办报告中，北京向国际奥委会承诺：北京首都国际机场将作为为奥运提供全天候服务的主要空港，另外将提供北京郊区的南苑机场和天津滨海国际机场作为紧急情况下的备降机场。首都国际机场在2008年之前将进行大规模的扩建和改造，新增1条跑道，1座候机楼和55个停机位，满足奥运期间高峰月556万人次/月的进出港需求。

同时，承诺在机场与奥林匹克大家庭成员驻地之间提供免费接驳专线服务，行程时间为30min以内（天津滨海国际机场至奥林匹克大家庭成员驻地行程时间不超过70min）。

根据民航部门在各正常年份航空业务量预测，对奥运期间额外增加的进出港旅客数量也作了初步预测，预计奥运会前后及奥运期间高峰月奥运客流量约为120万人次，加上日常（非奥运）旅客量（436万人次/月），奥运期间首都机场高峰月旅客吞吐量约为556万人次。

因此，首都国际机场此次扩建规模拟以2015年为目标年，按照国际枢纽港的功能目标要求，扩大国际与国内航线覆盖范围，改善中转服务，提高中转旅客比例，扩大客货运输业务量，高峰月旅客吞吐能力可达到620万人次，完全可以满足奥运期间的航空需求。

在2008年之前，新建T3航站楼（建筑面积近100万m^2）和东跑道。使高峰小时起降能力由2000年的72架次提高到86～90架次，年旅客吞吐量达7600万人次以上，货邮吞吐量180万t以上。配套建设专机、公务包机停机坪和航站楼，全面改善空管及地面服务设施。

为提高首都机场旅客集散能力，缩短行程时间，规划建设由东三环直达T3航站楼的第二条机场高速公路以及机场南线和机场北线两条分别与中心城北部、西部地区联系更为便捷的高速公路通道。同时，在2008年之前建成由东直门直达T2、T3航站楼的快速轨道交通线路。利用高速公路及城市快速走廊增辟覆盖市区及部分郊区新城的机场穿梭巴士服务网络，全面改善空港集疏运系统。

4.3.2.3 奥运场馆交通设施专项规划

奥运场馆交通设施是根据奥运期间赛时运行需要安排的永久性或临时性交通设施。根据赛时交通运行实施方案，要对城市交通基础设施作局部功能调整。

这项规划要以每一个（组）比赛场馆或训练场馆为规划对象，因地制宜地逐一编制场馆交通设施规划。

（1）场馆交通规划的基础依据。

① 场馆赛事运行方案，包括：赛程时间表、赛事组织（运动员、工作人员、媒体的人数、路线、时间及交通方式等）、观众人数（与场馆规模有关）及进出场馆时间等；

② 场馆周边已有各类交通设施状况（构成、布局、运行特征、承载能力及负荷状况等）；

③ 场馆所在地区在赛时拟采取的安全保卫与交通管制方案。

（2）场馆交通设施规划的原则。

奥运场馆周边交通设施规划及交通组织首先必须服从奥运会组织委员会对赛事

交通服务的具体要求，在此前提下适当兼顾社会交通。场馆交通服务按不同服务群体优先等级，对 IOC 官员、国际单项组织官员、技术官员、运动员、媒体、赞助商、工作人员、志愿者、观众等不同群体进出场馆安保区及他们在馆区内的活动逐一作出组织方案，在此基础上有针对性地安排各项交通基础设施。

场馆交通设施规划的基本原则是：

① 必须满足国际奥委会对奥运交通组织的各项要求；

② 必须处理好奥运交通组织与社会交通的协调关系，尽量减少对城市正常生活的干扰；

③ 必须保证奥运交通具有良好的可达性和较高的服务水平，满足到达和疏散的时间要求；

④ 应做到各种交通方式的交通流线（包括人与车、不同层次的车与车、不同层次的人与人等）在空间或时间上避免交叉冲突，尤其是 T1 ~ T4 与 T5（观众），一定要分隔开；

⑤ 充分利用现有设施，并综合考虑赛后利用。凡赛后不具利用价值的新建或改造设施，采用可拆移的临时性设施或一次性简易设施，但均须满足安全要求。

⑥ 在给定 T1 ~ T4 用地布局的基础上，优先考虑公交车辆停车场和上下车乘降站的设置。

（3）场馆交通设施规划基本流程。

场馆交通设施规划的编制工作流程与技术路线如图 4-6 所示。由于各场馆使用性质（赛事类别及赛事日程安排）、场馆规模、所处区位环境的不同，其规划重点也有所区别。

（4）场馆交通设施规划实例之一——奥林匹克公园。

按照城市总体规划，在奥运后奥林匹克公园将成为与中关村科技园区以及市区东部的中央商务区（CBD）并列的三大重点新兴功能区。在制订该地区交通基础设施规划的时候既充分考虑了奥运期间赛事交通需求，也同时考虑了奥运后该地区建设发展的交通需求。

① 奥林匹克公园赛时交通需求。

高峰日全天人流集散量：假设每场次观众上座率为 100%，则赛时每日吸引观众汇总见图 4-7。赛事期间，奥林匹克公园共吸引观众 309.8 万人次，其中观赛观众 283 万人次，公共区参观观众 27 万人次，有 8 天观众人数超过 20 万人。高峰日为 8 月 22 日（星期五）——即比赛第 14 日，高峰日流量为 27.3 万人次。

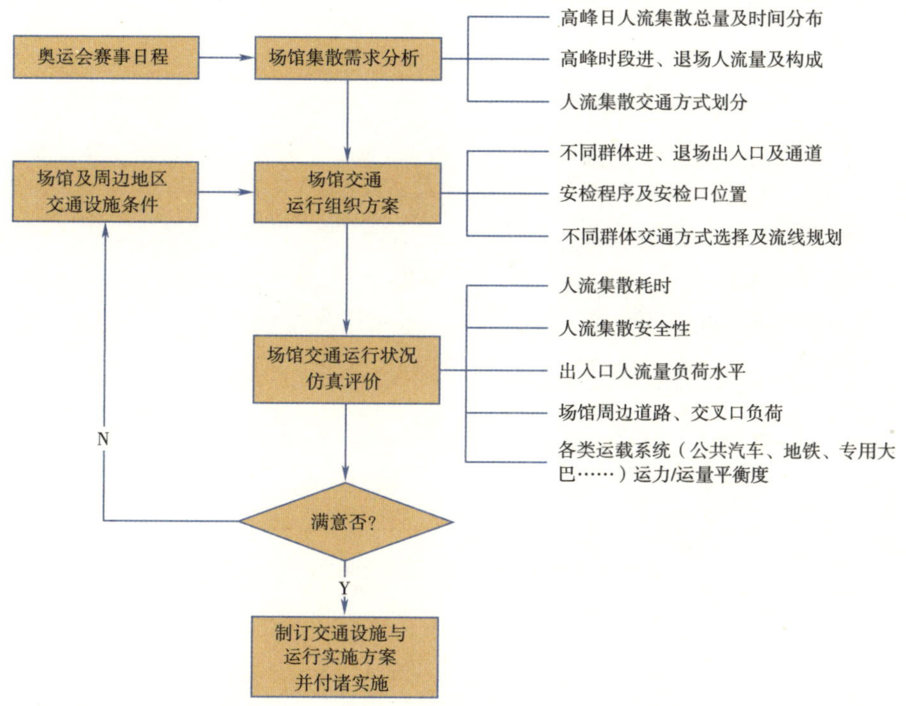

图4-6　场馆交通设施规划工作流程技术路线图

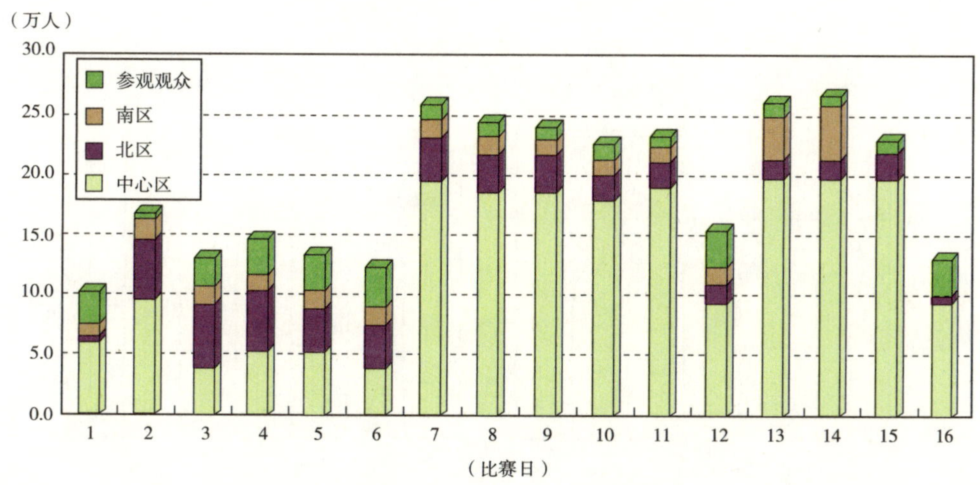

图4-7　奥林匹克公园赛时每日观众需求预测

高峰时段最大集（散）量：预计开幕式散场人流量约为 16 万人次，其中约 10 万人需要在散场后的 75min 内集中疏散。

高峰日进出公园的人流量时间分布：按照观众抵离场馆的时间规律计算，高峰日每个时间段进出场馆的人数如图 4-8 所示。

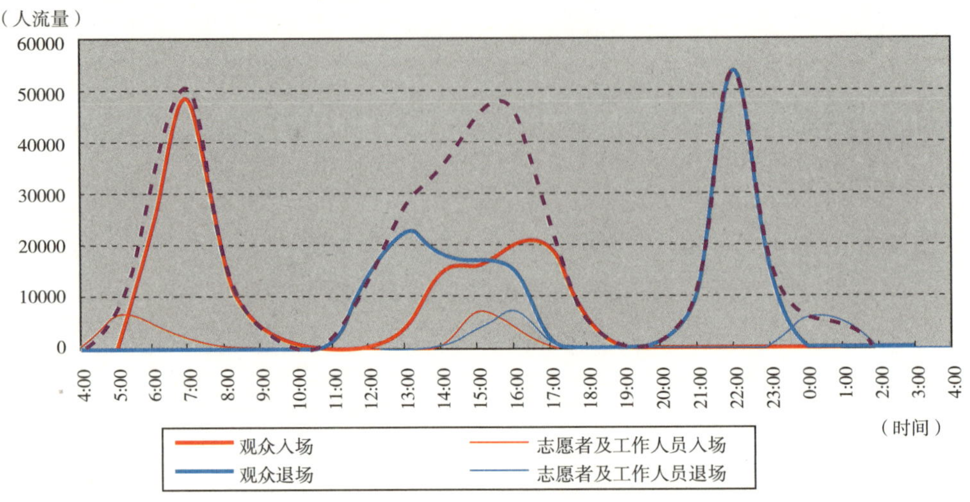

图4-8　奥林匹克公园中心区人流量按时间段分布图

奥林匹克公园公共区内高峰滞留人数：由于公共区内有“祥云剧场”表演、“祥云小屋”文化展示、“福娃流动秀”、赞助商展示区等活动，依据比赛时间的不同，在比赛前或比赛后有部分观众在中心区内逗留。为更好地评价公共区内的设施能力，对每日公共区内高峰滞留人数进行预测，如图 4-9 所示。

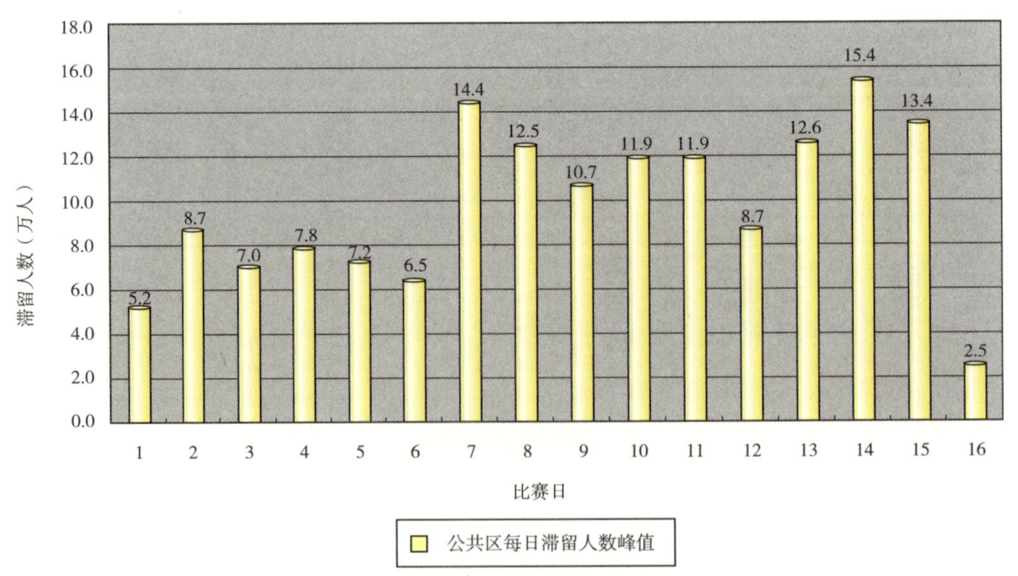

图4-9　公共区赛时每日滞留观众需求预测

赛事期间，8 月 22 日，即比赛第 14 日奥林匹克公园公共区内滞留人数最多，约 15.4 万。在进行公共区人数预测时，假设观看北区上午和下午比赛的观众中，有部分人会到公共区内逗留，由公共区离开公园。

② 奥林匹克公园赛后的交通需求分析。

根据该地区土地使用现状及可开发用地安排，预计建筑总量可达 313 万 m²，该区域土地使用性质将包含体育、文化、商贸、会展及居住多种功能，以体育、文化和会展为主，占总建筑量的 40%左右。预计 2010 年每日出行生成 / 吸引量将达到 43 万人次 / 日，远期则可能达到 51 万人次 / 日。2010 年出行的空间分布如图 4-10 所示。

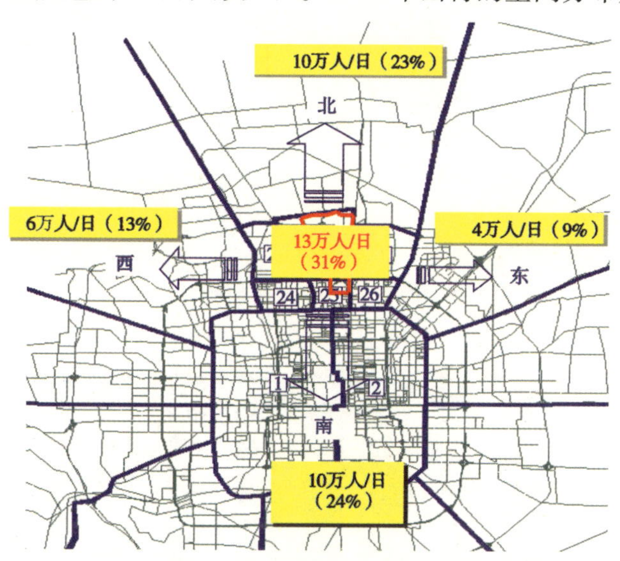

图4-10　2010年奥林匹克公园分方向日出行需求

此外，在奥林匹克公园的北部有清河及北苑两个市区边缘组团，2001 年已有 67 万居住人口，远期将达到 100 万人，而就业岗位大部分都在奥林匹克公园南面、三环路以内的市中心区。因此，将有大量的南北向过境交通穿越奥林匹克公园地区。据预测，2010 年，过境交通量可达 69 万人次 / 日，其流向分布如图 4-11 所示。

根据交通战略规划，该地区 2010 年分方向的交通出行结构如图 4-12 所示。

③ 奥林匹克公园外部道路系统规划。

以城市总体规划中原有路网规划（1994 年版）为基础，根据奥运会 10 个场馆交通集散需求及奥运后该地区土地使用性质调整的实际变化，设计了两个比选方案：方案“0”为 1994 年总体规划中原路网方案；方案“1”则对“0”方案存在的主要问题作了修补（主要是加强干路网的整体连通度；进一步扩充次干路与支路网“微循环”集散系统）。

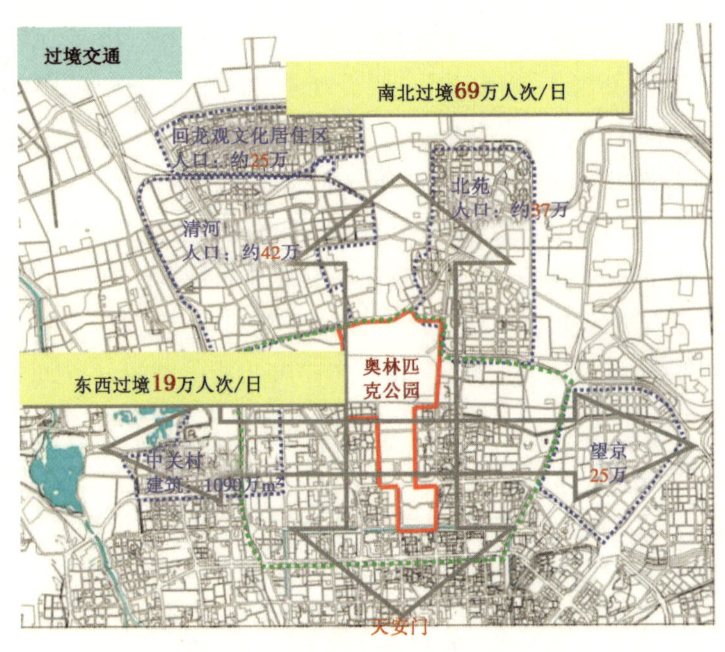

图4-11 2010年过境交通分方向日出行需求

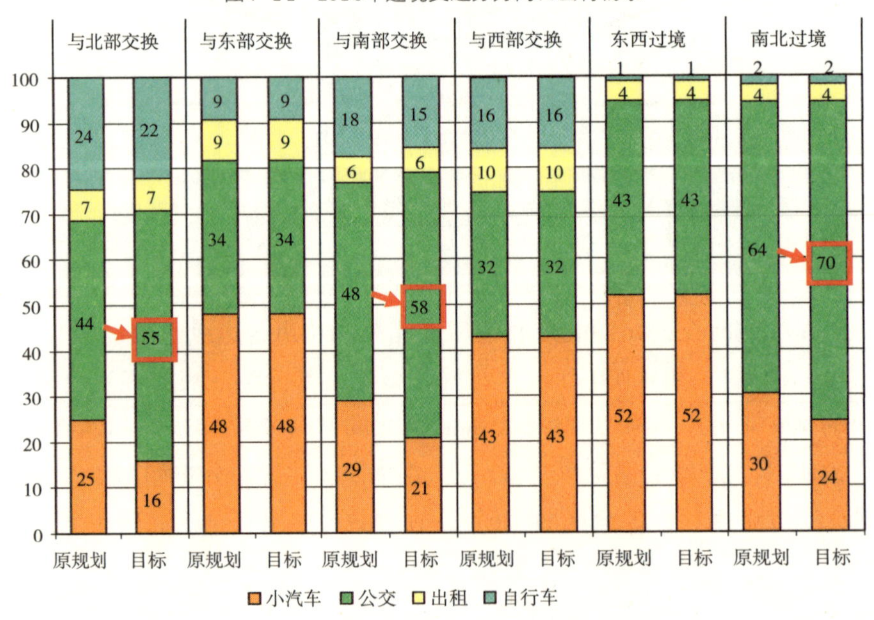

图4-12 2010年分方向的交通模式目标结构

对两个路网比选方案进行运行状况评价（方案“0”的运行效果如图 4-13、推荐方案“1”运行效果如图 4-14 所示）。显然，“0”方案的运行效果很不理想，故以方案“1”为基础，经进一步优化后提出一个推荐方案，其运行效果如图 4-14 所示。

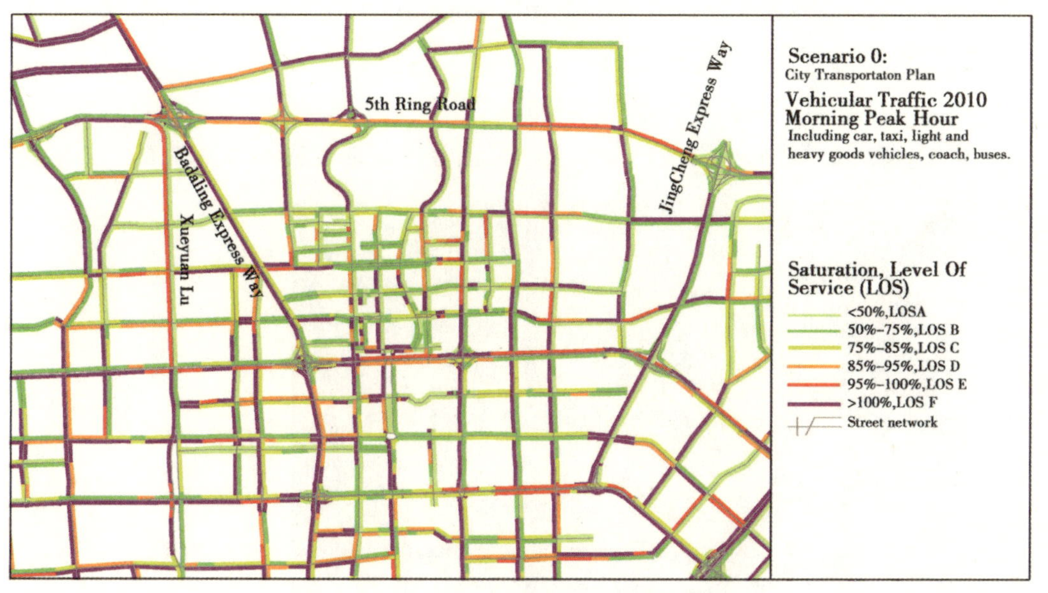

图4-13 2010年道路网方案0早高峰负荷度图

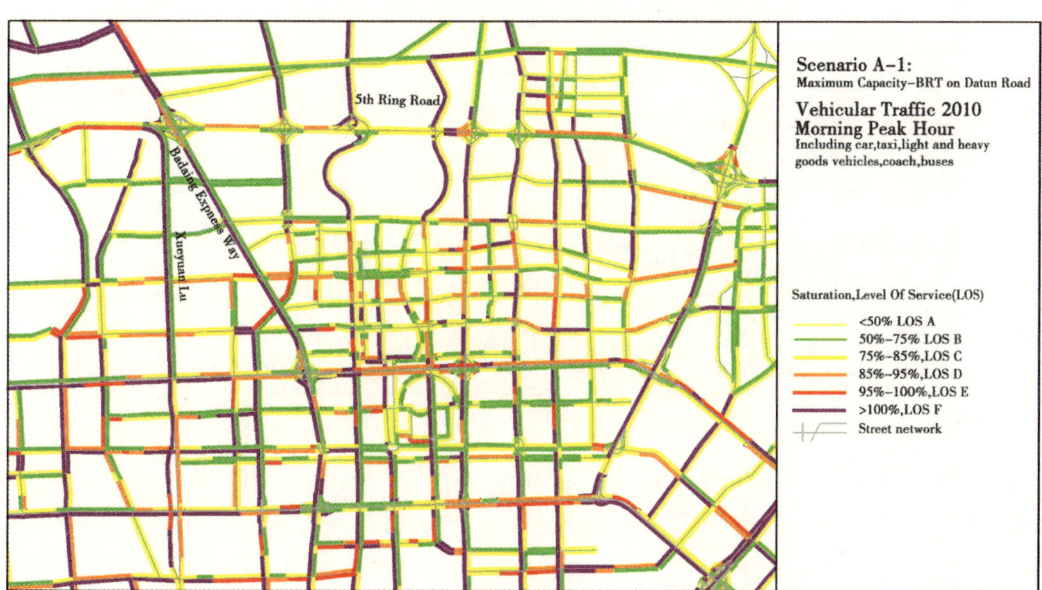

图4-14 2010年道路网推荐方案1早高峰负荷度图

④ 公园内部（中心区）道路网规划。

公园中心区道路系统规划（图 4-15）着重解决以下几个问题：

• 过境通道与公园内部集散道路的关系；

• 平日（非赛事期间）车流出入与集散；

• 奥运期间或奥运后大型活动（集会、展览等）高强度集中人流疏散。

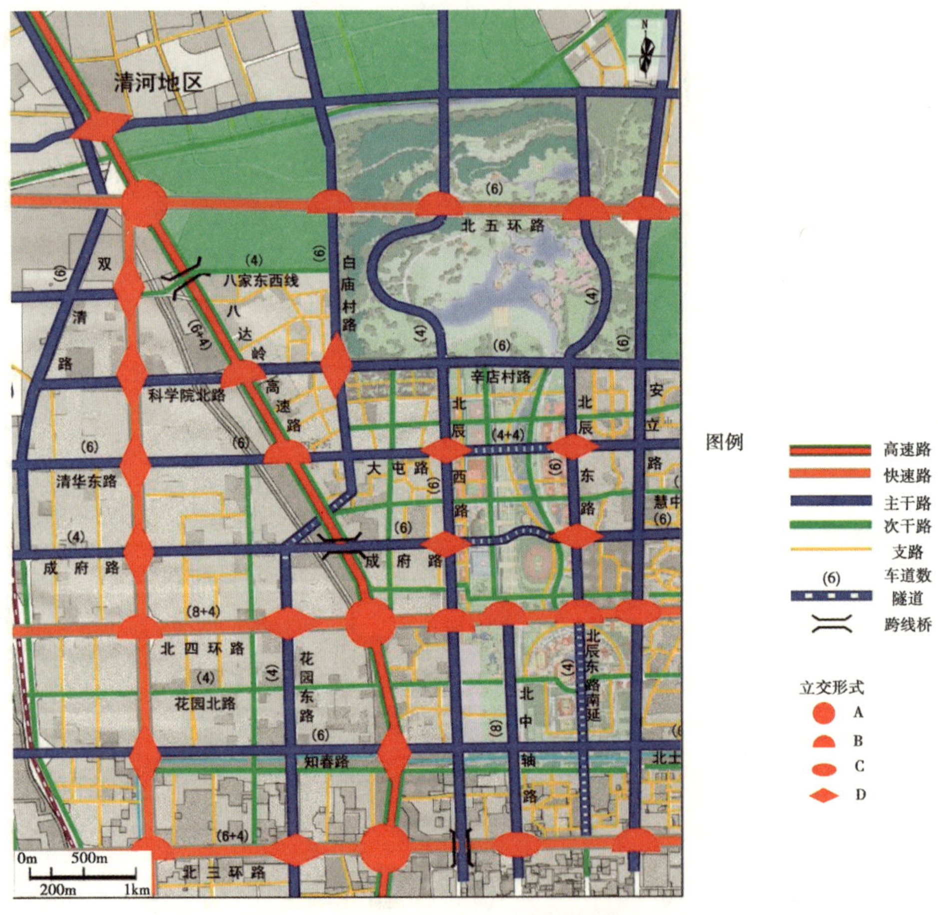

图4-15　奥林匹克公园外部道路系统

根据上述需求，在奥林匹克公园范围，将城市道路网规划中原定穿越公园的中轴路（主干路）四环路以北的区段改为步行广场，其过境交通功能改由公园两侧的北辰东路和北辰西路承担，为此，将这两条南北向通道提升为主干道等级。此外，将穿越园区的两条东西向主干路（大屯路和成府路）其中之一的城府路以下穿隧道方式通过公园中心区。中心区北端与森林公园入口之间的另一条东西向主干道（科荟路）则根据需要采取临时封闭绕行措施。

为满足公园中心区车流快速集散的需要，利用周边的几条城市快速路和主干路作为出入匝道，并规划了 7 个进出口，实现中心区与城市快速路网的高效衔接互通，如图 4–16 所示。

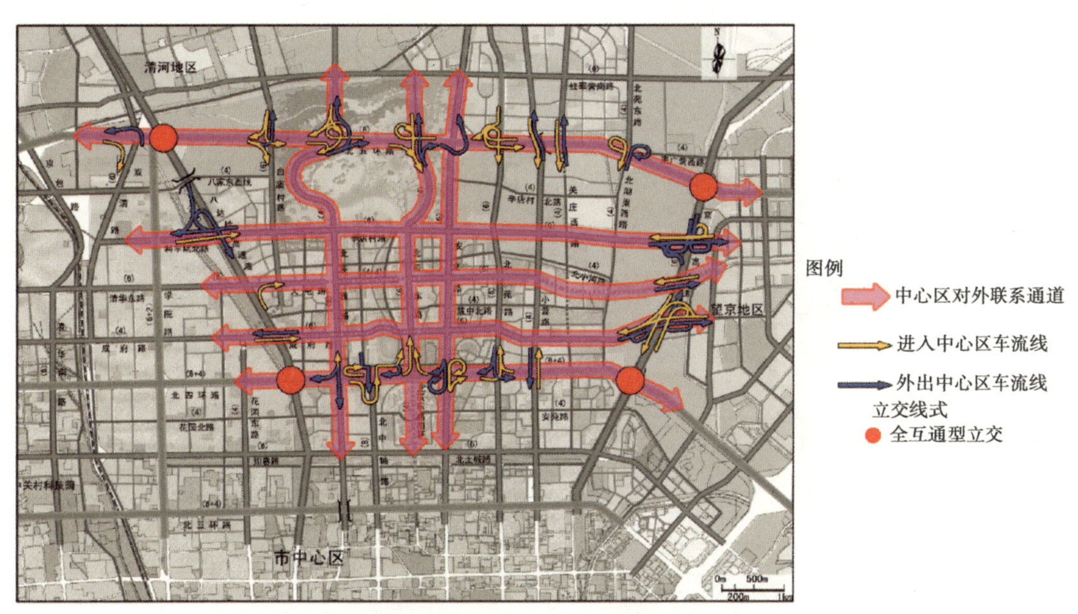

图4–16　奥林匹克公园中心区外部通道及出入口规划

在处理好公园中心区内部集散交通与外部过境交通关系的前提下，中心区路网规划则主要着眼于满足公园内不同环境下生成和吸引的各类车流与人流有序、快速集散要求。

中心区骨干路网由外围两条东西向主干路和东西向穿越（地下）园区的主干路组成，园内集散系统则由密度较高的次干道和支路构成。次干路和支路在功能上优先满足行人和自行车的通行需求，并着重处理好与公共汽车、地铁的衔接关系，如图 4–17 所示。

⑤ 奥运公园周边公共交通系统。

赛时公共交通运输以地铁和常规公交为主，专线公交为补充。赛事期间，除机场线外，北京地铁将有 7 条线路投入运行。观众可换乘地铁 5 号线、地铁 10 号线和奥运支线到达奥林匹克公园。奥林匹克公园周边的主要地铁站为：

• 地铁 10 号线北土城站：观众可在此换乘地铁奥运支线，或步行进入奥林匹克公园；

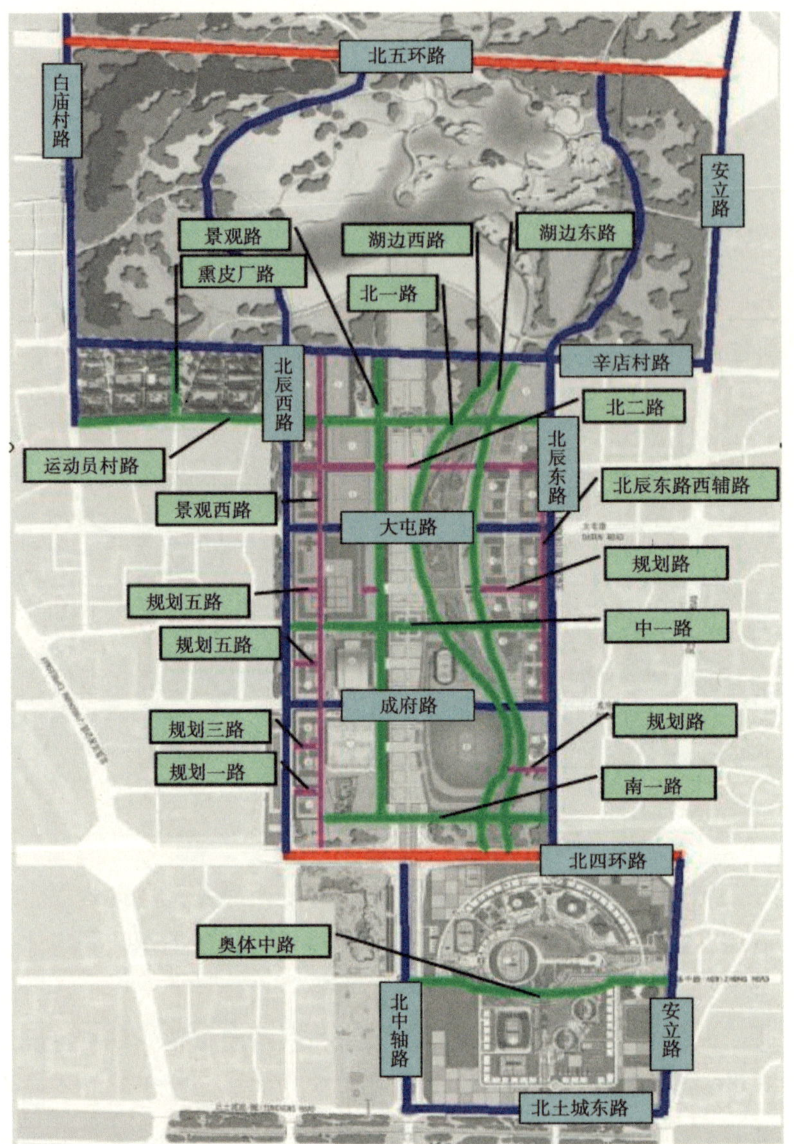

图4–17　奥林匹克公园中心区道路系统

•地铁 5 号线大屯路站：观众可换乘接驳穿梭巴士抵达奥林匹克公园；

•地铁 5 号线惠新西街北口站：观众可换乘公共汽车专线到达奥林匹克公园；

•奥运支线奥林匹克公园站和森林公园站：观众安检后，可直接乘坐奥运支线进入奥林匹克公园。

奥林匹克公园周边有 7 处公交场站，其中到发车场 5 处，屯车场 2 处，如图 4–18 所示。

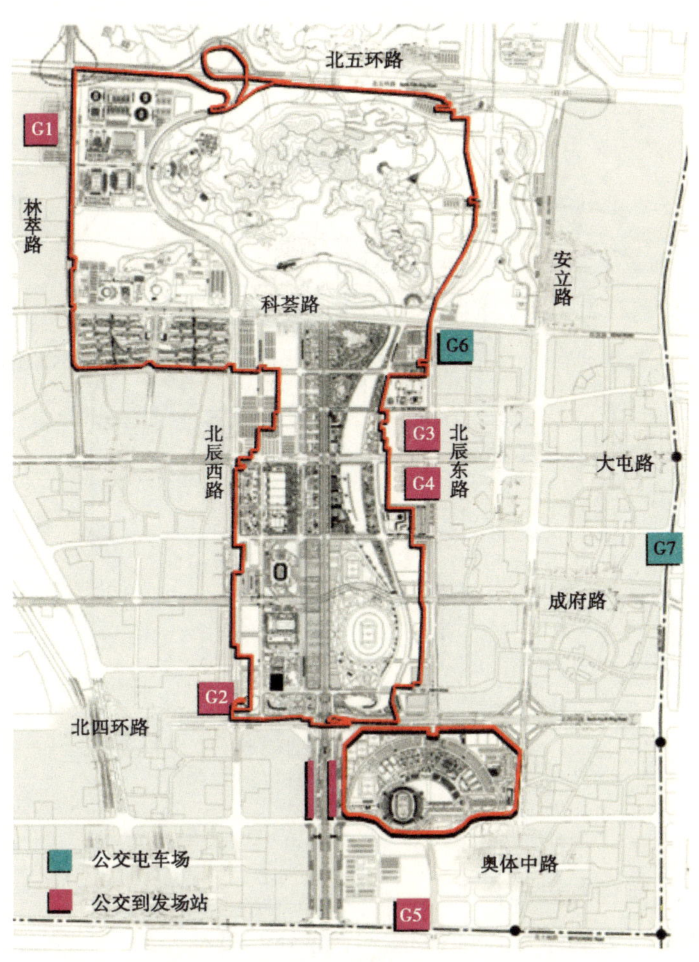

图4-18　奥林匹克公园临时公交场站分布示意图

奥运期间奥林匹克公园周边共设有奥林匹克公交专线 16 条，其中有 1 条奥运公园环线（普线 1 路）、4 条接驳线路连接地铁站和公交场站（K13、K14、K15 分别连接北、西、东场站和 M5 大屯站，K16 连接东部和南部场站）、11 条对外专线公交连接城市的主要集散点（普线 2 路至前门，普线 3 路至复兴门南，普线 4 路至东四十条，普线 5 路至酒仙桥商场，普线 6 路至北京南站，普线 7 路至西直门，普线 8 路至五棵松，K9 路至望京大西洋新城南门，K10 路至西苑，K11 至新街口豁口，K12 至东直门外）。奥林匹克公交专线的布局如图 4-19 所示。

奥林匹克公园周边共有 64 条常规公交线路。在八达岭高速公路（不含）—北五环路（不含）—安立路—北土城路所围合的范围内，共有常规公交站点 25 处（图 4 -20）。

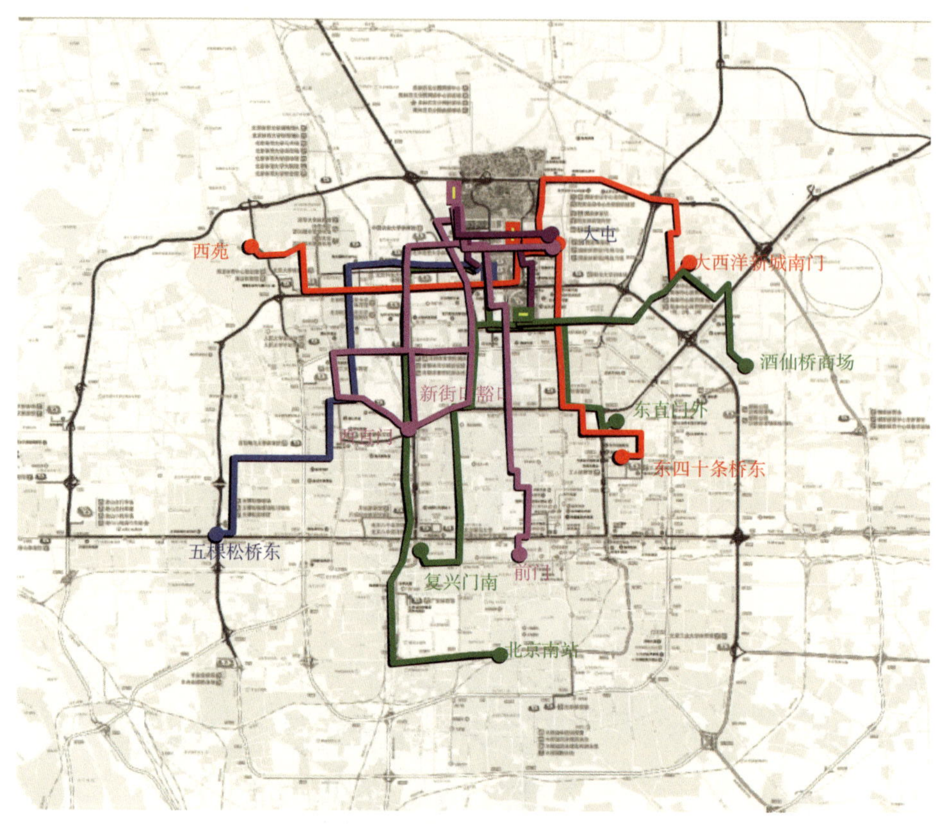

图4-19　赛时奥林匹克公园周边专线公交分布图

⑥ 奥林匹克公园停车设施。

奥林匹克公园周边的停车设施包括三个部分：奥林匹克公园封闭线内、外及周边停车场共计 61 处，可停放小客车 10545 辆，大客车 1300 辆。

封闭线内各场馆客户群停车场 39 处，可停放小客车 4097 辆，大客车 259 辆。封闭线外客户群停车场 14 处，可停放小客车 3263 辆，大客车 64 辆。外围及周边地区屯车及停车场 7 处，可停放小客车 3185 辆，大客车 1037 辆。

⑦ 公园中心区步行系统规划要点。

公园中心区步行通行系统的规划既考虑了 2008 年奥运会的赛事活动需求，同时也充分考虑了奥运会后，各项设施功能转换后的出行需求（两类需求总量分析在本节前面已述及）。

步行与自行车通行系统规划的主要依据：园区在不同使用环境下的出行生成/吸引总量、出行方式构成、出行量的时空分布特征以及园区内各种设施进出口布置、公交场站与地铁出入口位置等客观条件。依据上述条件，要分别针对以下几种运行环境进行人流集散组织方案的设计和比选（事先需设定一个预期路网，包括步行与自行车系统的布局草案）。

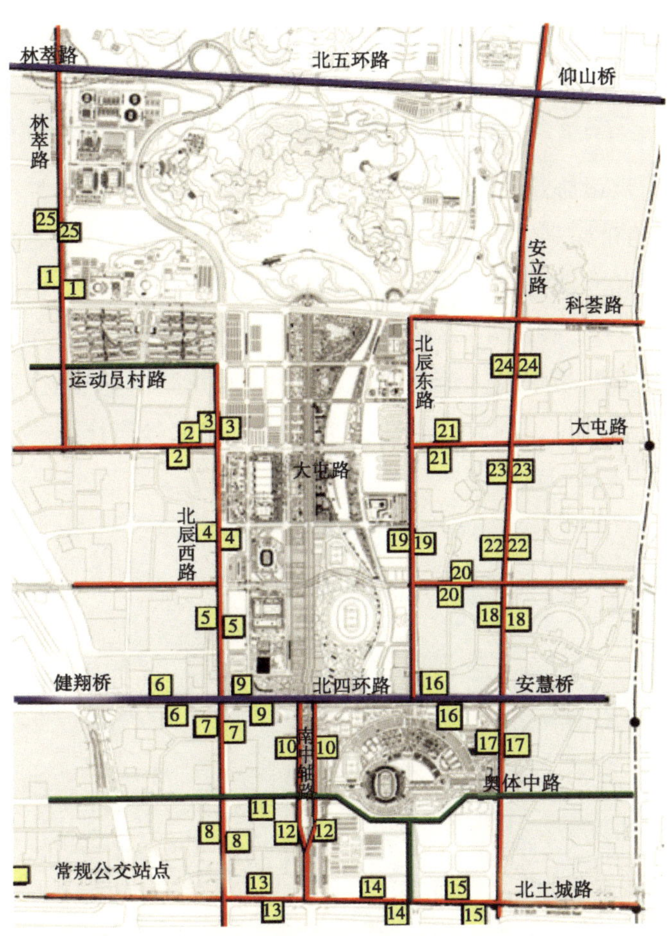

图4-20　常规公交站点分布图

园区四种可能的运行环境：日常无特殊活动、会展中心（奥运会期间的击剑馆、主新闻中心、国际广播中心）举办大型会展活动、主体育场举办赛事（并考虑与会展活动的组合情况）、奥运期竞赛场馆与非竞赛场馆同时举行大型活动。

四种不同的运行环境、出行生成/吸引总量不同，时空分布特征不同，出行方式构成也有很大差异。就出行方式构成而言，奥运会因有特殊的需求管理政策，小汽车出行受到极为严格的限制，除经奥组委特许车辆外，其他车辆是不能进入管控区的。奥运会后，针对一些大型活动也会适当限制私人小汽车的进出，预计几种情况下的出行方式构成如表 4-6。

表4-6 非奥运期间公园中心区出入交通方式结构预测

交通出行模式	地铁	公交	小客车	出租汽车	大客车	自行车	其他
工作日	20%	19%	35%	6%	5%	10%	5%
大型会议	9%	8%	40%	15%	25%	0%	3%
大型展览	32%	32%	10%	6%	5%	10%	5%
后奥运大型文体活动	38%	25%	10%	10%	5%	10%	2%

园区内各组建筑设施出入口设计及其使用功能是决定人流集散组织方案的重要依据，而步行系统的布局又主要依据园区不同运行环境下的集散交通组织方案。因此，首先要把奥运期间和非奥运期间各类人群进出园区及在园区内的活动方向、路径作一个详细分析。图 4-21 和图 4-22 分别给出园区各组建筑出入口位置及人流主方向分布的示意图。突发性高强度人流通常发生在大型活动（如奥运会开闭幕式和大型会展或文体活动）散场时，因此，要对疏散路线与流量分布作出尽可能可靠的分析预测（图 4-23、图 4-24）。

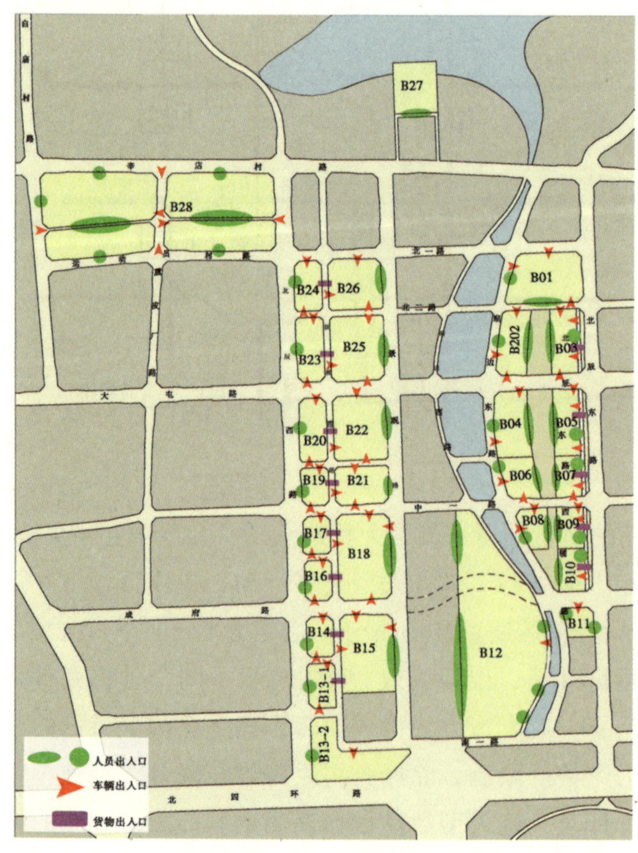

图4-21 中心区建筑出入口布置图

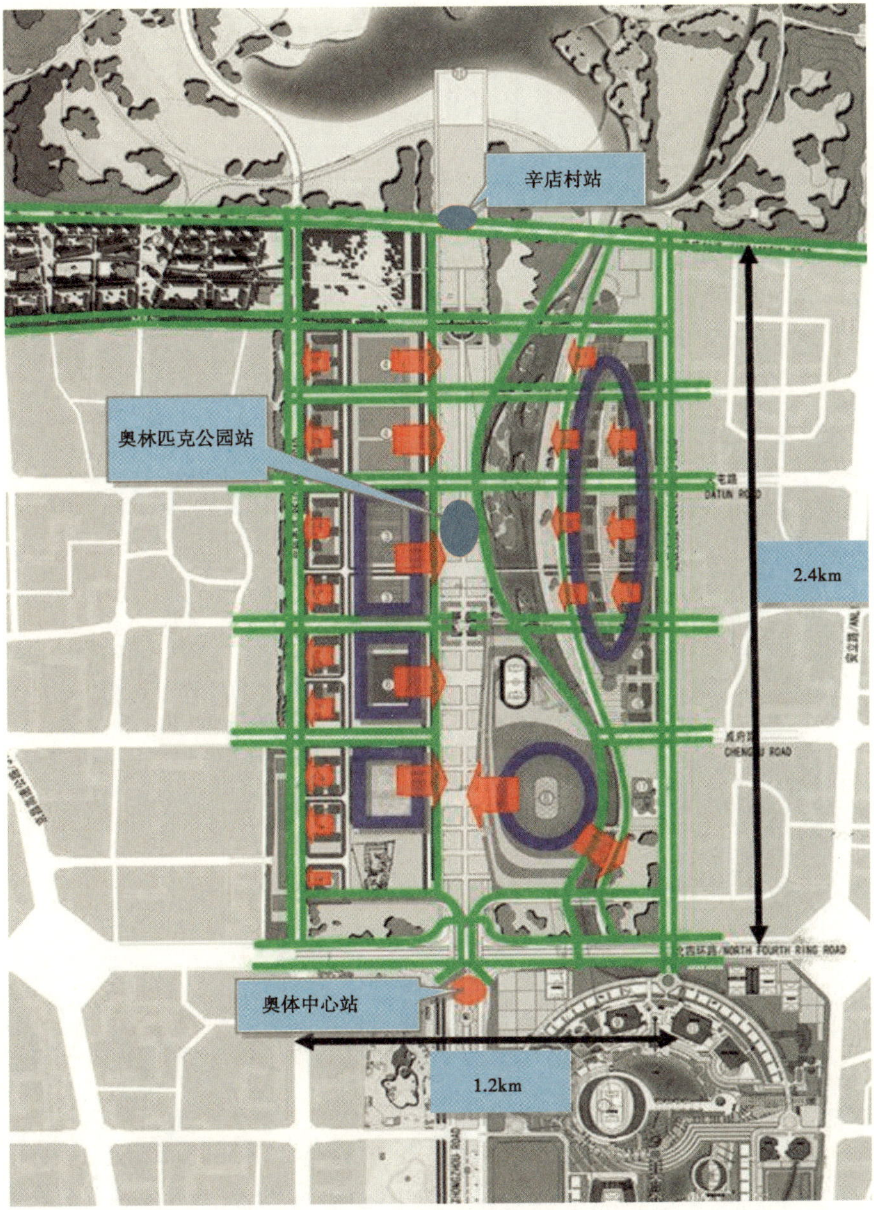

辛店村站

奥林匹克公园站

2.4km

奥体中心站

1.2km

图4-22　中心区人流主方向布置图

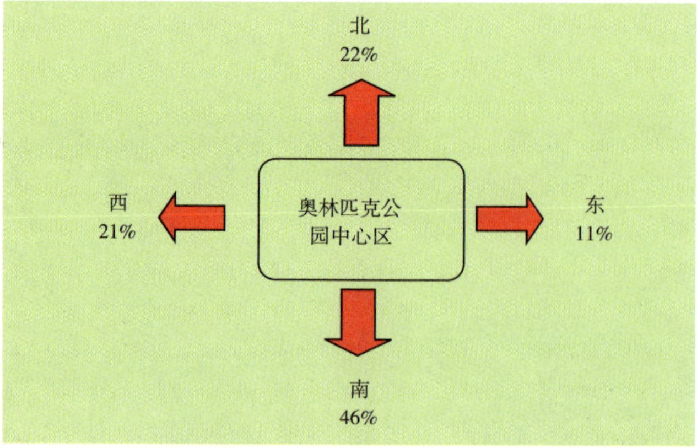

图4-23 赛事散场人流分布预测

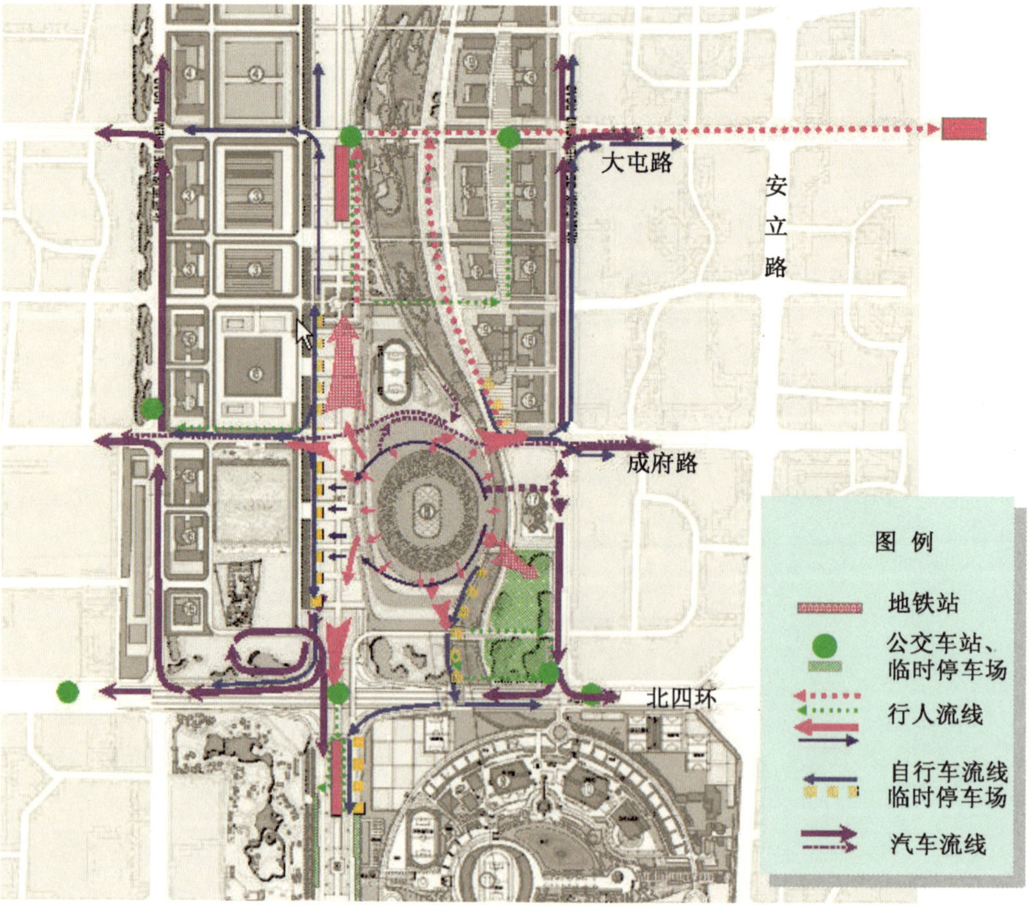

图4-24 国家体育场散场交通组织

人流疏散路线的安排取决于以下几个因素：

- 场馆出入口位置；
- 园区内道路系统布局；
- 园区出入口位置及疏散能力；
- 园区公共交通场站位置。

疏散路线及疏导方案（人流组织引导）与园区道路系统及出入口、公共交通场站布局有着相互制约的关系。因此，在规划过程中，要经过多次交互反馈，反复修订和调整。

人行系统规划的主要内容包括：通道网络布局、缓冲空间（人流集散广场）的设置以及通过能力（空间尺度）设计。

在奥林匹克公园人行系统规划中，依照上述规划流程，对人流疏散高峰时段各主要出入口、通道及缓冲区（广场）的人流量作出预测。预测过程中设定几种可能的运行环境，分别进行高峰时段人流分析，例如：奥运会开幕式散场、奥运期间园区内主要场馆同时举行赛事活动、奥运后体育场馆及会展中心会展活动重叠等不同的运行环境。图 4–25 给出国家体育场散场高峰人流疏散量分布状况。

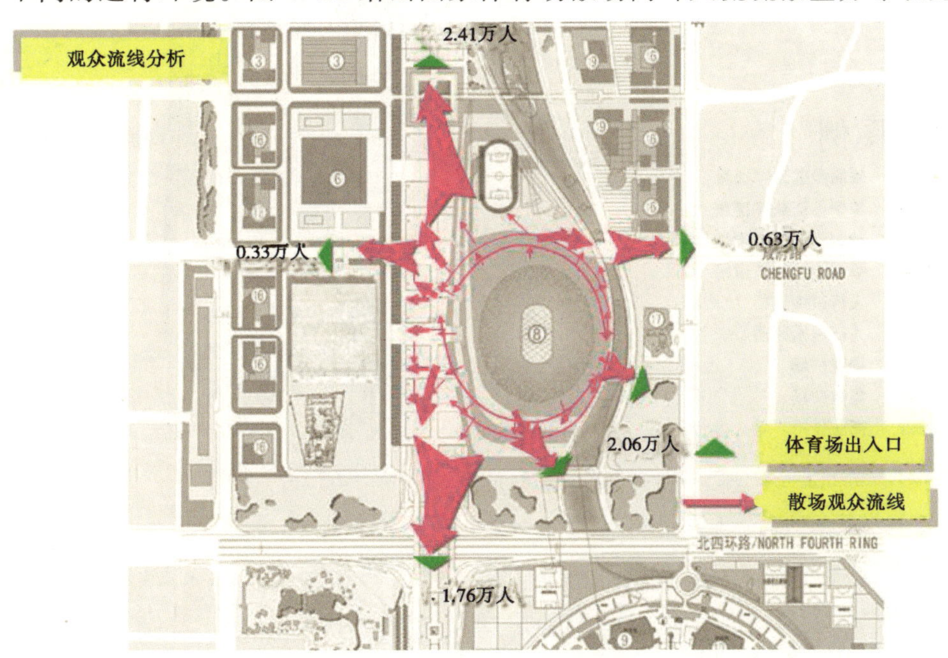

图4–25 国家体育场散场高峰人流疏散量分布示意图

基于上述分析，按照最不利运行环境下人流疏散需求规划设计了奥林匹克公园中心区及外围相关区域范围内的人行系统。这个系统包括：沿城市道路设置的步道、人行专用道、步行广场（疏散缓冲区）及人行过街设施（图 4–26）。

如图 4–26 所示，人行广场由两部分组成：沿中轴线位置的 2700m × 200m 景观广场和沿两座地铁车站周边设置的人流集散广场。景观广场被地铁站分隔为两个部分，在园区最不利的运行环境下（人流疏散量最大的情况），南区实际上将承担缓冲空间的功能，可承担 2.09 万人 /10min 人流集散量。

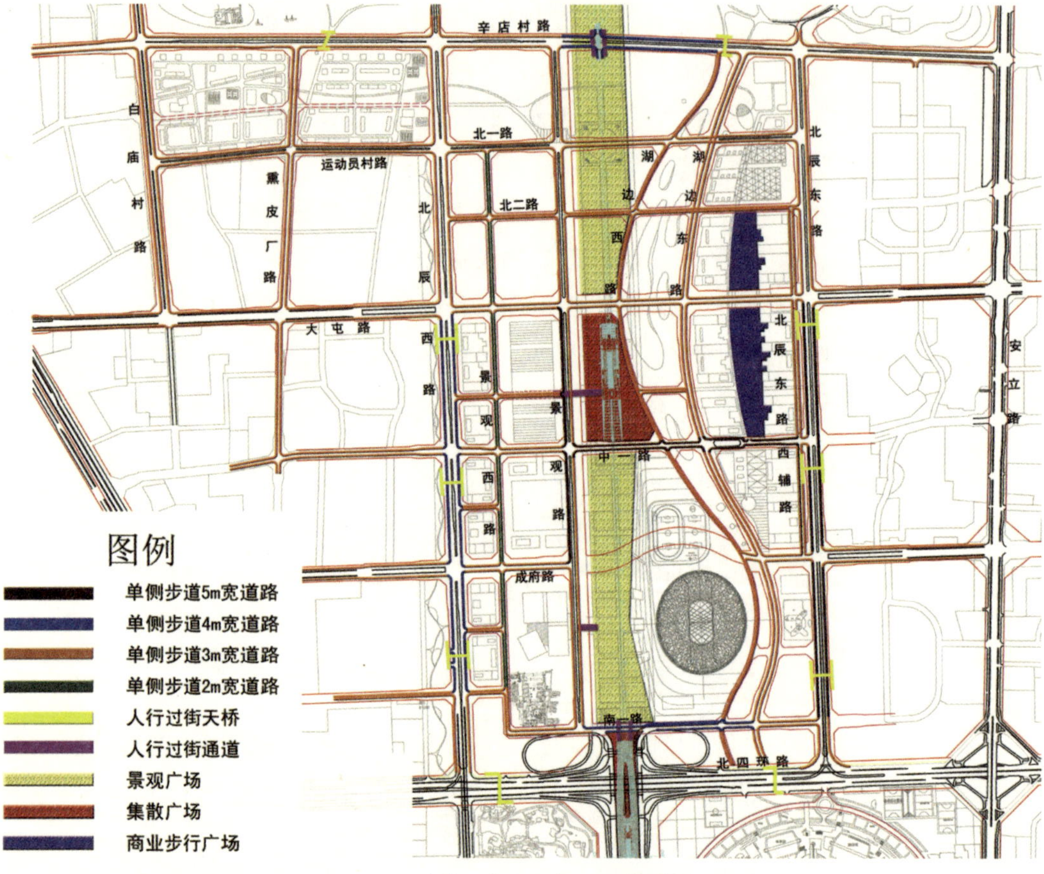

图例

单侧步道5m宽道路

单侧步道4m宽道路

单侧步道3m宽道路

单侧步道2m宽道路

人行过街天桥

人行过街通道

景观广场

集散广场

商业步行广场

图4–26　奥林匹克公园中心区人行系统

（5）场馆交通设施规划实例之二——五棵松体育馆。

五棵松体育馆位于北京市区西部，复兴路（西长安街延长线）以北、西四环路以东、西翠路以西，总用地约 52 万 m^2，总建筑面积约 62242m^2，总座席数 18000 个。体育馆为新建项目，主要承办 2008 年奥运会期间篮球比赛。赛后将作为文化体育设施，为满足北京市西部社区居民商业、文化、体育、休闲需要的重要场所。

五棵松棒球场为两个场地，总座席数 15000 个，其中主赛场座席数 12000 个，

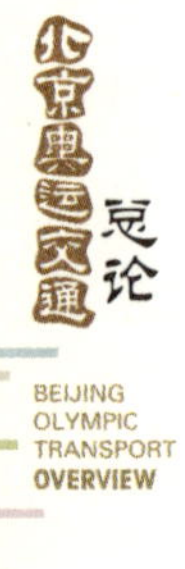

另一赛场座席数为3000个，主要承办2008年奥运会期间棒球比赛。

① 场馆周边交通条件分析。为了制订一个可实施的交通设施规划方案，必须对场馆周边道路设施、公交设施、行人过街及无障碍设施等现有条件进行详细调查。

五棵松场馆周边道路系统较完善，西邻西四环路、南邻复兴路、东临西翠路、北临金沟河路。其中，在西四环路和复兴路上设置了奥运专用车道。

五棵松体育中心周边现状公交比较发达，公交线路主要集中在复兴路和西四环路上，现状公交线路共计29条，根据线路配车数量、车型和发车间隔，计算平峰小时断面运力为22290人/h，其中东行方向公交线路13条，小时断面运力6180人/h，西行方向公交线路10条，小时断面运力5540人/h，南行方向公交线路17条，小时断面运力5490人/h，北行方向公交线路16条，小时断面运力5080人/h。此外，地铁1号线五棵松站就在体育中心西南角，高峰小时地铁单向运力约为2.7万人/h。

五棵松体育中心周边共有行人过街设施3处，其中复兴路上有行人过街天桥1座和地铁通道1座，西四环路上有行人过街天桥1座。场馆周边主要道路都有盲道，但道路无障碍坡道有待于进一步完善。

② 需求分析。按照奥组委提供的赛程（《北京奥运会单元竞赛日程2.05版》），五棵松体育馆在奥运会期间每天都有比赛，共有29个竞赛单元，其中竞赛单元最多的为第5天、第6天、第7天、第8天、第9天、第10天和第14天，每天有3个竞赛单元。

五棵松体育馆16天比赛日观众总人数约为64.6万，第5～8天和第10天的日观众人流量最大，其日观众总数约为5.37万人。日观众人流量分布如图4-27所示。

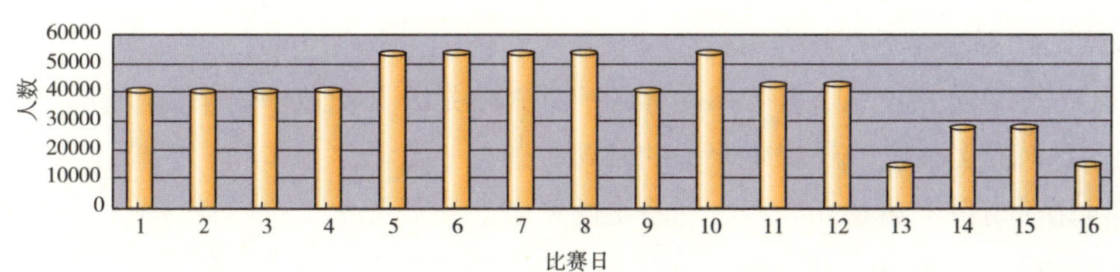

图4-27　五棵松体育馆比赛日预测观众人流量分布图

各比赛日高峰小时观众人流量是场馆交通设施规划的重要依据。五棵松体育馆16天比赛日高峰小时观众人流量总量为22.4万，平均为1.4万人／日，超过1.4万人／日的有6天；高峰小时观众人流量最大的为第11～16天，其高峰小时观众人流量为1.47万人；高峰小时观众人流量最小的为第1～4天和第9天，其高峰小时观众人流量为 1.32 万人。各比赛日高峰小时观众人流量分布如图 4–28 所示。

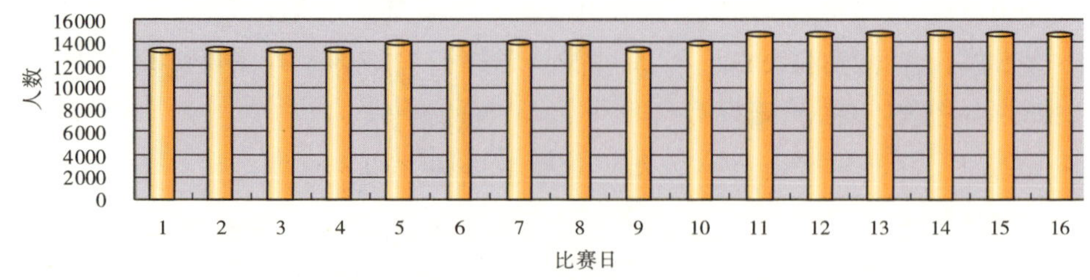

图4–28　五棵松体育馆各比赛日预测高峰小时观众人流量分布图

选取高峰小时观众人流量最大的比赛日，对其进行分时段观众人流量分布预测。以第 12 个比赛日为例，其分时段观众人流分布如图 4–29 所示。

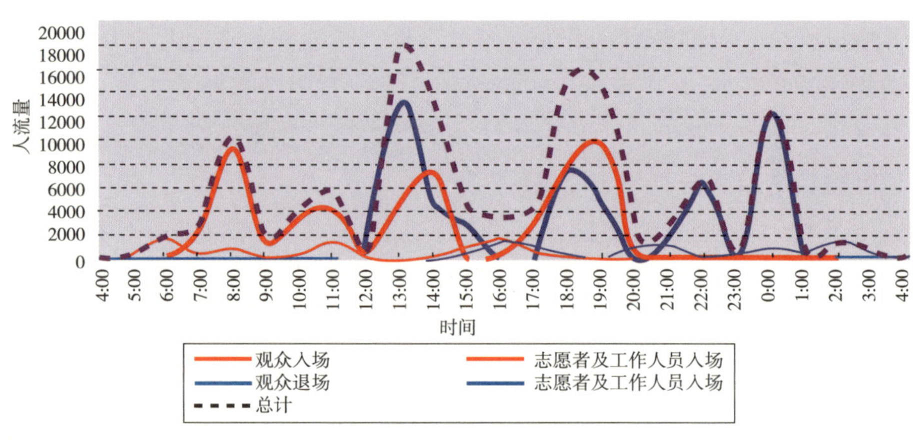

图4–29　高峰日分时段观众人流量分布图

③ 方式分析。按照需求预测的结果，五棵松体育中心高峰时段观众退场人数可能达到 1.47 万，需要充分利用各种交通方式疏散这些观众。

在各种交通方式中，最可靠和有效的方式就是公共交通。场馆周边的常规公交和地铁系统在为社会交通提供服务的同时，还有一定的富余能力，这部分能力可以在赛时用于疏散奥运观众。考虑到系统的稳定性和服务水平，在计算时，将无赛事时的实际满载率与 80% 的差值部分视为可分担散场观众的运力。据调查，无赛事日五棵松体育中心周边公交线路实际满载率为 46%，能用于疏散观众的常规公交的运力为其设计运能的 34%；无赛事日地铁晚高峰时段满载率为 58%，能用于疏散观众的运力为其设计运能的 22%，22:00 以后周边的公交和地铁满载率都很低，可用于观众疏散的运力充足。表 4–2 是根据晚高峰时段公交、地铁满载率进行测算的。考虑到 22:00 以后一些公交已经停运，将通过设置奥运公交专线和调整常规公交运营时间来弥补。

根据上述计算，地铁可分担的观众疏散量为 8240 人 /h。但考虑到地铁出入口能力的限制，经过测算认为地铁能够分担的人流量为 5980 人 /h，根据调查的常规公交满载率等数据，得常规公交的分担量为 7580 人次 /h，计算得表 4-7。

表4-7 模式分担量预测

交通方式	地 铁	常规公交	专线公交	其 他
分担量（人次/h）	5980	7580	0	1160
分担比例（%）	41	51	0	8

④ 场站设施安排。专线公交场站：根据单元竞赛日程，有 15 天的比赛中会出现散场时刻为 24 点的情况，考虑到届时常规公交可能已经结束当天的运营，除去地铁的分担量，需要安排专线公共汽车满足夜场观众疏散需求。根据测算，专线公交分担量为 6870 人次 /h，需要安排专线公交场站面积为 0.8 万 m^2。

自行车停放区：根据观众疏散交通方式调查，自行车分担量可按 5% 估算，需要安排至少 $700m^2$ 自行车停放区。

出租汽车停靠点设置：按照观众进、退场流线，结合周边道路资源，出租汽车停靠点设置在西翠路南口及复兴路道路两侧。

五棵松文化体育中心临时交通设施规划及交通组织方案见图 4-30。

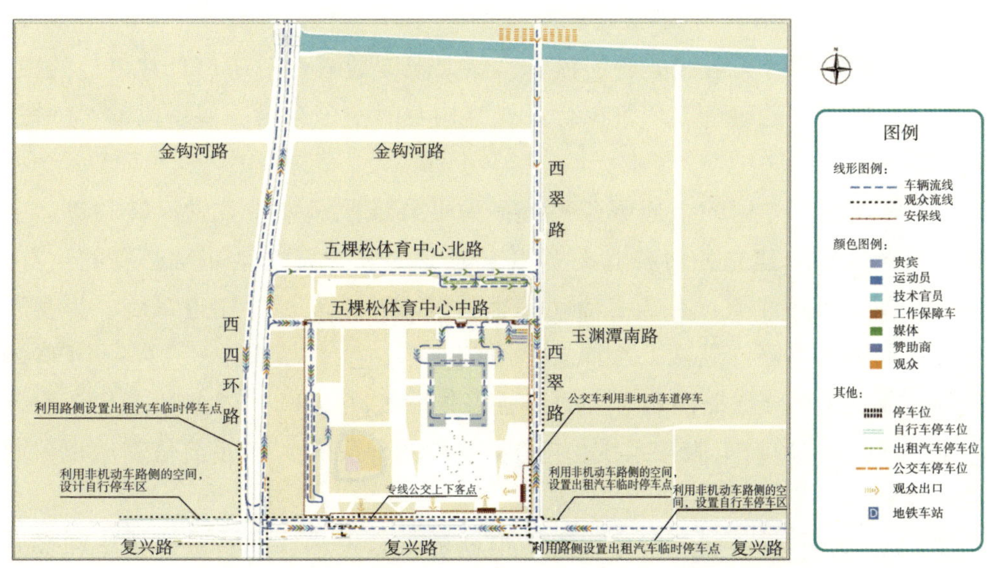

图4-30 五棵松文化体育中心临时交通设施规划及交通组织方案图

4.3.3　交通运行规划

交通运行规划是奥运交通规划体系两大核心之一，它以需求分析和给定的交通基础设施条件为依据，运用现代交通运行组织管理手段，对各类不同的需求作出运输组织安排，包括运输方式、运力配置、交通路线安排等。通过方案的综合测试比选，对交通设施规划与需求管理规划等相关规划提出调整修订的最终要求，达到城市交通安全、快速、便捷、可靠、高效等目标。鉴于交通运行规划和交通设施规划之间的相互依存和相互制约关系，交通运行规划自奥运筹办阶段直至整个奥运会开幕期间要不断地调整和完善，其重要性随赛期的临近愈渐突出。在临近奥运会开幕之前，城市交通基础设施条件已经基本稳定，交通运行和服务保障则主要依靠城市交通运行组织规划的实施。

奥运会交通运行规划由若干子项构成，包括奥运期间城市交通运行规划（其中包括道路系统运行规划、奥运公交专线规划、公共汽车及轨道交通系统运行规划、奥运赛时出租车运行规划…）、奥运场馆交通运行规划、奥运专用道运行规划等专项交通规划。鉴于“北京奥运交通丛书之六——《北京奥运交通运行》”对奥运会期间各项交通运行方案有详细的介绍，本章仅阐述交通运行规划的策略原则，以奥运专用道规划为例介绍交通运行规划，并简要介绍奥运场馆交通运行规划的主要内容和原则。

4.3.3.1　交通运行规划的策略原则

（1）在保障赛时交通服务的前提下，最大限度地减少对城市日常出行的影响。实现这一策略主要是通过以调整出行方式结构及时空分布为主要手段的“一揽子”需求管理措施。

（2）提供赛事专用的交通服务系统：为更好地兼顾城市日常运转和奥运会赛事活动两种需求，建立相对独立的赛事交通专用服务系统是非常必要的。首先，在城市既有路网条件下，在赛事活动频繁的区域建立奥运专用道系统，为赛事交通提供专有路权保障。其次，按照奥组委的要求，主办城市按照 T1 ~ T4 群体不同的交通服务标准分别提供相对应的交通服务系统：为 T1、T2 提供专用车服务系统，为 T3 提供了预约车服务系统，为 T4 提供班车系统。T5 主要依靠城市公共交通系统。

（3）调整城市公共交通服务网络，根据赛事需求增辟临时运营线路和场站设施。根据测算，奥运会期间，比赛高峰日城市公共交通客运需求可能比奥运前增加 465 万人次，公共交通系统需要做好相应准备。根据公共汽（电）车、轨道交通和出租汽车系统的能力及可挖掘潜力，预计各方式可分担的增量分别为：公共汽（电）车分担 280 万人次 / 日，轨道交通分担 110 万人次 / 日，出租汽车分担 75 万人次 / 日。公共交通将采取增加发车频率，开通轨道新线，提高城市公共交通能力，为需求管理方案的实施提供必要支持；此外，还要安排奥运公交专线，在场馆周边加开区间车，部署夜间衔接公交线路，以满足观众集散的一些特殊需求。

（4）以场馆和奥林匹克大家庭成员驻地为中心，建立属地管理为主的"交通场站"运行模式，为保障赛事交通正常运行，在奥组委交通部和赛事交通服务中心领导下，组建 7 个交通运行场站，全面负责赛会期间各场馆和驻地之间的交通运行。在此基础上，制订各场馆交通运行规划实施方案。

（5）编制特殊事件交通运行计划和应急方案。针对奥运会及残奥会的开闭幕式，编制包括贵宾、演职人员、仪式人员、运动员、媒体人员、赞助商、观众、工作人员在内的各群体人员的集结、疏散方案。制订场馆周边的交通管制方案，公共汽（电）车、地铁的运力配置方案等。

4.3.3.2　奥运专用道规划

奥林匹克专用道的设置不仅能够最大限度地满足赛事相关活动的各类交通出行需求，还能在一定程度上减少奥运交通与社会日常交通出行的交互影响。奥运专用道规划根据奥运交通的时空分布以及城市道路交通客观状况，以道路系统运行和服务水平为评价指标，通过奥运专用道交通仿真系统模型，进行多方案测试比选，确定最终可实施的最佳方案。在经过奥运前试运行检验，对专用道设置和运行管理作进一步优化。

奥运专用道的规划原则：

（1）按不同的优先级满足奥林匹克大家庭不同用户的交通需求，确保其准时、安全、可靠；

（2）尽量减少对日常交通运行的影响；

（3）奥运专用路线一般设置在快速路或主干道的内侧车道，并根据不同路段具体情况，因地制宜地制订专用道运行计划（起止日期、每日使用时段等）。

奥林匹克专用道连接机场、奥林匹克大家庭饭店、竞赛场馆、训练场地、其他官方驻地等以及其他奥运相关设施，全长 285.7km。奥运专用道分设于二环路、四环路、五环路、八达岭高速路、机场高速路和京承高速路等奥运交通主要通道上。

奥林匹克专用车道设置在道路的最内侧车道，以奥运五环标志清晰标识，区分奥林匹克专用车道同其他车道。

奥运专用道的设置见图4–31。

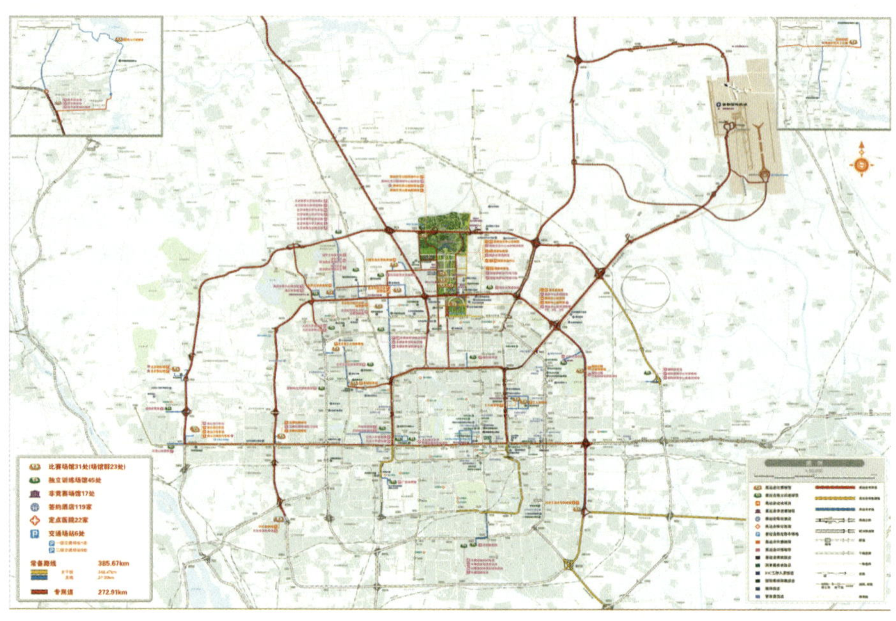

图4–31　赛时期间奥林匹克专用道设置

4.3.3.3　场馆交通运行规划

场馆的交通运行规划是奥运会整体运行规划中的一项重要组成部分，其内容包括确定场馆交通运行组织构架及运行机制；制订运行与管制方案；根据安检口的种类、布局及要求设计各类特许车辆进出场馆的交通流线；规划特许车辆泊车位置；根据场馆的公共交通设施及运力布局，制订人流集散管理方案；确定交通引导标识和引导员布设方案等。

场馆交通运行方案编制要以交通基础设施规划、赛事活动规划、安保规划、城市交通总体运行规划等相关规划为背景依据，通过科学的运行组织手段，合理配置运输工具，制订运输组织方案，保障赛事交通与城市日常交通协调、和谐运行，达到安全、准点、可靠和便捷的交通服务标准要求。在交通组织上主要采取“外围疏导、分层控制”、“针对不同群体，按优先等级分类组织管理”、“公交优先、兼顾个性化特殊服务需求”等技术措施，最大限度地将各类人流及车流的组织流线在时间或空间上严格分离。

场馆交通运行采用“交通团队”运行组织构架和属地化管理机制。每个场馆均

由属地政府负责组建交通运行团队，该团队由“场馆主任”领导下的“交通经理”全权负责。场馆交通运行团队接受奥运会运行指挥部下设的“交通运行中心”业务指导和统一调度指令。

4.4 规划方案的评估与优选

4.4.1 评估的必要性

奥运交通规划是一个复杂的体系，它涵盖了从宏观——中观——微观各个层面，涉及基础设施供给规模、布局、系统运行组织、服务方式、应急保障等多个不同领域。组成这一体系的各个单项规划相互依存又相互制约。不仅如此，各项交通规划无一例外地又都受到交通系统之外的其他相关规划制约。因此，无论是宏观层面的规划还是微观层面的规划都存在许多难以决断的前提条件和边界条件。这就决定了每一项规划无论是目标还是对策方案都有多重可选择性或不确定性。所以，无论哪种类型的方案,都不是可以一蹴而就的。规划方案的研究和编制过程实际上就是一个“草拟方案——评价、比选——修订”不断往复迭代的过程。

方案涉及的范围很广，既包括交通战略规划这种宏观的方案，也包括交通流线组织这类微观的方案。奥运交通规划方案需要在繁多的制约条件下，提出符合特定目标要求的行动方案及必要的资源条件，往往面临难以决断的多种抉择。在条件不能得到满足的情况下，则要提出可以采取什么样的替代措施，可能达到怎样的效果，为政府部门决策提供科学依据。所有的这些工作都离不开对交通方案的评估。

交通规划方案的评估不仅要有大量基础数据支持，还要有适应不同功能层次和类别的规划评估手段。因此，大规模的综合交通调查和交通模型建模就成为十分关键的工作了。

交通方案的评估实质是对规划目标选择、实现目标途径的可行性以及实施代价与风险的评价与权衡。无论哪个层次的交通规划方案做不好都会带来严重的后果。宏观层面交通规划确定交通发展战略，决定交通投资规模和投资策略、基础设施的总体布局。交通战略规划的科学性和可实施性不仅关系交通发展的全局，也必然对城市的未来发展产生难以估量的影响。例如奥运会的交通战略规划，如果战略定位不准确，过高估计奥运会交通的需求，在奥运交通方面投入过量资金，不仅导致投资效率不高，城市功能体系的平衡发展也可能受到破坏。在政策方面对奥运需求的特殊性估计不足，难以保障奥运会顺利召开，但如果过分向奥运需求倾斜无疑可能导致城市正常生活受到很大影响。微观层面的交通规划方案往往决定了局部交通的安全、秩序和效率。例如场馆周边的交通组织方案，对于奥运会这种短时间内大量人流集散的大型活动，不进行精心的设计和安排，有可能出现人车流混杂、交通秩序混乱，甚至可能出现踩踏事故等危害严重的事件。所以无论哪个层次的交通规划方案，都需要进行全面审慎的评估。

4.4.2 评估的方法与技术手段

首先，针对不同层次、不同类别的交通规划方案要有针对性地建立评价指标体系。指标体系中各项指标的筛选以及指标权重的确定取决于该项规划所要实现的目标。因此，不同层次和不同类别的规划，其评价指标体系也是完全不相同的。至于指标合理阈值的确定以及指标的标定方法既要有充分的理论依据，又要有足够的数据（包括实际观测数据和经验数据）支持。

例如，在 4.3.1 节中述及的宏观战略规划的目标，是在交通运行维持合理服务水平前提下，要做到资源消耗和环境影响最小，并尽可能地满足多层次差异性出行需求。根据这一目标要求，选择“市区高峰小时行程车速”、“高峰小时路网负荷度”以及“交通投资总额”等作为主要评价指标，并根据北京市的资源、环境条件和交通需求实际状况，设定了各项指标的合理阈值。微观层面的交通规划方案，可能更多地关注局部路段或关键节点的通行能力、饱和度、人流疏散效率和有序性等定性和定量指标。

其次，要建立一套适合不同层次交通规划评价需要的规划模型体系，包括需求预测模型、宏观交通规划模型、中观（局部区域）交通规划模型以及微观交通动态仿真模型（包括人流仿真模型）。

模型体系中不同层级的模型应用于不同阶段、不同类别的交通规划评估。战略规划和全市域的交通基础设施网络规划等主要运用宏观交通规划模型。某些单项规划（例如：公交专线网规划、奥运专用道规划）的评估则需要利用中观层级的规划模型完成；涉及局部地区交通组织设计的方案（例如：场馆交通运行方案、开幕式交通运行方案）则要依靠中观规划模型与微观动态仿真模型相结合的手段完成。

各层次交通模型之间相互嵌套，动态关联，宏观交通模型的计算结果作为中微观交通仿真的输入。实时动态分析系统的某些输出数据也可反馈到静态模型中，有助于模型参数修正。历经 7 年的时间，北京建立了一整套从宏观模型、中观模型到微观模型（包括人流仿真模型）的模型体系（图 4–32），为奥运交通规划在技术上提供坚实的保障。

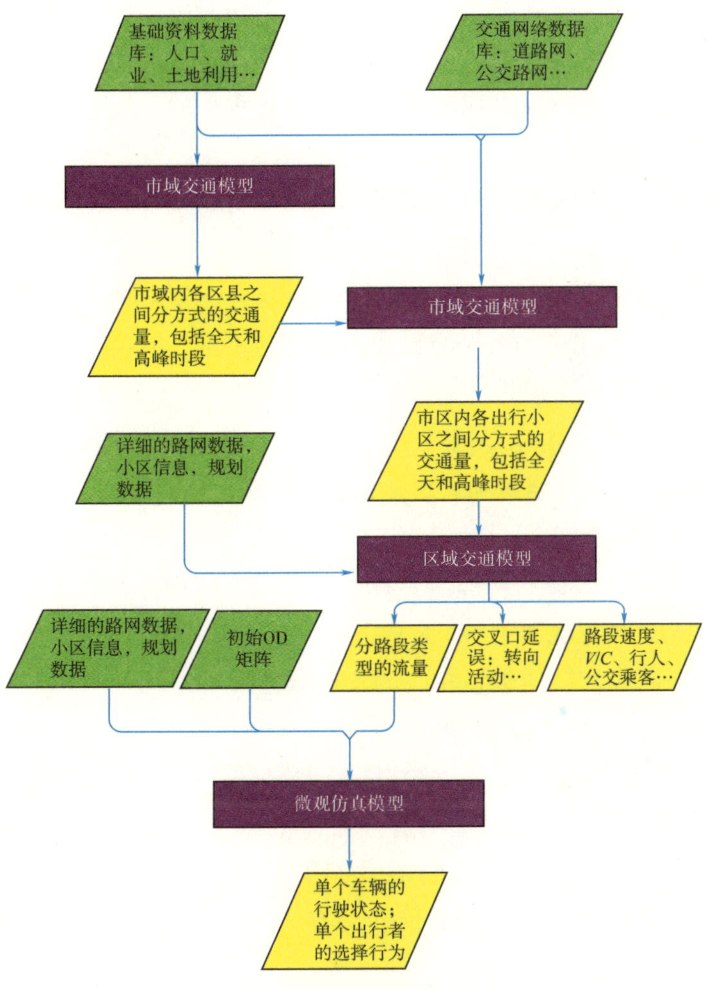

图4–32　北京市交通模型框架图

4.4.3　评估实例

规划方案的评估与优选贯穿于奥运会申办和筹办的过程，在不同阶段都进行了大量的方案评估与优选工作。有关奥运交通战略规划方案评估的方法与过程已在 4.3.1 节中述及，在此仅就两个中观和微观层面的规划方案评估案例作简要介绍。

4.4.3.1　实例一——奥林匹克专用道规划方案评估

奥林匹克专用道是赛时在通往机场、奥林匹克大家庭成员驻地、媒体酒店、比赛训练场馆以及其他重要设施的道路上施画的，供奥林匹克大家庭成员车辆、奥运会特许车辆通行的专用道。

（1）评估目的。为了科学细致地分析奥运会期间所施画的奥林匹克专用道及其与场馆相连道路的运行状况，通过定性、定量相结合的方法比选几种不同的设置方案和管理策略的可行性，以期在保证奥运交通服务水平的前提下尽量减少对城市交通的影响。具体要求如下：

① 检验奥林匹克专用道设置方案能否满足北京奥组委承诺的奥林匹克大家庭各类成员的服务要求；

② 检验在满足奥运交通服务要求的同时，是否对社会交通的影响最小；

③ 检验奥林匹克专用道的各个主要路段和节点的通行状况，并对其中容易拥堵的地方提出相应的改善建议；

④ 通过仿真，为奥林匹克专用道的交通组织和管理等具体方案措施提供依据，同时也为北京奥运会的交通组织和管理提供辅助决策。

（2）方案评估基础依据。

① 目标客户群体及其交通特性。奥林匹克专用道的服务对象主要包括贵宾、技术官员、运动员（竞赛和观看）、媒体（新闻和广播）、赞助商、服务 / 后勤支持等客户群体。按照不同客户群体类型相应的交通服务标准及运行组织方案确定其出行需求，作为交通仿真的基本输入条件。

② 赛时专用道交通需求预测。奥林匹克大家庭各群体交通出行需求的预测涉及众多因素，根据各竞赛场馆为不同群体安排的座位、出入通道以及交通服务安排可以基本确定各场馆、各服务群体在奥运赛期每天不同时段的产生和吸引量。同时，由于这些群体在比赛以外的其他活动有相当的随机性，需要根据以往经验，进行估算。

（3）奥林匹克专用道运行动态仿真模型。

奥林匹克专用道交通仿真系统模型采用 VISSIM 微观仿真软件模拟奥运交通环及其周边与场馆相连道路网的运行是一项新的尝试。为了系统模型能够方便调整，测试不同组织方案，验证不同交通需求情况下的运行状况，采用 VISSIM 中的动态分配模块进行建模。

奥林匹克专用道交通仿真系统模型针对奥林匹克专用道上 T1 ~ T4 车辆运行状况进行仿真测试，为各类奥运车辆运营管理提供依据。通过行程时间、不同路段行驶车速、车辆延误等指标评价奥林匹克专用道连接的各比赛场馆、奥林匹克大家庭（T1~T4）驻地与活动地点之间的可达性，对奥林匹克专用道设置方案提供改进建议。

（4）评估指标。

通过建立奥林匹克专用道服务水平指标及标准、不同服务等级的服务指标阈值来评价奥运交通组织及需求管理方案是否能保证奥运出行安全、可靠与快捷；同时选择周边路网和关键节点负荷水平作为评价指标，用于评估不同的专用道设置方案对于城市日常交通的影响程度是否在可接受的限度内，从而可以从总体上评价奥运会期间奥林匹克专用道运行方案及配套措施的可行性，为进一步方案调整提供依据。

奥林匹克专用道服务水平评价指标包括“流量”和“饱和度”、“旅行速度”、“行程时间”等。奥运专用道对周边路网及关键节点负荷水平影响评价主要针对奥林匹克专用道起讫点及上下游路段负荷水平、与专用道相邻的平行干道以及专用道匝道进出口的负荷度变化幅度作出评估。

（5）评估结果与应用。

① 设置专用道后对社会交通的影响。通过对比未设置专用道和设置专用道两种场景下道路负荷度（道路负荷度如图4-33所示），分析设置专用道对社会交通的影响。

图4-33　奥运专用道的道路运行情况

通过图 4-33 可以看出，设有奥运专用道的道路在减少一条车道后，其他车道负荷度增加幅度在 0.04 左右，超饱和的路段也有所增加，但是总体上仍可维持通畅水平。

② 对专用道设置方案的评估。利用奥林匹克专用道交通仿真系统对专用道运行情况进行测试分析，专用道上的车流量如图 4-34 所示。

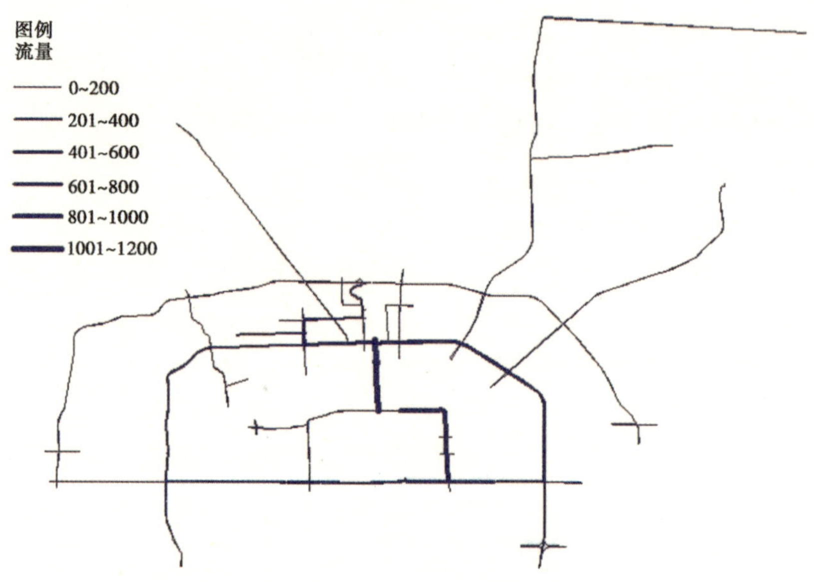

图4-34　初始方案奥运专用道流量分布图

初始方案中曾考虑在北中轴路设置奥林匹克专用道，通过仿真模型测试发现，中轴路背景交通量大，设置专用道之后其负荷度变化十分敏感，增幅高于其他路段，成为路网中的薄弱环节。但考虑到该路段承担的奥运交通量较大，若不设置专用道，社会交通与奥运交通的相互干扰，有可能导致该路段严重堵塞。

为此，在专用道初始方案的基础上，增加了八达岭高速公路（北二环路－北四环路）通道。

对初始方案与优化方案进行交通负荷度的对比，从图 4-35 可以看出，效果明显改善，专用道本身除中轴路交通压力较大外，基本能满足通行要求。因此建议在初始方案的基础上，在八达岭高速公路（北二环路－北四环路）增辟专用车道，以缓解中轴路的交通压力。

③ 对奥运专用道交通规划组织的评估和建议。应用奥林匹克专用道仿真模型，对奥运专用车道运行组织方案作服务水平的测试。根据测试结果，提出优化建议如下：

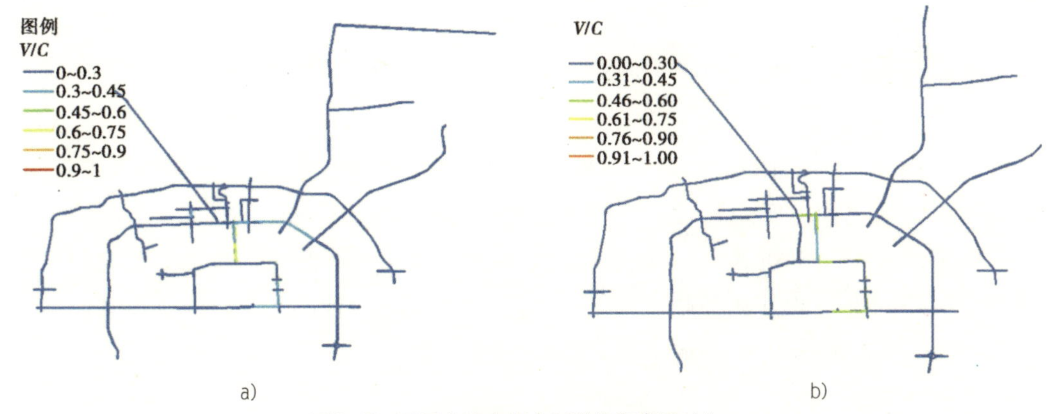

图4-35　不同方案奥运专用道饱和度图对比

a）初始方案；b）优化方案

• 鉴于方案中奥运专用车道不直接引入各奥运场馆，车辆进出场馆周边路网时受阻延误较大，奥运赛时须对各场馆周边道路实行交通疏导和管控，以保障奥运车辆的准点运行；

• 中轴路上的奥运专用车道交通流量较大，考虑贵宾客户群高标准的服务要求，须对该路段的奥运交通进行适当分流，在不影响贵宾客户群服务要求的基础上，对部分贵宾的车队采用绕行组织方案，以缓解中轴路过大的奥运交通压力；

• 建议为北二环路与北四环路之间规划备选应急通道，以及时缓解中轴路的交通压力，保证奥运交通的服务水平。

4.4.3.2　实例二——奥运场馆人流集散组织方案评估

奥运观众的集散具有高强度、突发性特征，为保障奥运场馆运行的安全、有序、顺畅，必须进行缜密的场馆人流组织规划。为确保规划方案实施的有效性和可靠性，降低运行风险，每一个场馆的交通运行规划方案都要运用动态仿真模型进行事前评估。而且还须针对赛程调整对运行组织方案不断进行相应修订，同时对安检规划及场馆交通设施规划进行必要的修正反馈意见。

（1）评估目的。

运用动态仿真手段分析奥运场馆赛时总体运行方案（包括各种车流、人流进出口及通道布置、观众集散引导系统、场馆交通与城市交通服务网络的接驳方案等）进行全面诊断和评估，为方案的优选和修补完善提供技术支持。

（2）具体评估内容和基本流程。

为分析行人交通的时间、空间分布特征，要收集为仿真模型所必需的各项基础数据。其中包括：奥运场馆活动的赛程安排、场馆座位数量、观众进场、散场期间的集散特性等。

根据行人交通流特性、行为特性，标定仿真平台关键参数。

将方案背景和行人交通特性参数集合，构建奥运场馆行人交通仿真模型，设定关键指标阈值，而后便可仿真模型分析方案的实施效果。在此基础上对多个可供选择的行人交通组织方案进行比选，提出推荐方案。

利用仿真模型分析掌握进场阶段行人到达规律，并据此对安检通道的通行能力、场馆疏散时间进行测试和校验。

（3）五棵松场馆人群集散组织规划评估。

针对五棵松场馆区的内、外部交通条件，进行散场行人交通行为分析及主场地位置方案、座位设计及组织方案决策。分析假设条件为三个场馆同时散场时的最不利情形。依据资料为北京奥组委工程部提供的场馆平面图及外围交通设施初步规划图。重点考虑内部交通组织和管理，兼顾外部、内外之间不同方式交通的衔接、匹配。

构建了三组仿真模型，主要针对场馆出入口及座位安排、行人疏散流线组织、场馆布局三方面的可选方案进行对比分析，以期通过仿真结果对比各方案的差异。为最终的场馆建设及赛时行人疏散组织提供决策依据（图 4-36）。

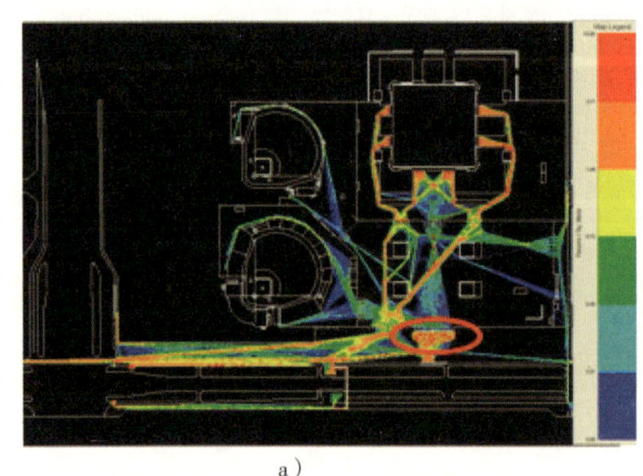

a）

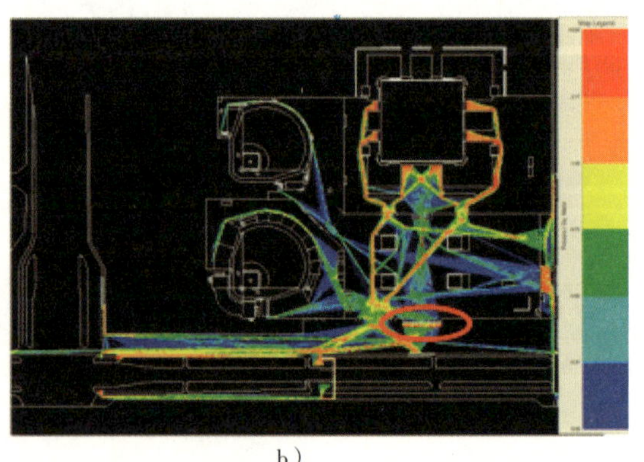

b）

图4-36　北京奥运会五棵松篮球馆行人仿真研究
a）行人组织原方案；b）优化后行人组织方案

通过行人仿真研究，发现了方案中的隐患。例如，发现初始方案南侧安检口压力过大，安检口又无足够的缓冲区，高峰时段不仅人群密度较大，同时又有流线交织冲突，存在严重的安全隐患，而东侧安检口密度较低。为此调整了奥运公交专线和地铁的运营组织方案，将大部分奥运公交专线上下车点调整至东侧安检口两侧，同时引导乘坐地铁的观众提前一站下车步行至东侧安检口，平衡两个安检口的观众数量。

4.4.3.3　实例三——开幕式疏散方案评估

国家体育场开幕式散场阶段，除了注册贵宾、媒体外，共有约 6 万名观众观看开幕式，其中 1000 名为运动员，另有 5.9 万名持票观众，主要从场馆的北侧、东侧和南侧进行疏散。由于建筑结构设计和贵宾区域控制的原因，观众散场时容易发生局部拥堵，特别是在 5、6 层大厅和上层看台。

以五层平台为例，散场期间，部分 6 层观众加入 5 层观众的散场人流，加大了 5 层大厅压力，受西侧散场平台通道瓶颈限制，观众在西侧向南北散场的通道内人流密度高，持续时间长，安全隐患较大（图 4–37）。

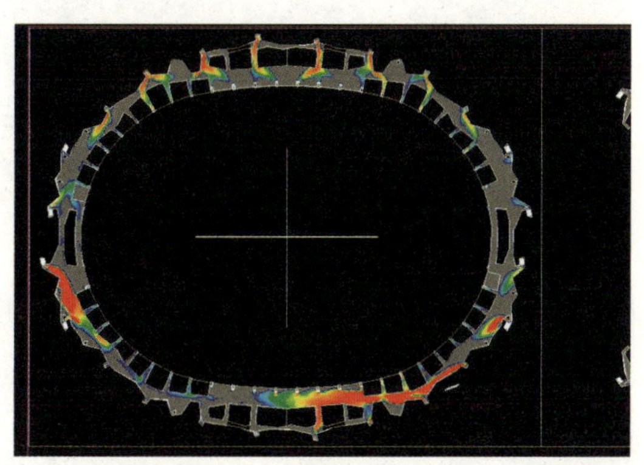

图4–37　五层观众自然散场累计最大密度图

因此建议，在看台出口和楼梯入口进行流量控制，加强大厅内对观众向南北方向的引导，加强对 6 层大厅 4 个立面大楼梯入口流量控制。

根据以上分析可以看出，五层平台散场期间，局部区域密度较大，存在安全隐患，因而有必要对不同的组织方案再次进行测试，对其结果进行比较，为制订最佳的组织方案提供依据。测试方案主要有以下三种（图 4–38）：

- 方案一：自然散场；
- 方案二：引导 + 看台出口控制措施；
- 方案三：8 千人团体购票观众（坐在西侧上层看台），5 层、6 层观众分批次散场。

三种方案仿真效果如图 4–38 所示，仿真结果对比如下：

方案一：自然散场。出现区域性高密度较长持续时间的状态，存在较大安全隐患。

方案二：引导 + 看台出口控制措施。

观众高密度集聚时间缩短了 5~10min，总散场时间持续约 40min，略有加长，但提高了散场的秩序，有效降低了观众散场速度，缓解了主体建筑内部和外围的观众散场压力。

方案三：8 千人团体购票观众（坐在西侧上层看台），5 层、6 层观众分批次散场。基本消除了观众长时间集聚的情况，降低了散场拥挤风险、提高了团体购票观众散场的舒适程度。

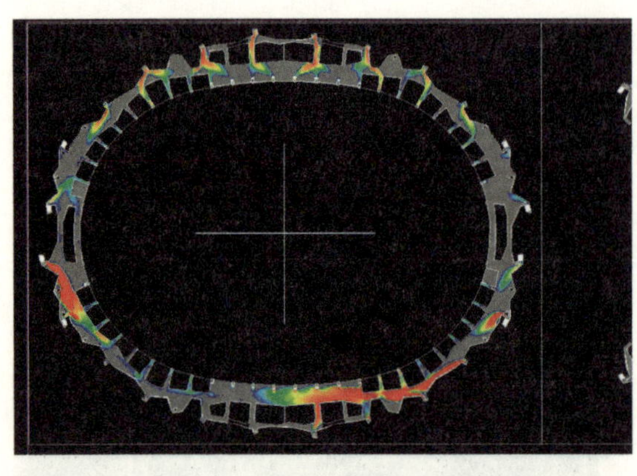
a）

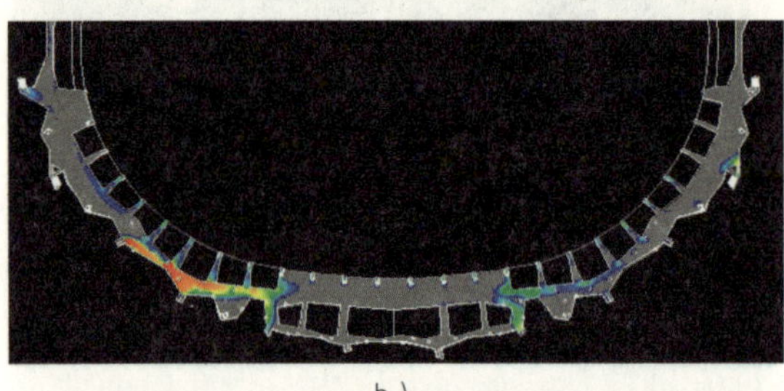
b）

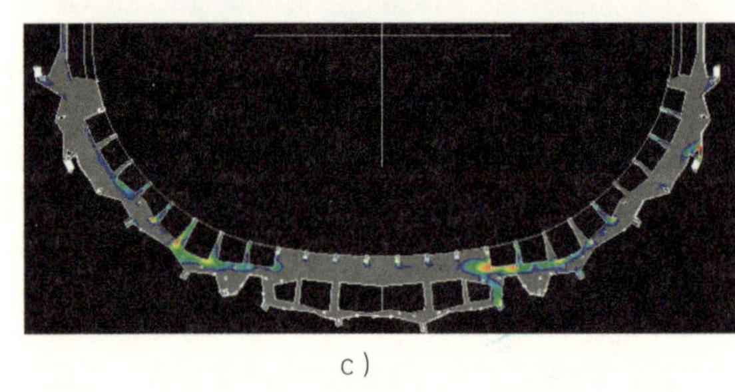
c）

图4-38　五层观众三种组织方案仿真效果组图

a）方案一；b）方案二；c）方案三

根据仿真和实际组织条件，找到不同组织方案条件下的疏散情况，提出有关工作建议。

因此，为解决以上问题，应遵循下列原则形成有序的散场方案：

• 分区设置管理人员，引导观众就近散场，避免流线交叉；

• 逐级控制、定点组织，便于管理、消除隐患；

• 分批次散场，缓解散场压力。

按照上述原则，采取相应管理措施：

• 预先发放观众退场须知（执行）；

• 通过广播、大屏幕和现场志愿者加强看台引导和安抚观众情绪，告知老弱病残孕幼观众稍后退场；

• 在5层大厅加强向南北引导观众；

• 在看台出口和楼梯入口控制观众散场速度；

• 上层西侧8000人团体购票观众与座席区分时散场，推迟约15min后开始散场，并且根据疏散效果，提出服务人员岗位分布。

在国家体育场开幕式期间，以上措施基本得到了应用与借鉴。

5 奥运交通基础设施建设

5.1 交通基础设施供给策略

交通基础设施作为城市的“血脉”，是城市交通运行的基础和前提。在筹办奥运会的各项交通工作中，交通基础设施建设的地位举足轻重。

早在申奥阶段，北京市就研究制定了多项交通发展规划，包括大规模修建轨道交通、城市道路、公路、枢纽场站和新增更新车辆以及改善配套交通设施等。

在奥运筹办阶段，北京市依据申奥承诺和《主办城市合同》，总结前几届奥运会举办城市在交通设施建设方面的经验，逐步细化 2008 年北京奥运会残奥会交通需求，提出了“满足奥运赛时短期需求，着眼城市交通未来可持续发展”的交通设施供给策略。

一是统筹城市骨干交通基础设施和奥运临时交通设施建设。在加快轨道交通、城市道路、场站枢纽等城市交通骨干设施建设，满足城市长远发展的基础上，再根据奥运会临时需求、特殊需求补充建设一批临时设施（满足赛时需求、赛后拆除恢复原貌）。这一建设策略是基于可持续发展的总体战略考虑，即：在最大限度降低投资费用，有效利用设施前提下，凡稍加改造可利用的设施，就不再新建；凡临时设施能解决问题的，绝不建永久设施，避免出现后奥运时期设施有效利用不足的情况发生。

二是坚持交通设施系统规模扩展和结构改善并重的原则。针对申奥成功时，城市交通基础设施水平还较低的情况，首先有选择地加强交通基础设施建设，重点扩展公共交通系统规模和完善城市快速通道系统，提升综合交通体系总体承载能力和服务水平。在设施建设中，把结构改善放在重要位置，坚持外延扩展（扩充）为结构改善服务，按系统功能层次逐级分类推进，协同匹配实施。

三是处理好不同层次设施网络、不同类别运输方式的衔接关系，实现设施建设、运行、运输服务的一体化。通过建立以交通枢纽为中心的现代化交通换乘衔接系统，实现道路设施与公共交通设施，尤其是与轨道交通设施的衔接，实现停车设施与枢纽设施的衔接。此外，做好对外交通（航空、铁路与公路等）与市内交通的一体化以及市域交通与市区交通一体化整合。

在交通设施建设过程中，践行“绿色、科技、人文”三大理念，使用节能环保材料，体现人性化和人文关怀，如废旧轮胎、改性沥青等材料在道路建设中加工再利用，在城市道路、公交、地铁、客运场站建设过程中同步进行无障碍设施建设和改造等，在全面提升城市交通基础设施建设运行水平同时，也将设施的无障碍服务水平推向了一个崭新的台阶。

5.2 交通基础设施建设投资

为履行申奥承诺，满足奥运赛时交通需求，北京市逐步调整投资结构，把更多的资金优先用于公共交通建设，尤其是大容量轨道交通。奥运筹办的 7 年间，全市交通基础设施投资大幅度增加。

“九五”期间（1996 ~ 2000 年），全市交通基础设施建设投资年均 110 亿元，占全市国内生产总值（GDP）4.81%；“十五”期间（2001 ~ 2005 年），全市交通基础设施建设投资年均 210.4 亿元，是“九五”期间的 1.91 倍，占全市 GDP 的 4.04%；“十一五”前三年（2006 ~ 2008 年），全市交通基础设施建设投资年均 407.7 亿元，是“九五”期间的 3.71 倍，占全市 GDP 的 7.36%（表 5-1）。

表5-1　1996~2008年全市GDP及交通基建投资情况

投资情况 \ 时期	“九五”期间（1996~2000年）	“十五”期间（2001~2005年）	“十一五”前三年（2006 ~ 2008年）
GDP总额（亿元）	11439.7	26011.3	27702.3
交通基建总投资（亿元）	550	1052	1223
交通基建年均投资（亿元）	110	210.4	407.7
总投资占GDP比例（%）	4.81	4.04	7.36

奥运筹办期间，全市交通基础设施建设投资总额超过 2000 亿元，投资逐年快速增长年均增速达到 17.6%（图 5-1），2005 年 ~2007 年，年增长为分别为 18.7%，30.8% 和 23.5%。

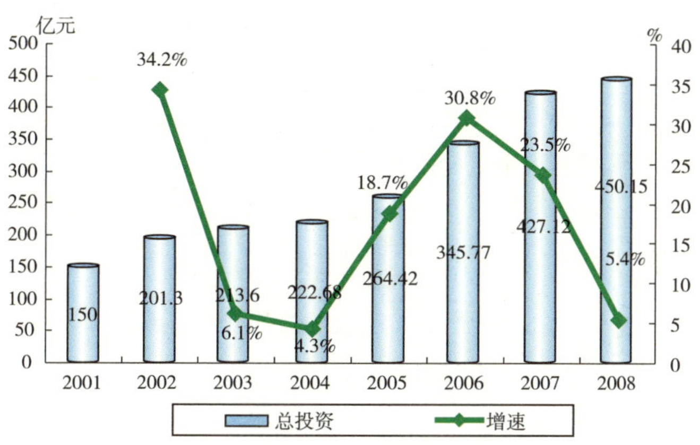

图5-1　2001~2008年全市交通基础设施建设投资总额变化情况

在充足的资金保障下，轨道交通、客货运枢纽、城市道路、高速公路及一般干线公路等各项交通基础设施建设工作飞速推进，交通供给能力不断增强。随着优先发展公共交通战略的实施，交通固定投资结构进一步优化，用于公共交通设施建设的投资在全市交通基础设施投资中的比例逐年上升。

轨道交通建设尤其令人瞩目。2001 ~ 2008 年的 7 年时间里，新建成 6 条线路，运营里程由 54km 增加到 200km，初步形成北京轨道交通骨干网络架构，极大缓解了地面交通压力，为奥运会提供了高质量交通服务。轨道交通投资额度及运营里程变化见图 5-2、图 5-3。

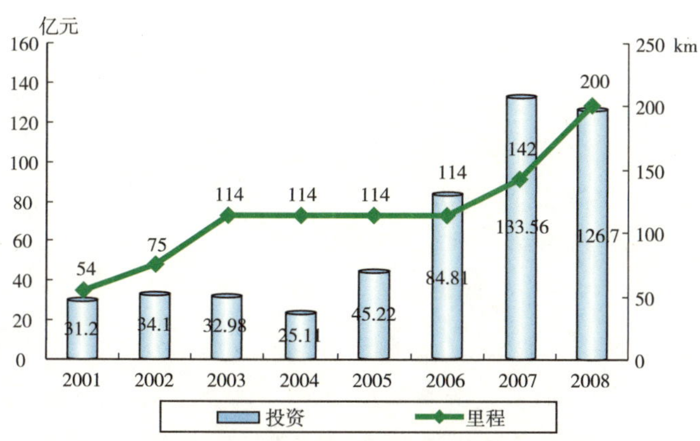

图5-2　轨道交通投资额度及运营里程变化情况

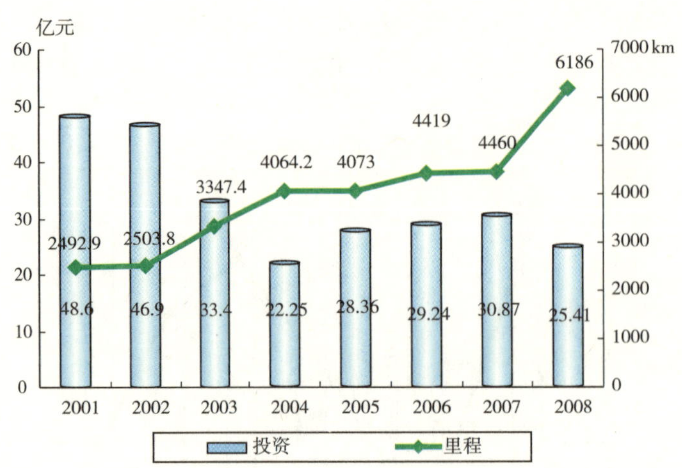

图5-3 城市道路投资额度及总里程变化情况

5.3 轨道交通建设

轨道交通凭借其运量大、快速、正点、低能耗、少污染和乘坐舒适方便等优点，在城市公共交通发展中担负着越来越重要的角色。大力发展城市轨道交通，既是支持城市空间结构和功能布局调整、优化交通出行结构、建设综合交通运输体系的重要手段，也符合建设资源节约型、环境友好型的城市可持续发展的战略。

以 2001 年北京获得奥运会主办权为契机，北京轨道交通建设迎来了世界城市轨道建设史上前所未有的高速发展期。

2001 ~ 2008 年的 7 年间，北京市在发展轨道交通方面投资力度逐年增加，总投资超过 600 亿元，先后建成通车了 13 号线、八通线、地铁 5 号线、10 号线一期、奥运支线（8 号线一期）和首都机场快轨。随着 2008 年 7 月 19 日地铁 10 号线（一期）、奥运支线（8 号线一期）和首都机场快轨三条新线的通车试运营，北京市轨道交通运营线路由 2001 年的 2 条 54km，增加到 2008 年的 8 条 200km。

北京轨道交通网络架构初步形成，极大地缓解了北京城区地面道路交通压力，为奥运会提供了大容量公共交通服务。

据统计，奥运会期间，地铁 10 号线（一期）、奥运支线（8 号线一期）日运送观众人数超过观众总数的 40%，特别是奥运会开幕式结束后的 75min 内疏散客流达到 6.27 万人，占开幕式客流总疏散量的 85%（图 5-4）。

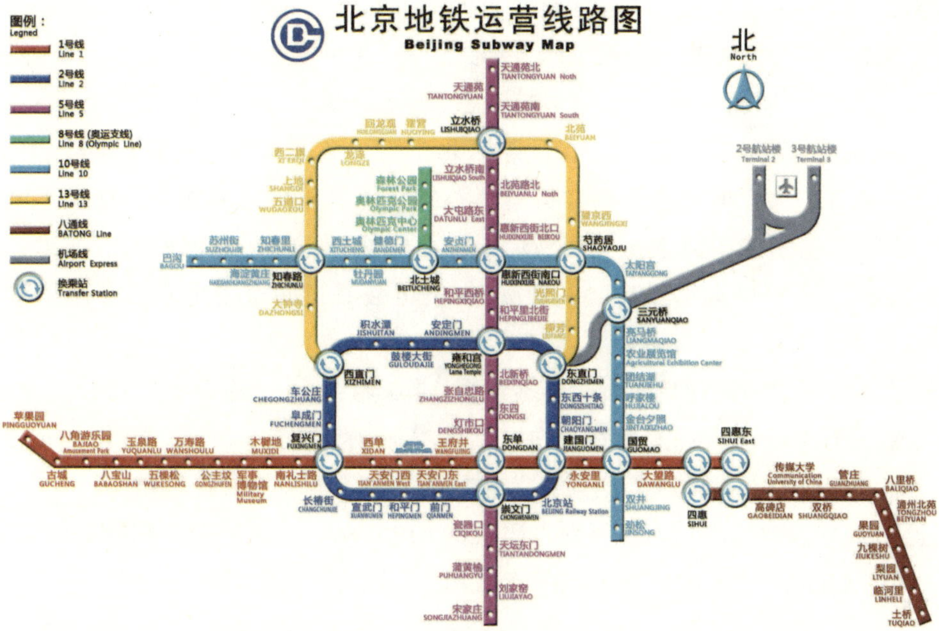

图5-4　2008年奥运会北京轨道交通运营线路图

5.4　公路与道路网络建设

奥运申办成功以来，北京市进一步加快道路网络建设步伐，道路建设突飞猛进。至 2008 年奥运会前，不仅中心城路网得到明显优化，而且实现全市“区区通高速路”，初步建立了功能结构较为完善的高速公路、一般公路和城市快速路、主干路、次干路、支路网络，为奥运会残奥会交通运行和城市交通运行提供了强有力的基础设施保障。

5.4.1　城市道路建设

城市道路方面，重点加强中心城路网功能级配结构改造。

一是加快完善快速路、主干路系统，为构建立体复合型交通走廊、进而建立快速通勤系统提供了通道支持；二是大力扩充“微循环”集散系统，建设了一批与快速路、主干路体系相匹配的次干路、支路，改善了道路系统功能结构，提高了路网的整体机动能力和可达性。

在此期间，建成了二环路、三环路、四环路、五环路 4 条环线快速路和东北城角联络线、京承高速（北三环路至北四环路联络线）、西外大街西延、通惠河北路、莲花池西路、阜石路（西三环路至西五环路）等 13 条快速放射联络线，快速路总里程达到 242km，“环线 + 放射线”的城市快速路系统基本形成。

西大望路、展览馆西路、蓝靛厂路、北苑路、清华东路、南中轴路、朝阳路、马家堡西路等一大批城市主干路在奥运筹办的 7 年里相继建成通车，加密了城市道路网密度，改善了主干路系统空间布局不均衡的状况，提高路网的承载能力，为建立快速通勤体系提供通道支持。到 2008 年奥运会时，城市主干道通车总里程达到 755km。

奥运场馆周边道路建设也取得显著成果。北辰西路、北辰东路、辛店村路、大屯路、北土城路、射击场路、左安东路、白马路等奥运场馆周边 72 个总长 164km 的道路项目全部如期竣工，为奥运会残奥会交通运行奠定了坚实的硬件基础。

至 2008 年，北京市城八区道路总里程为 6186km，其中，城市快速路 242km，城市主干道 755km，城市次干道 644km，城市支路及街坊路 4545km，形成了功能级配结构较为合理的中心城路网系统。道路总面积达 7429 万 m^2，道路网密度达到 452.1km/100km^2（图 5-5）。

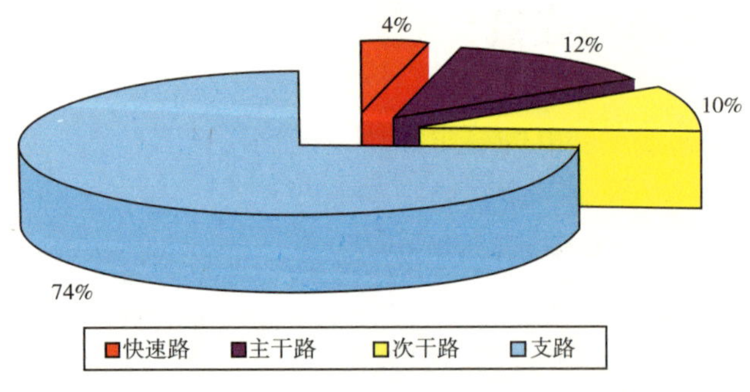

图5-5　2008年北京市城八区道路等级分类示意图

在改善道路“微循环”集散系统方面，自 2004 年开始每年实施交通疏堵工程，至 2008 年上半年累计投资近 3 亿元，实施项目近 1400 个，主要包括优化平交路口，建设公交港湾及站台，完善过街设施，打通断头路，完善公交换乘系统，清理占路线杆，立交桥下空间利用，增加交通安全设施等 8 个方面。据测算，经改造后的路段和路口通行能力大多提高 20%~30%，车辆行驶速度平均提高 20%，平均延误时间减少 6%，燃油消耗降低 10%。

5.4.2 公路建设

5.4.2.1 高速公路

奥运筹办期间，在高质量完成全长 98km 的五环路后，先后建成了机场北线、京承高速路（二期）、机场第二高速公路、机场南线、京平高速公路、京津高速等一批高速公路。奥运会时，高速公路通车总里程达 820km。特别是结合首都机场改扩建，配套新建了机场北线、机场南线、机场第二通道等高速公路，极大地提高了机场至城市中心区和各场馆的交通集散能力，为奥运会、残奥会大家庭成员、国内外观众和游客的抵离交通运行提供了可靠保障。

"区（县）区（县）通高速路"目标的实现，使得从郊区、区（县）政府所在地到达市区行车时耗均在一个小时以内，初步形成了覆盖全市的"环线 + 放射线"高速公路路网格局。

5.4.2.2 一般公路

奥运筹办期间，制订了 2005 年 ~ 2007 年郊区公路三年提级改造实施计划，依据"安全、环保、舒适、和谐、耐久"公路新理念和"统筹城乡、服务奥运"的发展思路，实施了提级改造、路面大修、病桥改造、旅游公路、乡村公路及综合改造 6 大工程，总投资 142 亿元，提级改造公路 8771km，全市二级以上公路里程占全市公路网里程从 2004 年底的 22% 提高到 2008 年的 30%，公路"好路率"从 78% 提高到 85% 以上，消除了 700 余处山区公路危险点段，全部国道、市道及 80% 的县道得到综合治理，实现了"公路等级"、"公路好路率"、"公路安全保障能力"、"郊区旅游景点的公路畅通水平"、"公路景观"和"服务水平"六大指标全面提升。

到 2008 年，全市公路总里程达到 20340km（其中高速公路 777km），全市公路网密度达到 $1.24km/km^2$。以国道、省道为骨干、县乡路为支脉的郊区公路网的建设，为加快城乡交通一体化，促进首都经济又好又快发展起到了重要的支撑作用，并且为奥运会、残奥会的举办营造了良好的区域交通环境。

5.5 交通枢纽建设

交通枢纽建设是促进跨境和跨省市的城际交通与市域交通、中心城交通一体化融合，提高交通设施的整体运行效率，实现城市对外交通和内部交通间的"无缝衔接、零距离换乘"的必要条件，也是满足奥运会残奥会期间基本交通需求所不可或缺的重要条件。在奥运筹备期间对几个关键性的门户枢纽进行全面规划，重点安排了首都机场扩建，以及北京南站、动物园、六里桥、西直门、东直门等一批综合交通枢纽的建设。

5.5.1 首都机场T3航站楼

首都机场改扩建工程是申奥承诺的重点项目，其中 3 号航站楼（T3）的建设是首都机场扩建工程的主体项目和关键项目。3 号航站楼建筑面积 98.6 万 m^2，总投资约 100 亿元。

T3 航站楼以巨龙为设计创意，集多项世界一流技术于一体，使首都机场跨入世界最先进的现代化机场行列。建成后的首都机场航班起降能力从原来每天 1000 个航班提升到 1700 ~ 1800 个航班，年旅客吞吐能力从 3600 万人次提升到 7600 万人次，完全满足奥运会的需求。工程于 2004 年 3 月 28 日动工，2007 年 12 月 25 日竣工，2008 年 2 月 29 日投入使用（图 5-6、图 5-7）。

作为奥运会重点工程，T3 航站楼具有国际枢纽机场一流的功能设施。一是国内首次采用多楼连通的旅客捷运系统（APM）；二是行李处理采用国际最先进的自动分

图5-6　T3航站楼规划鸟瞰图

图5-7 T3航站楼建成图

拣和高速传输系统；三是机场信息系统达到高度集成和现代化水平；四是国内首次采用双层多功能登机桥，供进出港旅客共用，供两架飞机同时使用。

5.5.2 北京南站

北京南站既是京沪高速铁路、京津城际轨道等高速铁路客运专线的始发站，也是集高铁、地铁、市郊铁路、出租汽车等各种交通方式于一体，全面融合城市、城际交通的大型综合交通枢纽（图 5–8）。

北京南站总体结构分地下三层、地下二层、地下一层、地面层和高架层，总建筑面积 32 万 m^2。

地下三层为地铁 14 号线站台层；地下二层为地铁 4 号线站台层；地下一层为整个车站的换乘空间，主要设有社会车辆停车库、出租汽车停车场，进、出站厅、换乘大厅，进出站通廊等；地面层为铁路站台层，除客运车场、站台外，站台层面向北广场一侧对称布置两座独立办公楼；高架层为铁路旅客进站层，中央为独立的候车室，东西两侧是进站大厅，建筑面积 4.77 万 m^2，自北往南依次为普速候车区、京沪客运专线候车区和京津城际候车区（图 5–9）。

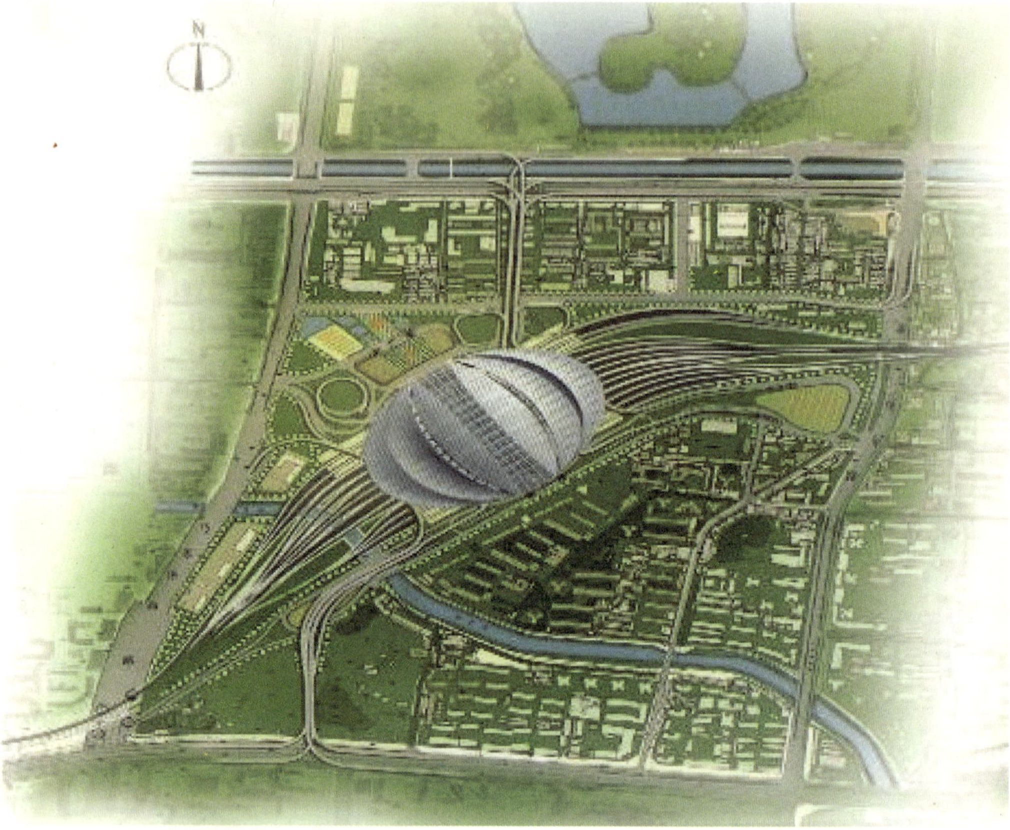

图5-8　北京南站俯瞰图

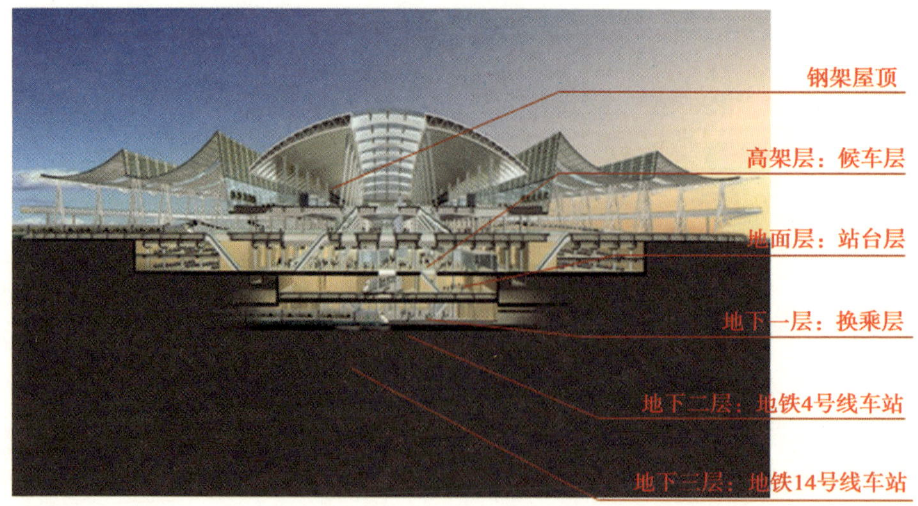

图5-9　北京南站内部结构图

5.5.3 动物园交通枢纽

动物园交通枢纽位于西直门外大街南侧，于 2001 年 12 月开工建设，2004 年 7 月建成投入使用。项目占地 1.4 万 m^2，建筑面积 10 万 m^2，包括地下公交换乘大厅、疏导通道、人防、社会停车场和地上公交车辆到发站台、车队管理用房、智能化运营指挥系统、抢修中心、公安派出所、部分经营用房等，可同时满足 15 条公交线路的站内到发，并与地铁 4 号线实现站内“零距离”换乘（图 5-10）。

图5-10　动物园交通枢纽

5.5.4 六里桥交通枢纽

六里桥交通枢纽是全国 45 个主枢纽城市中的主要客运枢纽之一，是以省际公路客运为主，集长途客运、地铁、出租汽车于一体的综合客运枢纽。枢纽建设用地面积 7.49 万 m^2，建筑面积 11.38 万 m^2，其中主站房区 3.22 万 m^2，服务楼 4.16 万 m^2，商业开发 4.00 万 m^2。设计日发省际客运 1500 班次，发车站台 45 个，高峰日备用站台 68 个，日登降量为 27.53 万人次，其中省际长途为 5.88 万人次（图 5-12、图 5-13）。

图5-11　六里桥交通枢纽鸟瞰图

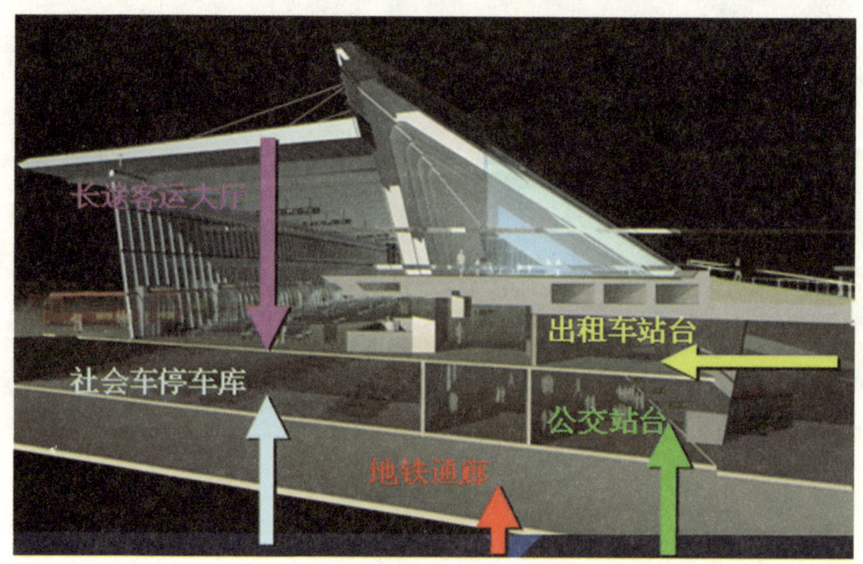

图5-12　六里桥交通枢纽立体换乘示意图

5.5.5　西直门交通枢纽

西直门交通枢纽总建筑面积约28万m^2，是一座以轨道交通衔接换乘为主、地面公交衔接换乘为辅，集铁路、地铁、城铁、公交、社会机动车多种交通方式和服务功能为一体的综合性大型客运交通枢纽。枢纽分为西、中、东三区，主要交通设施包括中区的城市轻轨铁路（地铁 13 号线）西直门站、东区的轨道交通换乘大厅、地面客流疏散广场以及广场地下的地铁 2 号线和 13 号线换乘通道、公交车站等。西直门综合交通枢纽整体于 2008 年 6 月 9 日投入使用（图 5-13）。

图5-13　西直门交通枢纽

5.5.6　东直门交通枢纽

东直门交通枢纽是北京 2008 年奥运会配套项目之一，建筑面积 7.8 万 m^2，分为地上地下两部分。2008 年 7 月 19 日，东直门交通枢纽建成投入使用。

东直门交通枢纽实现了地铁 2 号线、13 号线、机场快轨、市区公共汽车、市郊长途汽车、出租汽车、自行车等多种交通方式的立体换乘，60% ~ 70% 的客流在地下空间完成换乘，在为乘客提供舒适、便捷换乘环境的同时，也极大地缓解了地面的交通压力（图 5-14）。

图5-14　东直门交通枢纽规划图

东直门交通枢纽除了实现市内各交通方式的衔接互换，还承担着连通首都国际机场的重要功能。被称为“国门第一线”的机场快轨线，起点站设在东直门交通枢纽的地下四层。乘坐快轨线从东直门到首都国际机场 3 号航站楼仅需 16min，到达 2 号航站楼的时间约为 25min（图 5-15）。

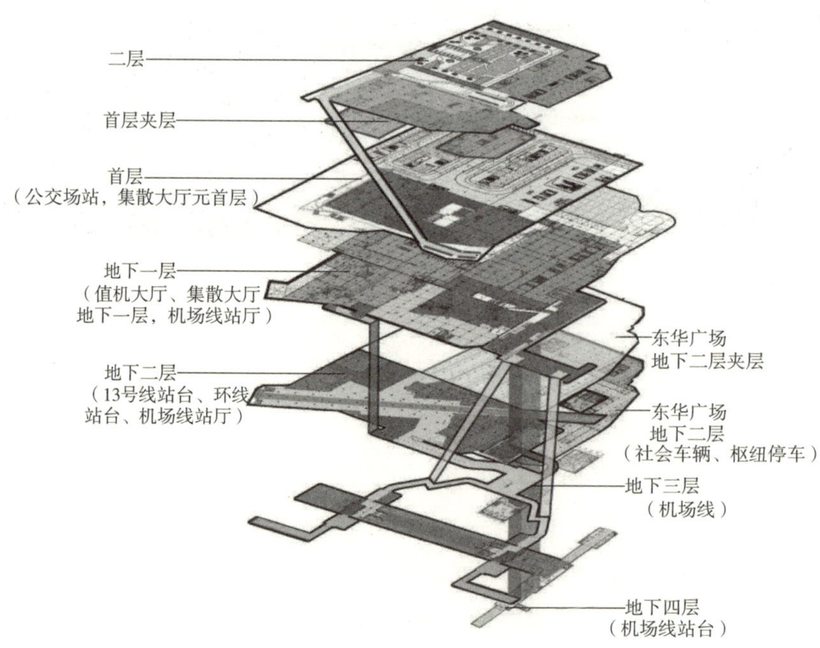

图5-15　东直门交通枢纽结构示意图

5.6 临时场站建设

为满足奥运会特殊需要，保障赛时交通运行，向各客户群提供“高标准、高质量”的交通服务，在大规模建设永久性交通设施的基础上，北京市交通部门依据各场馆交通规划和《北京 2008 奥运会与残奥会城市交通临时设施建设纲要》，统筹考虑赛事专车客户群和以观众为主的公共交通客户群不同需求，研究提出了临时场站设施建设计划，制订了《奥运临时场站建设标准》。

临时场站设施的建设，是按照“统一规划、费用分担、同步建设”的原则进行的。比赛用临时交通场站的费用由北京奥组委承担，临时公交场站建设费用由北京市政府承担，具体建设工作由北京市交通委员会会同有关部门统一实施。共建设临时性交通场站设施 25 处，总占地面积约 91 万 m^2。其中，赛会专用交通场站 6 处，总面积 59 万 m^2；其他配套的临时性公交场站 19 处，面积约 32 万 m^2。

5.6.1 奥运会交通场站

专为奥运会提供服务的交通场站共 6 个（残奥会为 4 个），分别是奥林匹克大家庭饭店交通场站、奥林匹克公园交通场站、奥体中心交通场站、首都机场交通场站、石景山交通场站和海淀交通场站（图 5-16）。

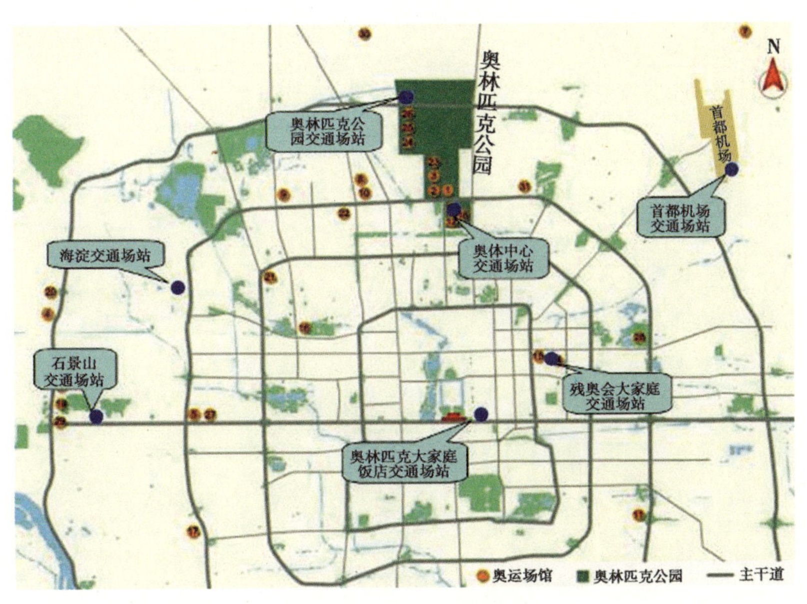

图5-16 奥运会交通场站位置分布示意图

赛会交通场站的功能是为赛事各交通团队、车队指挥调度、驾驶员进行有效管理提供场所，为上会服务的7000余辆专用车辆提供停放、维护、加油、安全检查的场地，为2万多名交通服务人员（驾驶员、志愿者、管理人员等）提供餐饮、休息等保障。

5.6.2 临时公交场站

在奥运会比赛场馆周边规划建设了19处临时公交场站，其中在奥林匹克公园周边有7处（表5-2、图5-17）。

表5-2 奥运临时公交场站一览表

序号	项目名称	设施位置	场地面积（万m^2）
1	奥运公园1号公交场站	白庙村路西	2.19
2	奥运公园2号公交场站	北辰西路南端	1.49
3	奥运公园3号公交场站	北辰东路西侧	4
4	奥运公园4号公交场站	北辰东路西侧	3
5	奥运公园5号公交场站	奥体中心南	5.27
6	奥运公园6号公交场站	北辰东路与辛店村路交汇东南	1
7	奥运公园7号公交场站	小营路与北苑路交叉口东南角	1.25
8	工人体育馆公交场站	东营房八条西侧	0.6
9	大运村公交场站	大运村停车场	0.57
10	射击馆1号公交场站	场馆东侧停车场	0.3
11	射击馆2号公交场站	福田公墓停车场	1.33
12	老山馆2号公交场站	山地自行车场东	1.42
13	首体公交场站	场馆南侧城中村	0.64
14	五棵松公交场站	朱阁庄	0.7
15	北工大公交场站	工大桥西南角学校建设用地内	0.6
16	农大公交场站	农大体育馆北侧	0.52
17	昌平铁人三项场站	军都度假村南侧	1.52
18	顺义水上公园场站	水上公园东南角	3.29
19	朝阳公园场站	朝阳公园东门	2.37

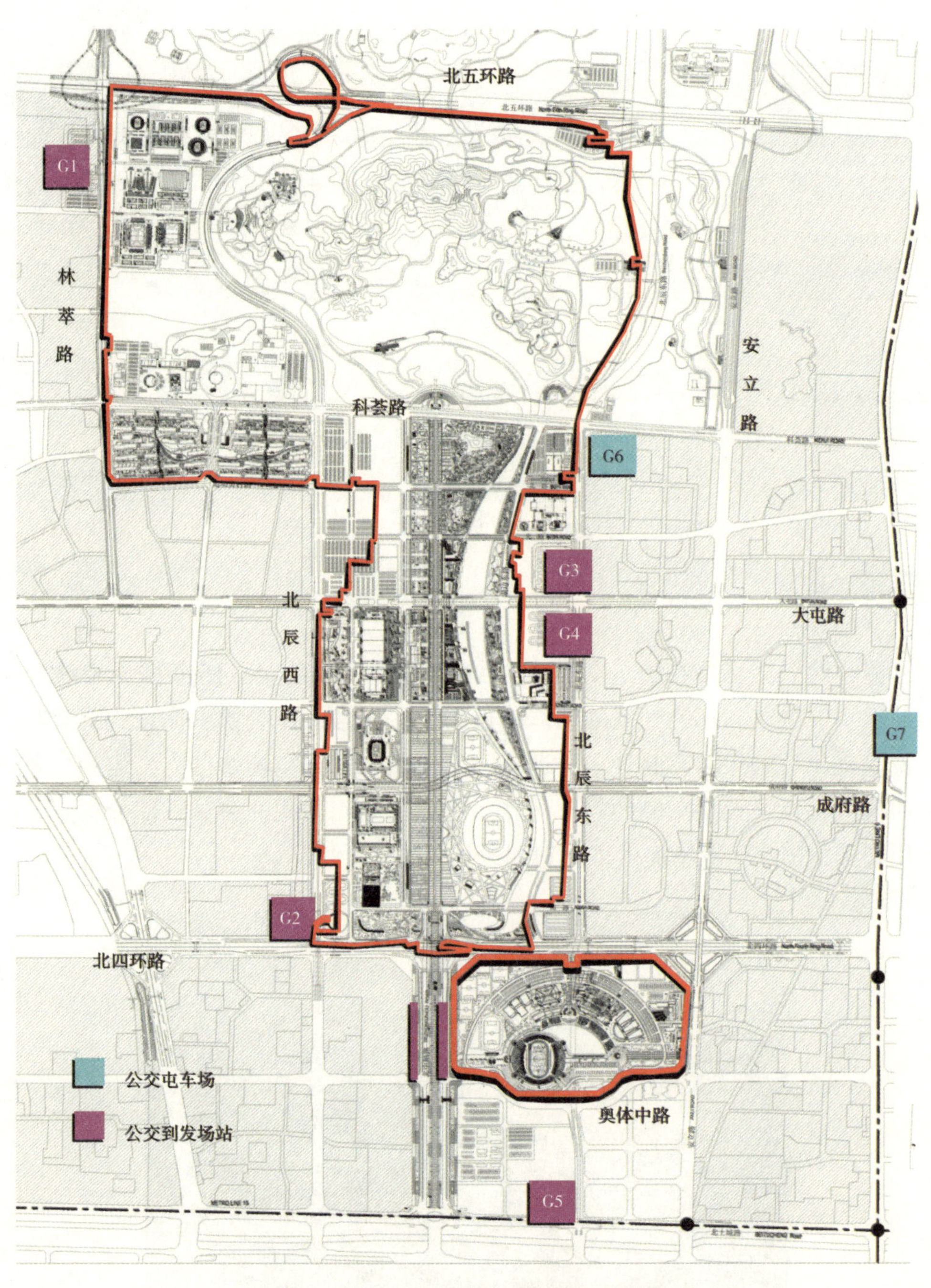

图5-17　奥林匹克公园临时公交场站分布示意图

奥林匹克公园公交场站包括：北部公交场站（G1）、西部公交场站（G2）、东部公交场站（G3、G4）、南部公交场站（G5）和备用公交场站（G6、G7）（表 5-3）。

表5-3 奥林匹克公园周边临时公交场站一览表

编号	位置	用地面积（万m²）	到发车位	停车位
G1	北部	2.2	16	134
G2	西南部	1.49	14	90
G3	东部北侧	4	19	296
G4	东部南侧	3	19	205
G5	南部	5.27	19	368
	中轴路到发车位		36	
G6	科荟路南	1.0		105
G7	北苑路东	1.25		122
合计			123	1320

这些临时公交场站在奥运赛时作为34条奥运专线公交、16条残奥专线公交的基地，承担着屯车和车辆到发的功能，还为公交司乘人员餐饮、休息、公交车辆维修清洗等提供后勤保障。此外，奥运公园周边的临时公交场站也为奥运会、残奥会的开闭幕式提供了大型车辆的停车位置，为参加开闭幕式的演员、部分贵宾、团体观众便利到达国家体育场提供了有利的条件（图5-18）。

图5-18 奥林匹克公园4号临时公交场站鸟瞰图

5.7 运输装备建设改造

落实“绿色奥运”和“科技奥运”理念，以地铁1、2号线“消除隐患”工程和公共交通运输车辆和奥运服务车辆更新为重点，开展了运输设备升级换代工作。同时面向地面公交运营管理、轨道交通运营管理和赛事交通服务，建设了先进的智能化调度系统，全面提升了客运系统的运营效率、管理能力和服务水平。

5.7.1 车辆新增更新

为了实现“绿色奥运”目标，北京市交通部门在奥运筹备阶段全面开展了公共汽（电）车、出租汽车、旅游客运车辆的淘汰更新工作。

至2008年6月，新增和更新符合环保要求的公共（电）汽车1.38万辆，全部2万多辆公交车达到国III以上排放标准，其中天然气公交车4000多辆，是世界上最大的天然气公交车队。

从2005年开始，至奥运会前，分批次淘汰更新老旧出租汽车共6.2万辆，使全市6.6万辆出租汽车均达到绿色环保要求。

奥运会前，新增环保型旅游大客车2788辆，全市6400多辆旅游大客车全部实现更新换代，并安装了行车记录仪。其中，3400多辆车还安装了GPS系统，为奥运期间赛会交通服务和旅游客运安全运营创造了条件。

尤其值得一提的是，奥运赛时有500辆纯电动客车、混合动力客车、燃料电池客车等新能源绿色环保车辆投入运行，作为运动员村和奥林匹克中心区内循环运行班车、各场馆间穿梭客运服务用车使用。

5.7.2 地铁1号线、2号线“消(除)隐(患)”改造工程

从2004年开始，对地铁1号线、2号线进行了“消隐”改造。工程共计64大项、186个子项，主要包括车辆及车辆段、线路、通信、信号、供电、机电六个专业系统，改造范围涉及地铁1号线部分线路及2号线全线，共计43km、32个车站，以及古城、太平湖两个车辆段。

地铁1号线、2号线“消隐”改造工程消除了地铁车辆、设备及轨道系统存在的安全隐患，提高了车辆、设备运行的稳定性和可靠性，为地铁安全运营提供了保障，同时也提高了地铁设备系统的自动化管理水平、地铁运输能力，提升了地铁运输服务质量。

结合新的轨道线路建设和地铁 1 号线、2 号线“消隐”改造，共新增、更新了 606 辆地铁空调车。

5.7.3 智能化运输调度系统建设

5.7.3.1 公交运营调度系统

依据 2008 年奥运会城市公共交通服务需求，同时结合奥运公交专线运营调度指挥需要，建设了奥运公交运营调度系统。调度系统分 1 个总调度（指挥）中心、6 个分调度中心，以及 34 条奥运公交专线调度系统，奥运公交专线所使用的 2000 辆公交车全部安装了 GPS 系统（图 5-19）。

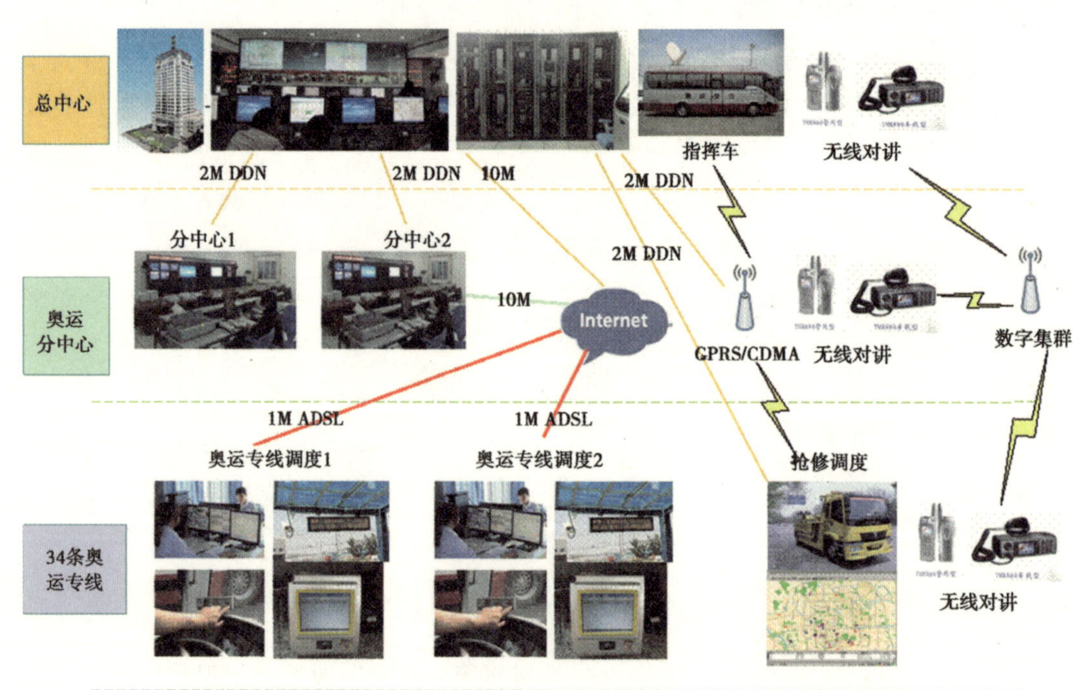

图5-19 奥运公交运营调度系统物理结构图

奥运公交运营调度系统提升了公交的运营管理水平、调度指挥水平和乘客信息服务水平，提高了奥运期间应对突发事件的能力，为奥运期间观众、工作人员等 T5 客户安全、舒适、可靠、快捷的公交出行提供了保障。

5.7.3.2 轨道交通指挥中心

奥运会之前，建成了轨道交通指挥中心，已投入运营的 8 条轨道交通线路全部接入指挥中心，实现轨道交通网络化运营统一调度；开通 AFC/ACC 系统，实现全路网一票通、一卡通、无障碍换乘，提高了运输效率（图 5-20）。

图5-20　轨道交通指挥中心大厅

轨道交通指挥中心项目包括：轨道交通路网指挥调度中心（TCC）、路网票务清算管理中心（ACC）、线路指挥调度中心（OCC）和联网收费以及线路运行控制中心（LC），是集路网指挥调度和票务清算管理两大系统于一体，功能齐全，集约化、网络化、自动化程度较高的轨道交通指挥中心（图 5-21）。

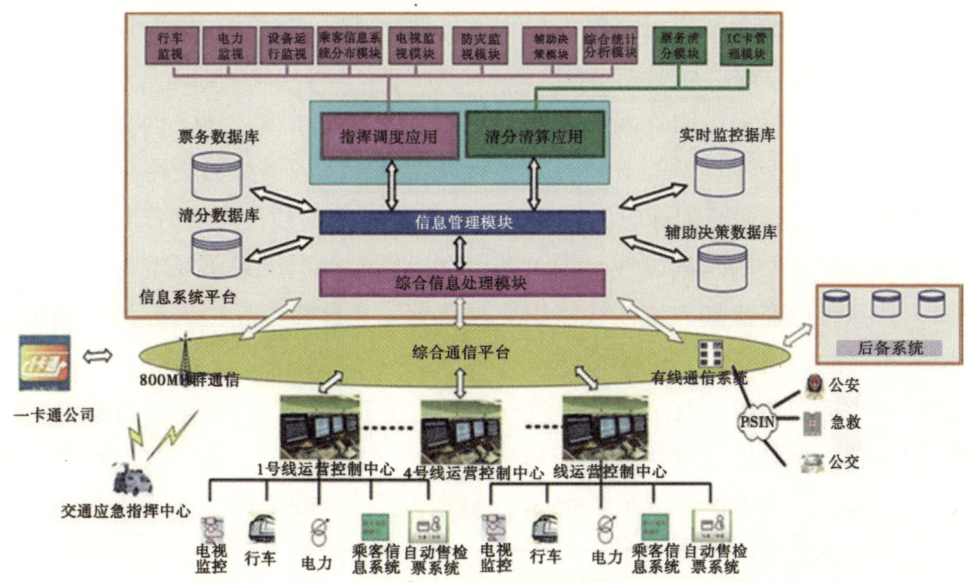

图5-21　北京轨道交通智能化综合信息系统管理平台的技术架构示意图

5.7.3.3　赛事交通服务调度系统

为了保障赛事交通服务，借鉴往届奥运会交通服务运行成功模式，开发了基于GPS全球定位技术、GPRS无线通信技术和计算机网络系统的赛事交通服务调度系统。该系统由综合管理平台和通信系统两部分组成。

综合管理平台由“大客车调度系统”、“小客车调度系统”和“赛会服务车辆全球卫星定位监控系统”三个子系统构成。综合管理平台构建了三级奥运交通指挥调度体系，为赛时指挥调度的顺畅和交通服务运行管理奠定了坚实的基础。

5.8　人性化交通服务设施建设

充分贯彻“人文奥运”理念,倡导“建设为运营需要服务,运营为公众需求服务”原则，统一规划建设了准确、清晰、易于理解的交通标志标识，全面提高了交通设施人性化服务水平；建设和改造了城市道路、公交、地铁、省际长途客运场站无障碍设施，有效满足了残疾人、老年人等特殊群体的交通出行需求。

5.8.1　交通标志标识

交通标志标识是为运动员、技术官员等奥林匹克大家庭成员和观众等提供准确、便利的道路交通引导服务的交通设施，是奥运交通工程设施的一个重要组成部分。奥运交通标志标识分为城市道路标志标识、场馆交通标志标识、场馆外围交通标志标识以及奥林匹克专用道标识等。

城市道路标志标识指引连接所有竞赛场馆、非竞赛场馆、独立训练场馆、签约酒店、定点医院和交通场站等奥运会残奥会涉及场所。场馆交通指路标识为场馆安保区内用以引导交通运行的标志、标线，是保障奥运会、残奥会赛时出入场馆车流、人流有序、安全集散的基础设施。场馆外围交通标志标识设置于场馆与各类交通场站之间，按照各类车流和人流流线组织要求布置。奥林匹克专用道标识是沿奥林匹克专用道布设的专用标记、标线。

交通标志标识按照“统一规划、统一设计、分别实施”的原则进行布设，城市道路标志标识、奥林匹克专用道标识和场馆外围标志标识由北京市政府负责，场馆交通标志标识由奥组委负责。在2007年“好运北京”测试赛时，奥组委和北京市有关部门就在奥运公园、顺义水上公园等场馆周边进行了标志标识设置方案的实地测试检验，为奥运会残奥会运行交通标识设置积累经验。

奥运会和残奥会筹办期间，在 31 处奥运比赛场馆周边设置了 690 面公共交通引导标志标牌，在公交、地铁、出租汽车、省际长途、停车等行业实施了标识规范化，安装“导向”、“安全提示”、“确认指示”等各类标识 71.5 万块，施画交通标线 5800km，增设交通标志 2.4 万面、护栏 104.3km、信号灯 210 处。

5.8.2 无障碍设施

无障碍设施是残疾人、老年人等特殊群体参与社会生活的必要条件，是社会文明的重要标志，也是残奥会交通运行必不可少的条件。各场馆在建设时就将无障碍配套设施同步实施，确保满足残疾人运动员和残疾观众的需求。

为保障奥运会和残奥会赛时各类观众的交通服务需求，北京市交通部门以“人文奥运”为宗旨，按照无障碍改造标准，建设和改造城市道路、公交、地铁、省际长途客运场站无障碍设施，共对 1541km 城市道路、318 处奥运公交专线站台、64 个地铁车站及 10 个省际长途客运站设置了无障碍设施。其中，对奥运会残奥会涉及的 111 条主要道路、63 座天桥、58 座通道的无障碍设施进行了整修和改造；对 34 条奥运公交专线涉及的 318 处站台进行了无障碍改造；对地铁 1 号线、2 号线、13 号线、八通线 64 个车站 183 个出入口进行无障碍设施改造，在全网 123 个地铁车站中，达到每个车站至少有一个无障碍出入口的标准；10 号线（一期）、奥运支线（8 号线）等轨道交通新建线路在设计之初就把无障碍设计列为强制性设计要求，力求达到国际先进服务水平。每座地铁站站台到站厅均有无障碍垂直电梯，除了便于残障人士识别和使用，还方便了老人、孩子以及携带较大行李的乘客使用（图 5-22、图 5-23）。

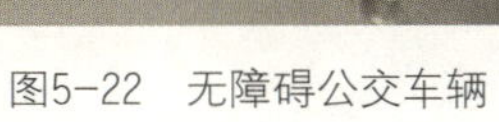

图5-22　无障碍公交车辆

图5-23　地铁无障碍设施

此外，残奥会开幕式前，在奥林匹克公园场馆周边设置了 200 余个为残疾人服务的自驾车、摩托车、三轮车无障碍专用停车位，安装专用停车位标志牌 50 余面，以满足残奥会交通运行的需要（图 5-24）。

图5-24　奥运场馆无障碍车专用停车位

6 奥运交通需求管理体系

6.1 原则与目标

6.1.1 原则

6.1.1.1 着眼于奥运期间交通运行保障的需要

北京奥运交通需求管理是以保障奥运会和残奥会期间交通运行为目标，但需求管理方案的设计应充分考虑奥运后常态化的可能性。其远期目标是以奥运为契机建立一个常态化的交通需求管理体系，作为北京市城市交通长期可持续发展的重要战略支持手段。

6.1.1.2 最大限度地降低需求管理政策的负面效应

建立需求管理实施体系的目的是在既有交通服务资源与城市环境容量许可范围内，保障城市各类群体日常基本出行需求得到更充分的满足，而不是受到抑制。即便为应对奥运会这样的国际性重大活动所引发的短期特殊交通需求，需求管理政策和措施也必须保证市民的正常交通出行，否则就无法维持城市经济社会活动正常运转。

6.1.1.3 出行方式理性化和时空分布科学化

需求管理政策不以压缩出行需求总量为着眼点，而是着眼于交通出行方式选择的理性化和时空分布的科学优化。

基于上述原则，为奥运期间设计的“一揽子”需求管理方案，主要注重在出行方式选择和出行量的时空分布两个方面进行优化调整。通过提供优质公共交通客运服务，严格削减公务车辆出行，适度增加小汽车出行成本等措施引导市民选择公共交通方式；通过错时上下班、调整营业场所服务时间等措施对出行的时空分布进行调整。

同时，对奥运期间可削减的弹性出行也要从“必要性”和“可行性”两个方面进行定性与定量评估权衡，作总量控制。并且，这一措施还要与其他管控措施（如调整出行方式、调整时空分布等）相配合，共同达到缓解交通拥堵，提高交通服务水平的目的。

6.1.1.4　注重方案的有效性和可实施性

奥运期间的交通需求管理方案要有实施效果，能够解决奥运交通需求和保障城市基本运行的交通需求。

此外，由于交通需求管理方案涉及城市交通运行的各个环节，与市民正常生活息息相关，因此各项需求管理政策必须具备可实施性，既要考虑政府的实施难度还要考虑社会公平性影响，最大限度地争取市民的理解和支持。

6.1.1.5　交通需求管理方案要与城市其他管理措施相结合

城市由多个相互独立又相互影响的分系统构成，交通保障只是城市运行诸多功能中的一项，因此要确保北京奥运会残奥会成功召开，交通需求管理政策必须要与城市其他功能保障措施相结合,共同保障奥运的成功举办。如对机动车使用进行调控，不仅能减少交通流量，还能降低城市机动车污染物的排放。因此交通管理措施的制订需要与环境部门共同协商，既能实现交通保障目标，又为环境目标的实现提供有力支持。

6.1.1.6　需求管理方案要有系统性

交通需求管理方案既要有广泛的包容性，又要有系统性。包容性是指政策的多元化，系统性是指多元化的不同政策之间协调匹配和互补关系。在深入分析北京奥运交通需求特点基础上，制订一套多重政策措施组合的“一揽子”方案，从各类出行全过程对奥运期间的交通进行调节，达到交通系统运行最优效果。

6.1.2　目标

奥运交通需求管理的目标主要是实现奥运交通承诺，既保障奥林匹克大家庭成员的交通服务质量，又最大限度地减少对城市各项功能运转及市民日常生活的影响。主要目标包括：向奥林匹克大家庭成员提供可靠的交通服务系统（以满足服务标准要求为限）；最大限度地减少对城市日常需求的影响，对城市日常出行总量的压缩控制在 10% 左右。

6.2 往届奥运会交通需求管理

6.2.1 往届奥运会交通需求管理概述

2004年雅典奥运会、2002年盐湖城冬奥会、2000年悉尼奥运会、1996年亚特兰大奥运会和1984年洛杉矶奥运会的交通组织者均采取了不同程度的交通需求管理措施，确保奥运会交通服务（表6–1）。综合来看，往届奥运会主要采取了以下几类交通需求管理措施：

（1）充分发挥公共交通的主导作用，提高公共交通运力和服务水平，实行免费公交政策，鼓励使用公交出行；

（2）通过交通管制和停车管理等措施限制私家车通行，场馆周边不设私家车停车场；

（3）鼓励停车换乘，为停车换乘公交或停车后的步行提供条件；

（4）对货物运输车辆加强管制，调整货车通行范围和时间；

（5）鼓励带薪休假、错时上下班或弹性工作制；

（6）倡导网上办公、网络会议，减少或停办跨部门、跨行业大型会议；

（7）提供信息手册和出行信息服务，加强交通宣传。

以公共交通为主导，限制小汽车出行是奥运交通需求管理的重要措施之一，也是历届奥运会交通需求管理措施的主体。交通需求管理措施的实施，在削减路网流量、提高旅行速度等方面起到了关键作用。

表6–1 往届奥运会举办城市采取的交通管理措施

	雅 典	悉 尼	亚特兰大	洛杉矶
公交优先	√	√	√	√
机动车单双号	√			
停车控制	√	√	√	√
停车换乘	√	√	√	√
弹性办公、网上办公		√	√	√
调整商业营业时间	√			
带薪休假	√	√	√	
货运车辆管理	√	√	√	
减少或停办会议				√
大力宣传	√	√	√	√

通过采取以上综合措施，奥运会期间城市的居民出行总量有较大幅度的压缩，数据显示雅典和悉尼奥运会期间出行量较平时降低了一半左右。正是基于此，获得奥运期间交通运转情况的好转。

6.2.2 往届奥运会经验对北京奥运交通需求管理的启示

往届奥运会的交通需求管理经验对北京有非常重要的借鉴意义。限制机动车出行、提高公共交通服务水平，吸引更多市民采用地铁、公交、自行车等方式出行的措施对北京相关政策的制订提供了实践经验。但是近两届奥运会，悉尼和雅典都采取措施对城市正常出行进行了大幅度的总量控制，如雅典奥运会期间给市民放假，鼓励市民外出旅游，对城市正常运转产生了一定程度的影响。鉴于此，北京奥运交通需求管理策略必须有所调整，要把城市的可持续发展作为主要着眼点，统筹考虑奥运需求管理和城市常态化交通管理，同时最大限度地降低奥运交通需求管理措施对城市正常运行的影响。在往届奥运会交通需求管理措施经验和教训的基础上，北京奥运会交通需求管理措施体现以下两大特点。

第一，兼顾奥运交通需求与城市常态化的交通管理措施。从出行特征，即出行结构和时空分布两方面入手，调整市民出行方式和时空分布，减少道路流量，缓解交通拥堵。总量控制仅限于弹性出行（非通勤出行），结合环境要求，停止建筑施工等措施。不采取放假等影响市民正常工作生活的措施。

第二，北京奥运交通需求管理方案建立在科学评估的基础之上。回顾往届奥运会，对交通需求方案的前期预评估和实施后评估都不够充分和全面，特别是对于方案的负面影响，没有按"科学的预评价—改善方案—实施效果监测"这一系统流程进行全面评估。北京奥运需求管理方案在前期进行了大量科学、系统的预评价，并在全市范围内进行了测试演练。结合理论评价和实践检验后，对奥运期间的需求管理方案进行了多次修正和完善。在后评价阶段，开展大规模的调查，从主观和客观，交通和环境等多个方面对奥运需求管理方案的实施效果进行全面评价，为北京及其他城市的交通管理留下了一笔宝贵的财富。

6.3 北京奥运交通需求管理体系构成

基于可持续发展的原则，统筹考虑奥运交通需求和城市发展需求，最大限度地减少对城市生产生活的影响。北京奥运交通需求管理体系主要从奥运交通保障、城市出行需求（城市可调节的弹性出行）、出行方式和时空分布调整 4 个方面采取措施。一方面保障奥林匹克大家庭的交通服务水平，并综合考虑了社会安全和环境质量的要求；另一方面，对城市交通需求进行部分调节。由于兼顾了交通需求管理的近期和远期规划，在奥运会结束后，奥运会期间的多项措施稍作调整后，已作为城市日常交通管理的措施延续执行。奥运交通需求管理体系构成如图 6-1 所示。

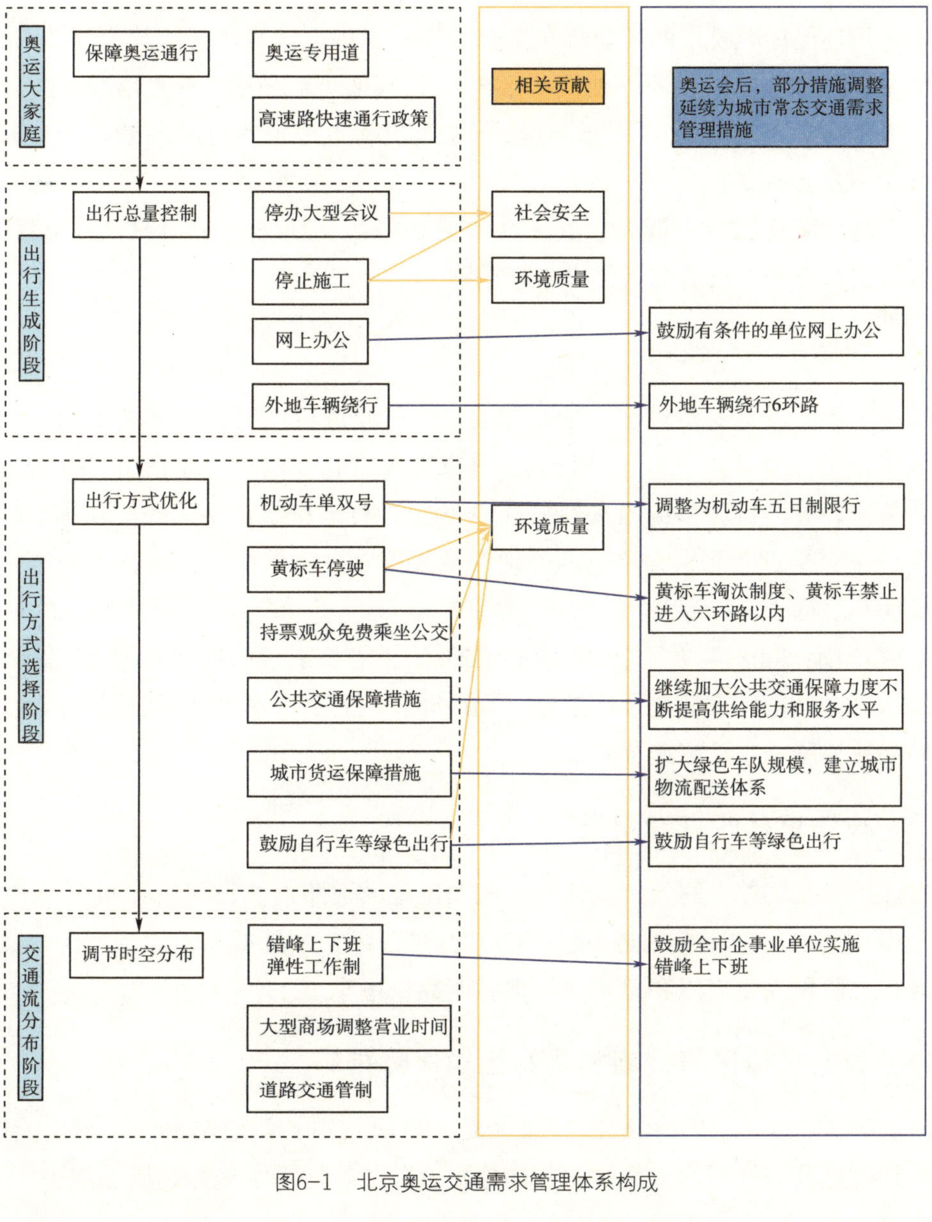

奥运大家庭
保障奥运通行
奥运专用道
高速路快速通行政策

出行生成阶段
出行总量控制
停办大型会议
停止施工
网上办公
外地车辆绕行

出行方式选择阶段
出行方式优化
机动车单双号
黄标车停驶
持票观众免费乘坐公交
公共交通保障措施
城市货运保障措施
鼓励自行车等绿色出行

交通流分布阶段
调节时空分布
错峰上下班
弹性工作制
大型商场调整营业时间
道路交通管制

相关贡献
社会安全
环境质量
环境质量

奥运会后，部分措施调整延续为城市常态交通需求管理措施
鼓励有条件的单位网上办公
外地车辆绕行6环路
调整为机动车五日制限行
黄标车淘汰制度、黄标车禁止进入六环路以内
继续加大公共交通保障力度不断提高供给能力和服务水平
扩大绿色车队规模，建立城市物流配送体系
鼓励自行车等绿色出行
鼓励全市企事业单位实施错峰上下班

图6-1　北京奥运交通需求管理体系构成

基于奥运交通需求管理体系，2008 年北京奥运会和残奥会期间北京市交通保障方案及其配套措施如下。

根据奥运会赛事安排，交通需求管理政策主要分为两个时段实施。

第一时段措施：2008 年 7 月 1 日 ~ 7 月 19 日，实施部分车辆限行措施，逐步由车辆行驶的正常状态过渡到机动车单双号限行状态（城市民生保障车辆和持奥运车证车辆除外）。

未达到环保标准要求的"黄标车"全天停驶；中央国家机关、驻京部队、武警，市属机关、企事业单位全天停驶机动车 30%；其他车辆鼓励"绿色出行、少开车"。外省、区、市货车绕行北京周边的 112 国道；进入本市道路行驶的外省市车辆须符合国 II 尾气排放标准。

第二时段措施：2008 年 7 月 20 日 ~ 9 月 20 日，即从奥运村开村到残奥村闭村。这个时段实施较为严格的交通需求管理措施。

6.3.1 控制机动车使用

未达环保标准的"黄标车"禁止在北京市行政区域内行驶；其他机动车按照车牌尾号实行单号单日、双号双日行驶；北京市各级党政机关、北京市行政区域内各企事业单位停驶的机动车应当达到总量的 70%；外地进京机动车按机动车车牌尾号全天实行单双号进入北京；进京的外地车辆须符合规定的尾气排放标准；进京外地货运机动车绕行 112 国道。

限行范围：2008 年 7 月 20 日 ~ 8 月 27 日，北京市行政区域内道路；2008 年 8 月 28 日 ~ 9 月 20 日，五环路以内道路（含五环路）及有赛事车辆通行的机场高速公路、八达岭高速公路、京承高速公路等。

6.3.2 设置奥林匹克专用道

在连接奥运场馆、赛会人员住地等相关设施的道路内侧设置奥林匹克专用车道，供奥运专用车辆行驶，专用道总长 287km。根据赛会人员抵离、训练、比赛交通运行需求，分阶段逐步启用和停止使用奥林匹克专用车道。

6.3.3 公共交通保障措施和货物运输保障措施

（1）公共汽（电）车和地铁：通过提高运输效率、新增车辆、车辆运能挖潜，地铁旧线改造和新线运营方案优化等措施提高公共客运系统运能和服务水平；

（2）货运：满足城市正常运行的生产生活物资运输。建立奥运期间货运保障公共服务窗口，分行业实施货运保障。

6.3.4 错时上下班

（1）上班时间调整到 9:00 和 9:30，下班时间调整为 17:00 和 17:30；

（2）大型商场每天上午开始营业时间调整为 10:00，适当延长晚上营业时间；

（3）鼓励网上办公和弹性工作制。

6.3.5 人性化保障措施

为保障市民生活不受影响，还制订了相关人性化交通政策及保障措施：

（1）一个家庭拥有两辆单号车或双号车，可以换领牌照；

（2）每天 00:00~3:00，不分单双号，车辆均可上路行驶；

（3）在奥运专用车道和公交车道并行的路段，社会车辆可以借用公交车道行驶；

（4）对停驶的车辆，免征 3 个月的车船税和养路费。

以上措施在保证奥运会期间交通通畅的同时，最大限度地保证市民生活不受影响，人性化的措施得到了广大市民的拥护。

6.4 方案预评估

6.4.1 仿真模型的建立

基于奥运交通系统的特殊性和复杂性，同时考虑国内对于如此大规模国际赛事的交通组织相对缺乏经验，需要应用科技手段建立仿真模型，对奥运期间的各种交通管控措施的有效性和可实施性进行全面评估测试，据此不断优化方案并提出方案实施的措施。

在总结国际奥运交通经验、我国大型活动交通需求预测经验以及北京奥运交通分析的基础上，利用宏观交通仿真工具 VISUM 搭建基于活动链的北京市六环路内主要道路网络的仿真平台；根据需求分析结果，进行奥运期间交通仿真模拟，预测分析奥运交通需求管理方案的实施效果；最后，在考虑现实条件的前提下，尤其是考虑北京市既有公共客运服务系统的支持能力、路网条件和交通组织管理能力的前提下，针对仿真分析的结果，提出奥运交通需求管理的优化方案。模型搭建的技术路线如图 6–2 所示。

依据仿真模型，选取出行总量、出行结构、公共交通客运量、道路网络负荷度、各等级道路负荷度作为评价指标，具体量化分析奥运交通需求管理的实施效果。

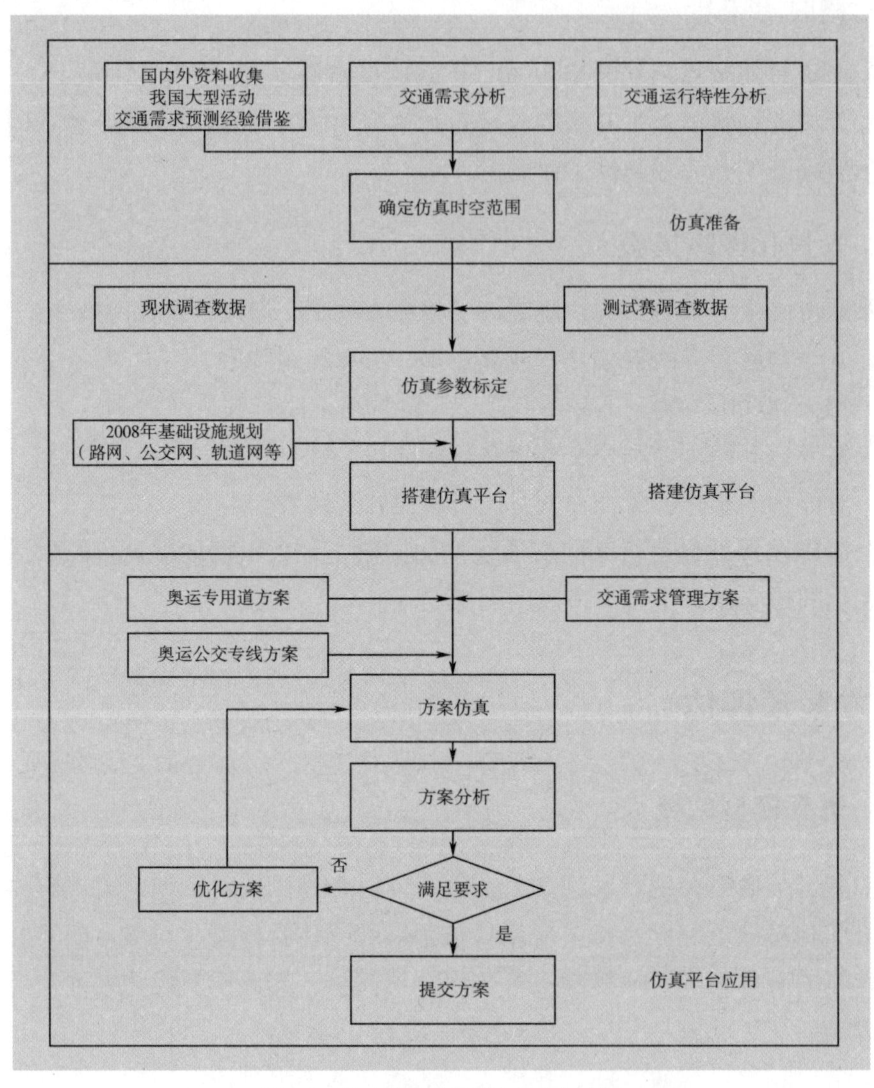

图6–2　北京奥运仿真模型技术路线图

6.4.2　交通需求管理方案预评估结果

基于北京市奥运交通仿真模型，针对北京市奥运交通需求管理“一揽子”措施实施效果进行仿真模拟，得到以下主要结果。

（1）出行总量。通过采取交通需求管理措施，六环路以内工作日日出行总量为3125万人次，除去步行总出行量为2506万人次。和采取措施之前相比，总出行量减少300万人次（图6-3、表6-2）。

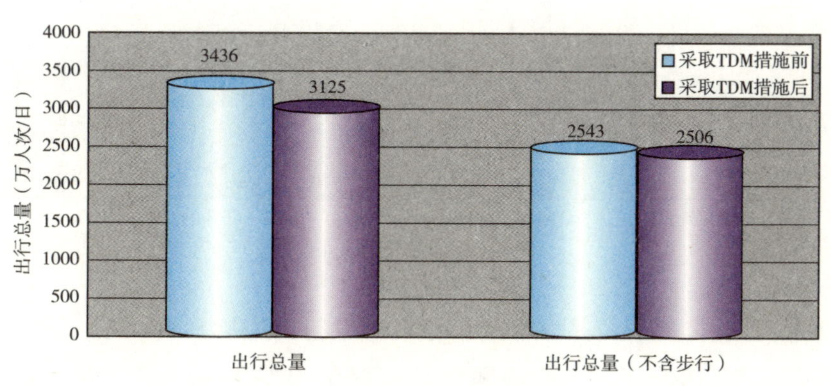

图6-3 TDM措施前后出行总量对比

表6-2 实施TDM措施前后各种交通方式的出行总量对比

交通方式	日出行量（万人次/日）	
	措施前	措施后
小汽车	852	458
公共交通	890	1143
出租汽车	188	242
班车	51	74
自行车	562	589

（2）出行结构特征。采取措施后公共交通（轨道交通、公共电汽车）出行比例将从实施前的35%提高到45.7%，公共交通日客运量将达到1863万人次。其中，公共汽（电）车承担1478万人次的客运量，轨道交通将承担385万人次客运量。出租汽车出行比重也有所增加，日出行量增加50万人次，达到每天客运量242万人次。小汽车出行量相应减少394万人次/日，乘载率由方案实施前的1.26提高到实施后的1.59（图6-4）。

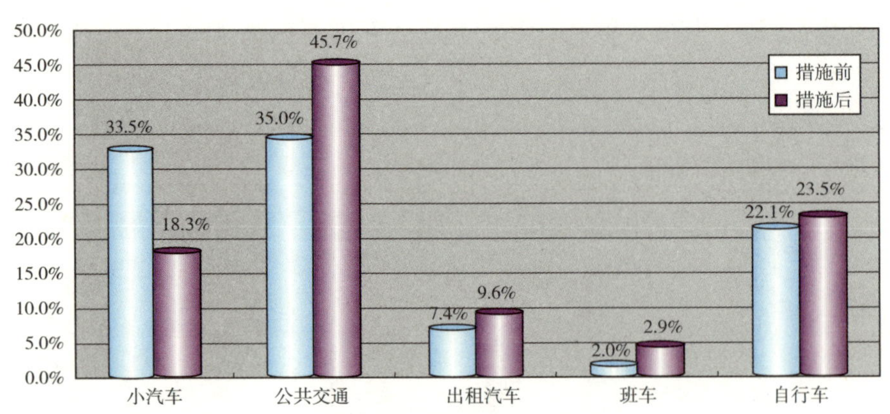

图6-4 TDM措施前后出行结构对比

（3）公共交通客运量。采取机动车单双号限行措施后，机动车方式的出行会向其他方式转移，奥运期间公共交通客运量在2007年常规出行需求的基础上将增加465万人次／日，由公共汽（电）车、轨道交通和出租汽车共同承担，各方式分担情况如下：

①公共汽（电）车新增客运量280万人次，含观众、工作人员、志愿者客运需求105万人次；

②轨道交通新增客运量110万，含观众、工作人员、志愿者客运需求45万人次；

③出租汽车新增客运量75万人次；

（4）交通运行状况分析。实施奥运需求管理措施后，北京市早高峰（8:00~9:00）快速路和主干路的平均负荷在0.6左右，但仍有部分路段存在拥堵现象，如八达岭高速五环路以外部分区段、京开高速进三环部分区段、新街口南大街部分区段（表6-3）。

表6-3 不同路段道路负荷表

快速路、主干路负荷	路段长度所占比例（%）
$vc \geq 1$	4
$0.8 \leq vc < 1$	22
$0.5 \leq vc < 0.8$	53
$vc < 0.5$	21

快速路平均车速40km/h左右，主干路平均车速25km/h左右；轨道交通得到有效利用，承担了公共交通35%的客运量，地铁1号线和5号线的最大断面流量达到32000人/h左右，其运能基本能够满足奥运需求。图6-5~图6-8分别是早高峰8:00~9:00的道路负荷图、速度图、流量图、公共交通客运量图。

可见，在需求管理措施有效实施的情况下，交通运行状况良好，能够满足奥运交通要求。

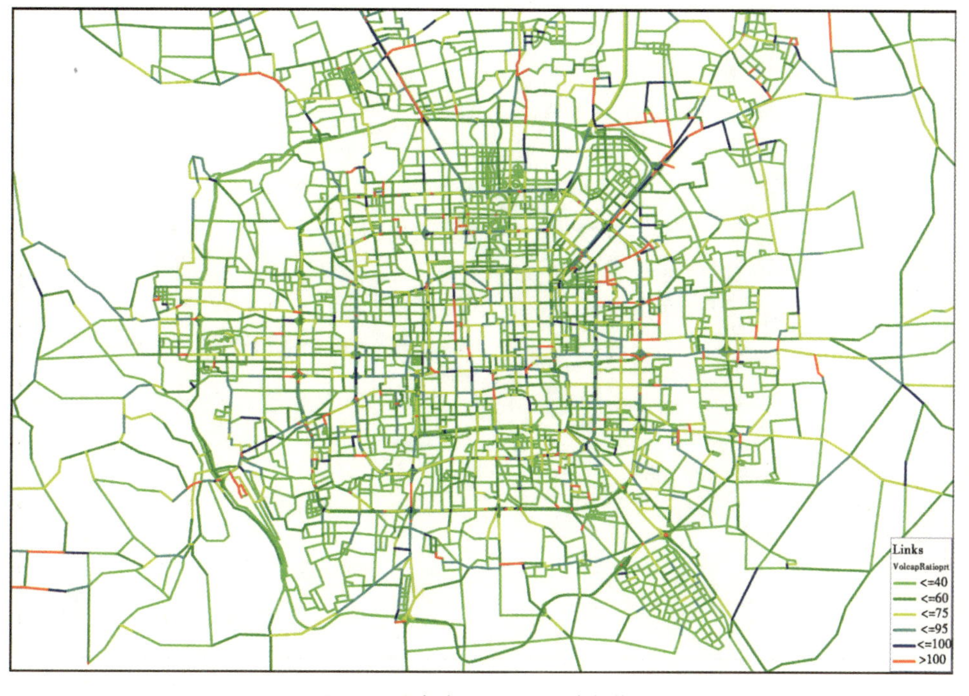

图6-5　早高峰8:00~9:00道路负荷图

图6-6　早高峰8:00~9:00道路速度图

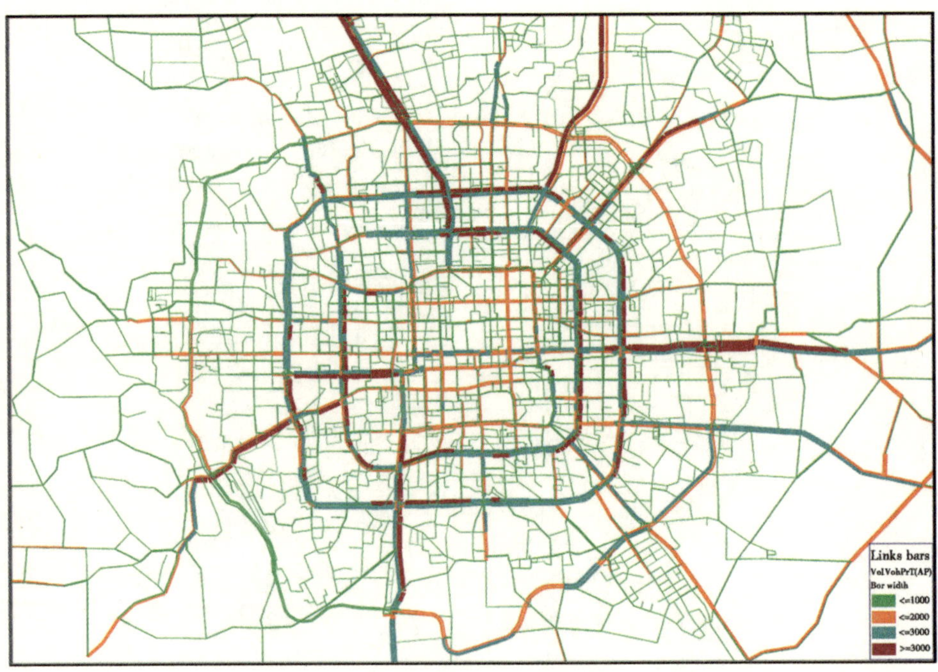

图6-7　早高峰8:00~9:00道路流量图

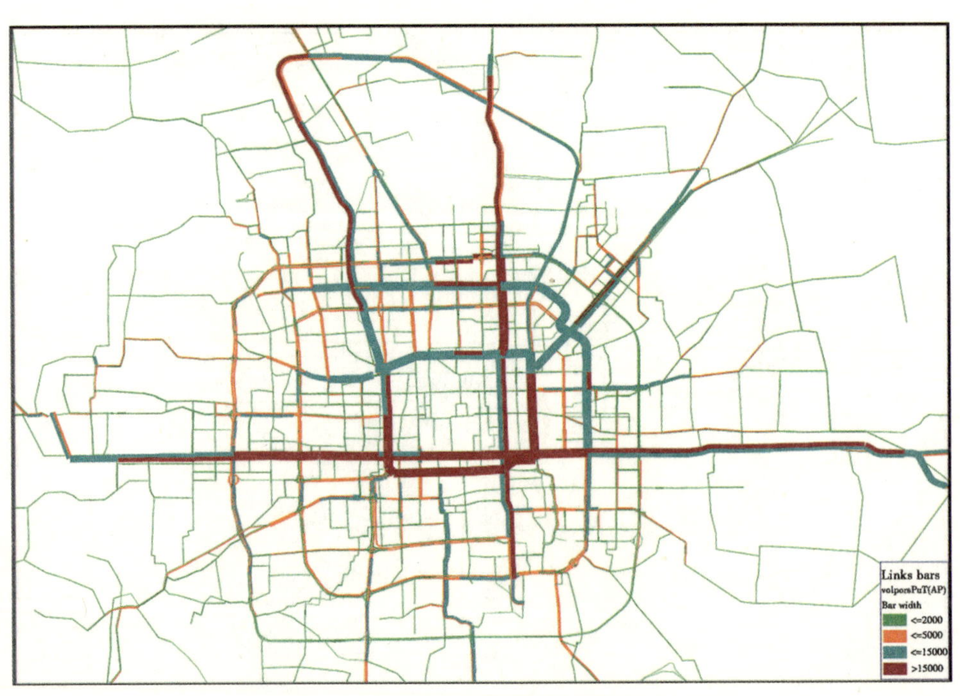

图6-8　早高峰8:00~9:00公共交通客运量图

6.4.3 交通需求管理预评估建议

通过测试评估，不仅在几个比选方案中筛选出理想方案，而且对方案实施提出重要建议。

（1）北京奥运交通需求管理措施涉及面广，且单双号等措施又是首次大规模实施，对市民的正常生活会造成一定的影响，建议相关部门提早宣传引导，积极争取市民的理解和支持。

（2）根据模型分析，实施了机动车单双号等交通需求管理措施后，公共交通的出行比例将达到45%，较实施前每日增加412万人次的客运量。因此建议相关部门应该制订切实可行的地面公交、地铁和出租汽车的运力保障方案，保证公共交通运力满足新增需求。

（3）模型结果显示，实施交通需求管理措施后，早高峰仍有部分路段道路负荷度较高，如八达岭高速五环路以外部分区段、京开高速路进三环路部分区段、新街口南大街等部分点段。建议相关部门制订相应的交通管理和疏导措施，保障全市路网运行畅通。

6.5 奥运前实际演练测试

在仿真模型预评价的基础上，北京市分别在2006年和2007年，结合“中非合作论坛北京峰会”和“好运北京测试赛”，在全市范围内实施了机动车限行等交通需求管理措施。通过实际演练的检验，一方面更加坚定了北京市实施奥运交通需求管理措施的决心和信心，另一方面在实施检验基础上对部分奥运期间的交通需求管理方案进行了调整和补充完善。

6.5.1 实际演练之一——“中非论坛”

2006年11月1~6日，中非合作论坛北京峰会在京召开。37个非洲国家元首和6个非洲国家政府首脑、非洲委员会负责人、联合国非洲事务负责人以及与会各国代表和记者3500余人齐聚北京。为了保障论坛期间正常的交通运行和良好的交通秩序，北京市采取了拟用于奥运会的需求管理方案（非全部），包括：错时上下班、限制公车出行、加大公共交通保障力度、部分道路限行等综合性措施，以便检验方案的可行性和效果。检验证明，这些措施在引导市民减少小汽车出行改乘公共交通方面确有成效，为保障交通畅通发挥了预期作用。

6.5.1.1　中非论坛期间的需求管理措施

峰会期间，通过合理调整安排，适当削减交通流量，驻京中央、国家机关、部队、企事业单位的公务用车按照保有量 50% 比例封存，市属各机关、单位以及外省市各级驻京机关按照保有量 80% 比例封存，远郊区县进入五环路以内的车辆总量削减 80%。峰会期间，交通管理部门将利用综合信息网核查封存车辆是否出行，检查结果在全市通报。

同时社会团体发起“绿色出行,奔向奥运‘少开一天车’在行动”大型公益活动。该活动号召广大市民在“中非合作论坛”举办期间（2006 年 11 月 2~5 日）尽量选择绿色出行方式，倡导市民在 11 月 2 日和 3 日不开车，选择绿色出行方式，在 4 日和 5 日尽量少开车，总计 41 万市民签名参与该项活动。

6.5.1.2　实施效果

交通需求管理措施的实施，使得路网负荷度明显下降，快速路和主干道流量平均下降了 10%，速度平均提高了 18%。

（1）路网流量。

图 6-9 将西二环路中非论坛期间（2006 年 11 月 1~7 日，1 日为周三）的流量与中非论坛前一周（2006 年 10 月 21~27 日，27 日为周三）的流量进行了对比，从图中可以看出，中非论坛期间西二环路的流量较前一周均有不同程度的下降，流量平均下降了 7.9%。

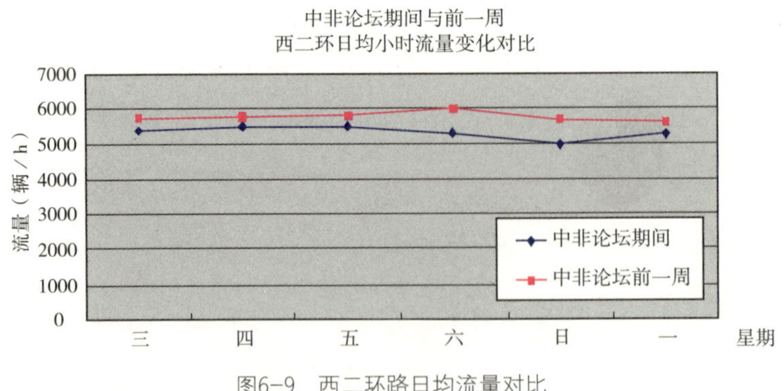

图6-9　西二环路日均流量对比

（2）路网运行速度。

图 6-10 将西二环路中非论坛期间（2006 年 11 月 1~7 日，1 日为周三）的旅行速度与中非论坛前一周（2006 年 10 月 21~27 日，27 日为周三）的速度进行了对比，

从图中可以看出，中非论坛期间西二环路的车辆行驶速度较前一周也有不同程度的提高，平均提高了 14.5%。

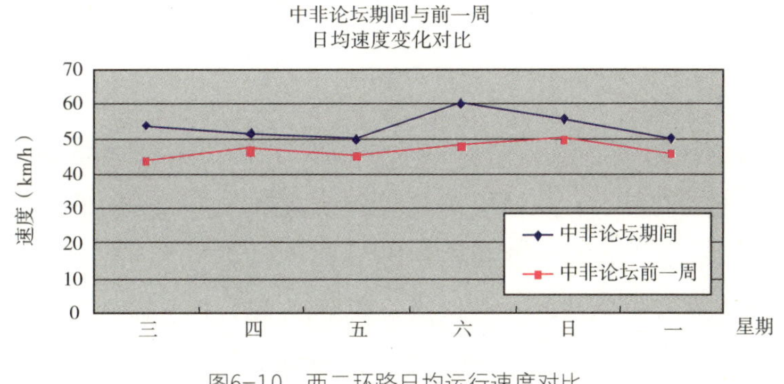

图6-10　西二环路日均运行速度对比

除了道路运行状况明显改善之外，民意调查表明，大部分人认为中非论坛期间的交通秩序和总体服务水平也比平时好。近 45% 的市民认为论坛期间交通运行状况良好，有 26.1% 的驾车人和 15.6% 的行人，认为论坛期间能够节省在途时间 30min 以上。这说明论坛期间的需求管理措施起到了很好的作用。

6.5.2　实际演练之二——“好运北京”

6.5.2.1　采取的需求管理措施

在“好运北京”综合测试赛期间的 2007 年 8 月 17~20 日，北京市对本市行政区域内道路采取临时交通需求管理措施，并对空气质量和交通运行进行测试。采取的临时交通需求管理措施有以下几个方面：

（1）全市机动车按照车牌尾号，分单双号停驶；

（2）市属机关和部分事业单位实行错时上下班；

（3）调整大型活动时间：除国际性大型活动外，原则上在 2007 年 8 月 18~20 日期间停止大型活动（如大型商业促销活动等）；

（4）调整渣土运输时间：除为奥运工程运输渣土的车辆外，在 2007 年 8 月 17~20 日期间其他渣土运输一律停止。

为保障上述管控措施顺利实施，在公共客运系统服务方面采取了相应措施。

地面公交通过内部挖潜，投入全部机动运力，每天增加 700~800 部运营车辆，同时由于社会机动车停驶，公共汽（电）车运行速度提高了 15%，每日运行车次将增加 10% 以上，增加运能 140~180 万人次 / 日。

轨道交通按照早高峰提前30min、晚高峰延迟30min安排高峰运力，同时配备多组备份列车，根据客流变化适时加开临客，增加运能20~30万人次/日。

由于社会机动车停驶，主要干道车速提高，6.6万辆出租汽车增加运能40~50万人次/日。

6.5.2.2 实施效果

测试期间北京市机动车总保有量已达到305万辆，单号日停驶车辆131万辆，双号日停驶车辆136万辆。在测试赛8月17~20日的4天内，仅有5648辆机动车违反单双号规定上路，占全市机动车保有量的0.19%。

测试期间由于多方采取措施，外地进京车辆减至1.85万辆/天，同比减少63%。

测试期间路网工作日早高峰（7:00~9:00）机动车流量比测试赛前同期下降15%左右，其中小汽车流量下降了27%；周末早高峰（7:00~9:00）机动车流量比上周同期流量下降22%左右，其中小汽车流量下降了33%。

测试期间路网工作日早高峰路网整体运行速度为28.25km/h，比上周同期速度提高了25.3%；周末早高峰路网整体运行速度为35.95km/h，基本与上周同期运行速度持平（图6-11）。

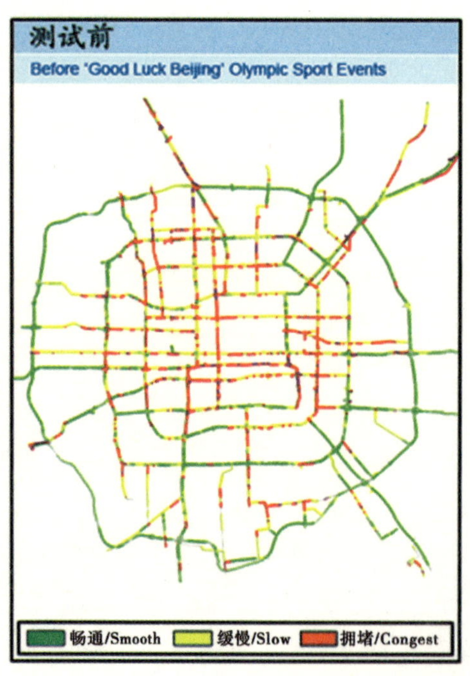

图6-11 早高峰路网运行速度对比

测试期间公共交通（含地面公交、地铁和出租汽车）日均客运量达到 1847 万人次，同比净增 248 万人次 / 日，提高了 15.5%。

通过对市民进行街边问卷调查，市民对地面公交普遍反映良好，公交运行速度快，候车时间明显缩短。约 70% 的市民感觉测试期间公交运行速度比平时快。

6.5.3 两次测试演练的启示

通过两次测试演练，对奥运期间拟实施的交通需求管理“一揽子”方案实施效果进一步验证，同时得到如下启示。

（1）削减小汽车出行量是需求管理的核心，是决定成败的关键。

中非论坛北京峰会和测试赛期间均采取政府带头、市民响应，减少机动车流量。具体做法是：

① 提高小汽车的使用成本，引导合理使用；

② 鼓励公交出行和单位班车；

③ 提高中心区停车收费价格；

④ 加强占道停车等秩序管理，还便道于民；

⑤ 加快建设小汽车驻车换乘系统（低费或免费）；

⑥ 制订减少小汽车使用的鼓励政策。

（2）错时上下班、调整商业服务业营业时间等“削峰填谷”管理措施尚有进一步推广应用的空间。

中非论坛北京峰会和测试赛期间，北京市政府机关、事业单位上下班时间以及商业营业时间都进行了调整，公交、地铁、交通流量都出现了削峰填谷的态势，高峰通勤交通的集中程度明显降低。

（3）优质可靠的公交服务是实施需求管理必要的保障条件。

中非论坛北京峰会和测试赛期间公交、地铁增加运力、延长服务时间、缩短发车间隔，加之削减流量，公共交通运营服务水平大大提高。乘客普遍反映等候时间短、不拥挤、路畅通、准点到。可借鉴的做法有：

① 加快轨道交通建设；

② 调整票制票价；

③ 优化公交线网；

④ 完善公交场站；

⑤ 加大路权优先力度；

⑥ 加强公交行业运营服务监管。

（4）发挥广大市民在需求管理中的主体作用。

中非论坛峰会和“好运北京”测试赛期间采取交通需求管理措施的经验表明，只有依靠各种媒体广泛宣传需求管理措施，加之各管理部门指挥调度协调联动，对所有市民全覆盖无盲区的信息发布，让全体市民深入了解需求管理方案的全部内容，形成共识，从而赢得市民对需求管理措施的全力支持，才能确保“一揽子”方案获得预期的效果。可借鉴的做法有：

① 加快建设智能交通系统，整合与共享交通信息，建立实时交通信息发布制度，向所有交通参与者提供全方位的实时交通信息服务；

② 加强与市民信息沟通，树立现代交通理念；

③ 充分发挥各类民间组织作用，鼓励绿色出行，动员市民广泛参与“排堵保畅”行动。

（5）出台人性化的补偿措施。

“中非论坛”北京峰会和“好运北京”测试赛期间，北京市民按照政府要求和号召，不开车，少开车，没有出现关于车船使用费、养路费等经济补偿诉求。但是考虑这两次演练的时间跨度短（中非论坛持续了6天，测试赛单双号措施持续了4天时间），对机动车使用的影响较小。而奥运会、残奥会历时将近2个月，市民在2个月内的时间内无法正常使用机动车。因此在测试后提出建议，在奥运期间实施“一揽子”需求管理方案时，要对市民进行一定的经济补偿，可采取返还养路费、减免车船税等方式。

6.6　“一揽子”方案实施效果后评价

奥运期间北京的交通拥堵问题得到有效解决，道路通行能力大幅提高，社会各界和媒体交口称赞。美国《华盛顿邮报》称“这座城市出了名的交通拥堵现象几乎不见了”，英国《泰晤士报》也刊文说“在最伟大的奥运会竞争中，北京冲到了前面”，称赞北京奥运会组织有序，交通顺畅。

北京奥运交通得到如此高的评价，一方面与交通基础设施建设、优先发展公共交通密切相关，另一方面得益于奥运交通需求管理政策。

为了对需求管理“一揽子”方案实施效果作出科学评价，在奥运期间对全市交通运行进行了不间断无盲区的跟踪调查，得到以下结果。

6.6.1 出行率略有下降，出行总量未明显减少

（1）实施交通需求管理措施后，北京市总出行率由 1.87 次 / 日减少为 1.7 次 / 日，降幅 9%。有车市民在机动车限行后机动车出行率明显下降。

（2）由于奥运会期间鼓励弹性工作等，不同职业人群出行率呈现不同变化（图 6–12）：由于放假，学生出行率有所下降；工人、科技人员、普通职员出行率有所下降；由于执行公务，专职驾驶员、警察出行率有所增加。

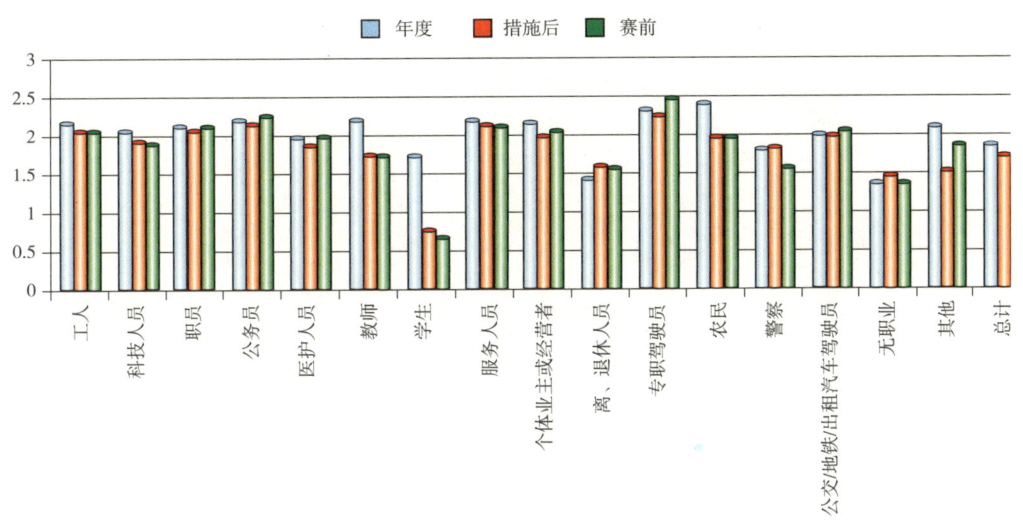

图6–12　不同职业人员总出行率对比

在实施了奥运“一揽子”需求管理措施后，市民出行总量较日常仅略有下降，主要体现在非通勤目的的弹性出行减少，这与方案预评估的结果趋势一致。

6.6.2 出行结构得到显著改善

实施机动车限行措施后，有车市民小汽车出行方式向其他交通方式转移，主要为公共交通，其次为出租汽车和自行车方式，转移到步行方式相对较少，出行结构明显改善。

公共交通出行比例由 2008 年上半年的 35% 提高到 45%，小汽车出行比例下降了近一半，其他出行方式如公共汽（电）车、地铁、出租汽车、自行车出行，均明显上升。

6.6.3 出行时间分布的高度集聚特征有所改善

错时上下班政策显现效果，早高峰时间后移并延长，但早高峰削峰效果不明显；晚高峰略有下降。出行起始（出发）时间从集中在 7:00~8:00，后移并拉长到 7:00~9:00，高峰出行量峰值有所平抑（图 6-13）。

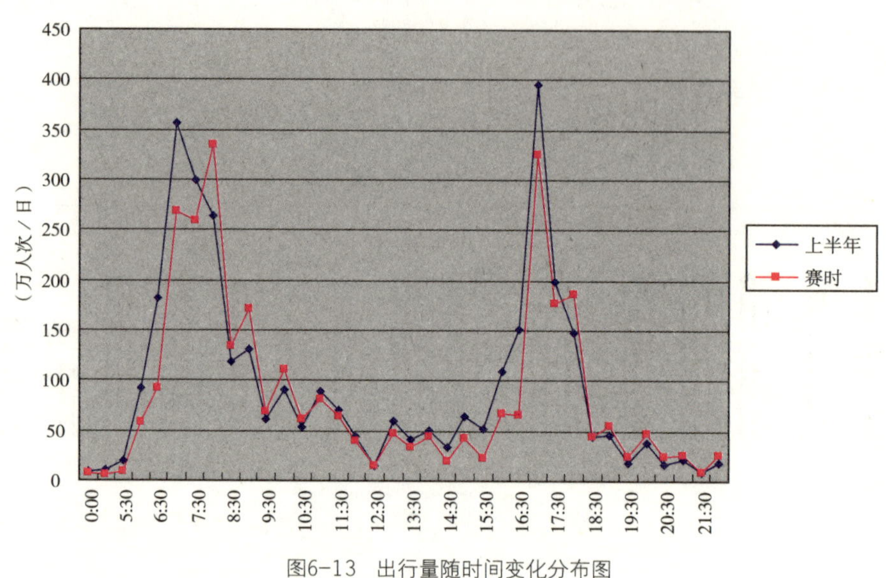

图6-13　出行量随时间变化分布图

6.6.4 道路交通运行保持通畅

（1）流量：道路交通流量下降 22.6%。与单双号限行前相比，奥运会赛事期间路网负荷量下降了 22.6%。

奥运期间小汽车、大货车、小货车、非公交大客车、摩托车出行量都有不同程度的下降。奥运期间整体机动车流量下降贡献度最大的是小汽车，下降幅度为 34.2%。

在机动车整体负荷量下降的同时，出租汽车流量在奥运赛时有明显增加，与限行前相比增长 33.57%。

（2）路网运行：拥堵指数[1]2.45，早高峰路网平均速度 30.2km/h，提高 6.7km/h（28.5%）。

奥运会交通拥堵指数为 2.45，与单双号限行前相比有明显改善；各等级道路拥

[1] 注：描述路网拥堵状况的指数。根据路网运行状况，将拥堵程度划分为五级：0~2表示非常畅通，2~4表示畅通，4~6表示轻度拥堵，6~8表示中度拥堵，8~10表示严重拥堵。

堵里程比例明显减小，其中，奥运会期间路网早晚高峰严重拥堵里程比例分别下降 6.1 和 6.8 个百分点；交通拥堵持续时间由单双号限行前的 5 小时 45 分下降为 0 小时（表 6–4、图 6–14）。

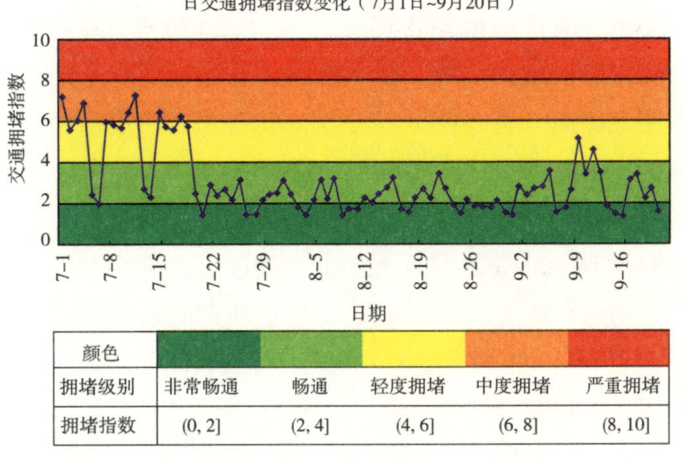

图6–14 日交通拥堵指数变化（2008年7月1日～9月20日）

表6–4 奥运会期间五环路内道路速度情况（工作日，km/h）

类别	早高峰			晚高峰		
	7月1日~7月19日	8月8日~8月24日	9月6日~9月17日	7月1日~7月19日	8月8日~8月24日	9月6日~9月17日
快速路	39.6	29.8	27.5	34.8	25.4	24.8
主干道	25.8	44.2	41.2	22.4	37.6	36.9
次干道和支路	22.1	28.5	26.2	19.8	23.8	23.5
全路网	27.0	24.1	22.0	23.8	21.2	20.2

6.6.5 公共交通系统发挥了强大支撑作用

奥运需求管理“一揽子”方案之所以成功，在很大程度上归功于公共交通系统的有力支持。

（1）公共汽（电）车。

奥运会期间公共汽（电）车通过提高运输效率、新增车辆、运能挖潜等措施约增加运力 284 万人次 / 日。由于社会车辆单双号上路行驶，公共汽（电）车运行准点率提高，每日上路运行公共汽（电）车 1.7 万余部，日均发车 17.2 万车次。奥运会期间，公共汽（电）车日均客运量 1352 万人次，车辆满载率在 50%~60%。

由于以上公交保障措施的实施，公交服务水平有所改善，奥运赛时 74% 的人认为车辆运营速度明显提高，近 50% 的人认为车内拥挤程度有所缓解，50% 的人认为等车时间有所缩短，服务水平提高明显。

（2）地铁。

地铁运营线路达到 200km，车站 123 座。通过旧线改造和新线开通、缩短发车间隔等措施日均新增运输能力约150万人次。奥运会期间地铁全网8条线路运营安全、稳定、有序，日均开行 4303 列次，日均客运量达到 416 万人次。近 50% 的人认为等车及换乘时间明显缩短。

（3）出租汽车。

奥运会期间，全市 6.6 万辆出租汽车运行状态良好，日均客运量为 240 万人次。乘客对出租运行服务评价较好，有超过 70% 的人认为出租车运行速度明显提高。

6.6.6 市民对奥运需求管理“一揽子方案”实施效果的反应

（1）市民大力拥护奥运期间的交通需求管理政策，单双号限行措施支持度超过 90%（图 6-15、图 6-16）。

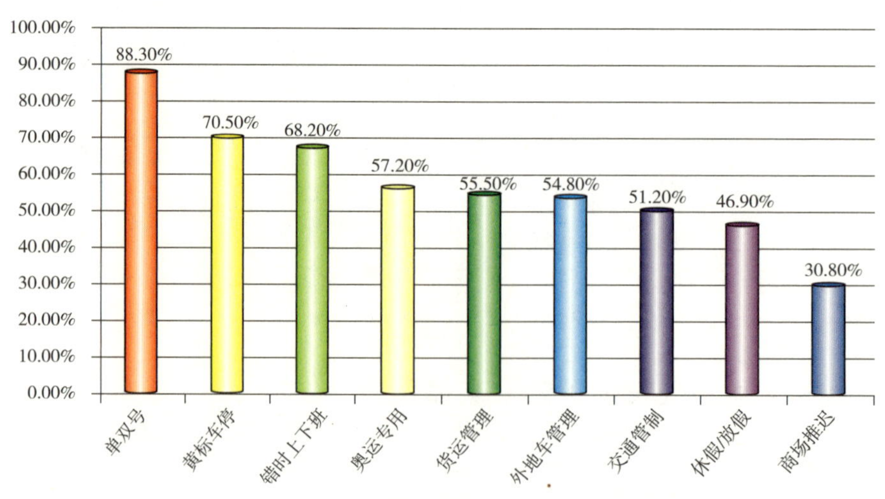

图6-15　各项措施的支持度分析—小汽车使用者

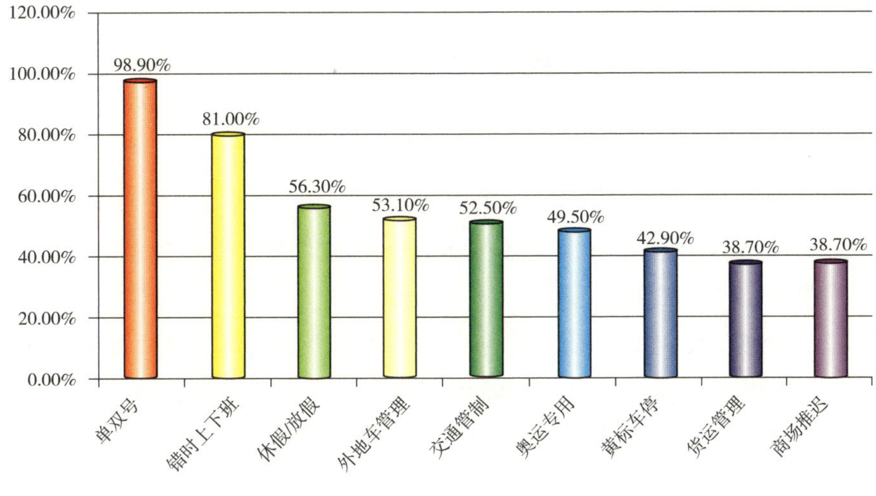

措施	支持度
单双号	98.90%
错时上下班	81.00%
休假/放假	56.30%
外地车管理	53.10%
交通管制	52.50%
奥运专用	49.50%
黄标车停	42.90%
货运管理	38.70%
商场推迟	38.70%

图6-16 各项措施的支持度分析—公共交通乘客

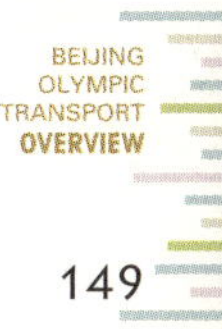

（2）93% 的市民感觉奥运会期间交通更畅通。

（3）约 50% 的公共交通乘客认为公交和地铁的服务水平有提高。

6.7 奥运会后北京交通需求管理常态化

奥运会的成功举办将大大加快北京经济社会现代化、城市化与城市交通机动化的发展进程。未来几年，不仅交通需求总量仍会持续快速增长，需求构成的多样性和复杂性也将更加突出。预计 2015 年之前北京的人口与机动车保有量仍将维持快速增长势头。不断膨胀的小汽车交通需求与十分有限的城市资源、环境承载力之间难以调和的矛盾仍然是城市交通发展面临的主要挑战，城市交通形势依然严峻。

奥运会后，北京继续加大了交通需求管理和公共交通优先发展的力度。推行从严从紧的需求管理实施方案，有效调控小汽车交通需求。机动车单双号限行在奥运会期间成功实施，并取得显著效果。奥运会后北京市政府根据市民意见对该项措施进行了调整，由单双号限行变成“每周少开一天车”，限行时间为 6:00~21:00（后改为 7:00~20:00），范围缩小至五环路内，且定期轮换限行日。实施监测显示，路网运行良好。从 2008 年 8 月至 2009 年底，尽管汽车保有量新增 70 多万辆，未出现往届奥运会后普遍出现的“拥堵反弹”，市民普遍理解、支持并遵守此项管理对策的常态化实施。

与此同时，确保公共交通对城市资源的优先使用，以快捷、通达的公交服务应对小汽车交通的挑战；继续落实公共交通优先发展的战略，加快轨道交通建设，加强全市轨道交通建设的统筹协调管理；优化线网、建立快速通勤系统，不断提高公共交通服务水平。只有这样，常态化的需求管理科学体系才可得以进一步完善和巩固。

要全面落实“人文交通、绿色交通、科技交通”三大理念，以人为本，倡导绿色出行方式，鼓励自行车、步行以及公共交通等节能、环保交通工具，在公共交通吸引力，交通出行效率，道路交通安全水平，交通节能减排和城市物流配送等方面有所提高（图 6-17），工作重点是：

（1）保持交通基础设施投资规模与社会经济同步增长，继续优化交通投资结构；

（2）为实施城市空间发展及区域经济一体化战略提供交通支持；

（3）全方位开展交通信息化与智能化建设；

（4）关注细节，开展交通系统“六大文明”建设工作；

（5）理顺体制，完善机制，为交通发展创造良好条件。

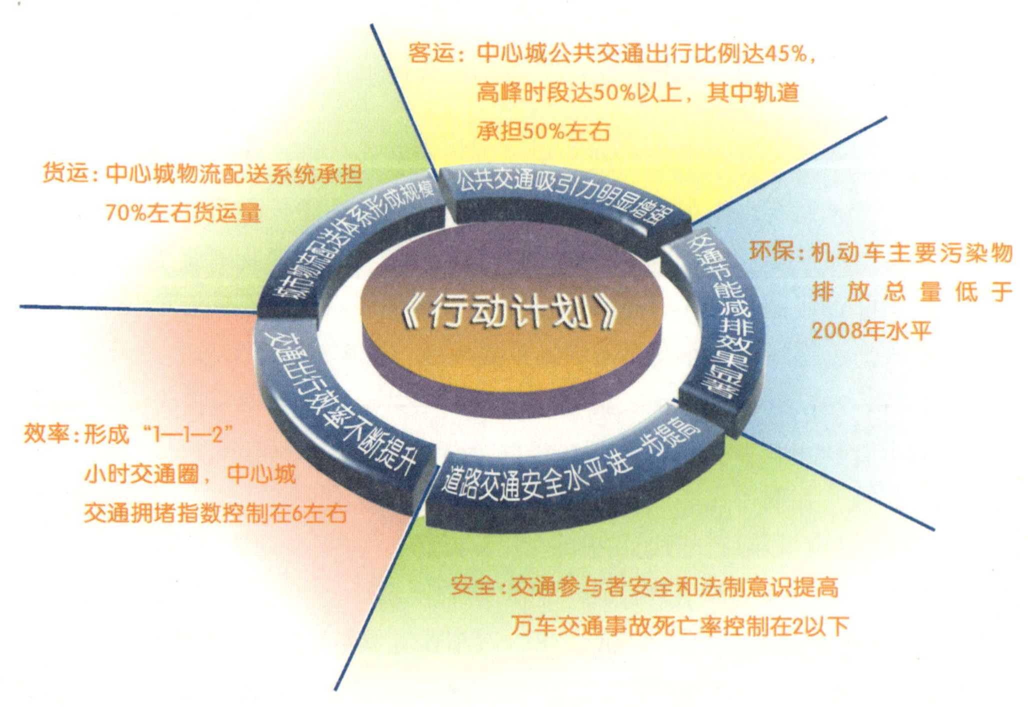

图6-17　落实“三大理念”交通行动

7 奥运交通运行及交通服务保障

7.1 运行组织架构

北京奥运交通组织架构经历了前期筹办阶段、后期统筹阶段和赛时运行阶段三个不同时期的变化调整，以下是各阶段组织架构调整的关键时间节点。

前期筹办阶段（2001 年 12 月~2006 年 5 月）：

2001 年 7 月 13 日，北京申奥成功；

2001 年 12 月 13 日，北京奥组委成立；

2002 年 10 月，设立北京奥组委运动员服务部安保交通制证处；

2003 年 4 月，设立北京奥组委运动员服务部交通处；

2005 年 11 月，北京奥组委交通部筹备组成立。

后期统筹阶段（2006 年 6 月 ~2008 年 4 月）：

2006 年 6 月，北京奥运会交通工作协调小组成立；

2006 年 6 月，北京奥组委交通部正式成立。

赛时运行阶段（2008 年 5 月 ~2008 年 9 月）：

2008 年 5 月，北京奥运会残奥会运行指挥部成立；

2008 年 6 月，设立交通与环境保障组（第 9 组）。

进入 2008 年后，随着奥运筹办工作由后期统筹阶段向赛时运行阶段过渡，在北京奥运会残奥会筹办工作领导小组的领导下，成立了北京奥运会残奥会运行指挥部，运行指挥部下设调度中心、竞赛指挥组、安全保卫组和交通与环境保障组等 11 个工作机构。

下文重点介绍奥运赛时交通运行组织指挥体系。

7.1.1 北京奥运会残奥会运行指挥部

为确保北京奥运会残奥会的顺利举行，结合从筹备阶段到赛时运行阶段转换的实际需要，2008 年 5 月，在北京奥运会残奥会筹办工作领导小组领导下，成立了北京奥运会残奥会总指挥部（以下简称总指挥部），在总指挥部下，成立北京奥运会残奥会运行指挥部（以下简称运行指挥部）。运行指挥部的职责是：负责赛时阶段主赛区奥运会残奥会日常运行事务及北京城市保障工作；负责奥运会残奥会赛事运行；联络国际奥委会赛事协调办公室。

运行指挥部指挥长由北京奥组委执行主席、北京市市长担任，运行指挥部运行副指挥长分别由北京市和奥组委的有关领导担任。

运行指挥部（又称主运行中心）内设 11 个工作机构，分别是：调度中心、竞赛指挥组、外事联络组、安全保卫组、宣传文化组、机场协调组、服务协调组、人力资源及志愿者工作组、交通与环境保障组、技术及网络保障组、工程设施保障组。

交通运行组织工作职能划归交通与环境保障组。

7.1.2 交通与环境保障组

7.1.2.1 概述

交通与环境保障组主要负责协调奥运会残奥会期间交通服务工作；组织做好空气质量的监测、预报，实施大气、水、噪声、固体废物污染源监管，参与环境安全应急保障工作；协调奥运景观建设、环境卫生、环境秩序维护；组织落实全市水源、供水、排水、水环境及安全迎汛工作；组织花卉布置、绿化养护、森林防火工作；负责奥运会开闭幕式人工消（减）雨工作协调（领导）、组织和指挥等各项工作。

对应交通与环境保障组的职责，交通与环境保障组的组长由中共北京市委一位常委、北京市一位副市长、北京奥组委一位执行副主席和国家交通运输部公路司主管副司长、国家环境保护部污染控制司司长、国家铁道部运输局副局长分别担任；执行组长由北京市政府副秘书长、北京市交通委员会主任、北京市环境保护局局长分别担任。

7.1.2.2 交通与环境保障组内设机构及职责

交通与环境保障组下设 7 个职能部门，分别是：交通运行中心、环保工作组、环境工作组、水务工作组、人工影响天气工作组、园林绿化工作组、值班室（办公室）。

交通与环境保障组各部门主要职责分工如下。

（1）交通运行中心：负责统筹赛事交通运行、城市交通运行管理、运输服务和设施保障；协调民航、铁路、水运等各类交通服务系统的运输服务；负责突发事件处置的组织协调；组织实施奥运期间各项交通需求管理政策方案，协调外地进京车辆绕行等交通组织工作。在确保赛事交通“安全、准点、可靠、便利”的前提下，努力实现赛事交通和城市社会交通和谐运转。

（2）**环保工作组**：在奥运会筹备阶段和奥运会举办期间，以大气污染防治工作为重点，组织进行大气污染源监管，组织实施奥运期间临时限停减排措施和极端不利气象条件下空气污染应急措施；进行大气环境质量监测、预报；同时组织水环境、声环境、辐射环境、危险废物监管，参与环境安全应急保障和反恐工作，为赛时运行和保障提供环保支持。

（3）**环境工作组**：负责协调组织环境整治、奥运景观建设与管理、环境卫生管理、环境秩序维护等工作；负责实现与场馆运行团队的无缝隙对接，联系公路自行车、马拉松、铁人三项等开放性赛事运行团队以及火炬接力等开放性活动运行团队，全力做好起点、终点、沿线的赛道及周边的奥运景观建设、环境秩序维护和环境卫生保障工作。

（4）**水务工作组**：负责奥运期间全市水源、供水、排水、水环境及安全迎汛工作，与奥运场馆相关运行团队全面对接，统一协调、调度奥运运行与城市运行保障事宜，迅速指挥处置突发性涉水事件。

（5）**人工影响天气工作组**：负责奥运会开闭幕式人工消（减）雨工作协调（领导）、组织和指挥。旨在针对北京2008年奥运会开闭幕式日（8月8日和24日）奥运会主场馆可能出现的降雨天气或奥运会期间可能出现的降雹天气，采用人工影响天气技术，来减轻或排除降雨、降雹天气对奥运会赛事的不利影响。

（6）**园林绿化工作组**：负责城市环境花卉布置、奥运场馆花卉布置、天安门广场花坛工程，奥运礼仪花卉配送，城市和奥运场馆绿化正常养护及应急抢险，森林防火及危险病虫害的防治和公园游览服务等工作。

（7）**值班室（办公室）**：负责行使办公室的相关职能，负责工作信息、值班、会议办理、公文处理等工作。

7.1.3 交通运行中心

7.1.3.1 概述

作为运行指挥部交通与环境保障组最重要的工作部门之一，交通运行中心的工作目标是“在确保赛事交通‘安全、准点、可靠、便利’的前提下，努力实现赛事交通和城市社会交通和谐运转”。交通运行中心主任由北京市交通委员会主任、北京市公安局公安交通管理局局长、北京奥组委交通部部长、北京市交通委员会主管副主任担任。

执行主任分别由北京市公安局公安交通管理局、奥组委交通部、北京市路政局、北京市运输管理局和北京市交通执法总队的领导担任。

7.1.3.2　内设部门及职责

交通运行中心的成员单位包括北京市交通委员会、北京市公安局公安交通管理局、北京奥组委交通部、北京市路政局、北京市运输管理局、北京市交通执法总队、北京公交集团、北京市地铁运营公司、北京市首都高速公路发展集团公司、北京市公联公路联络线公司、北京市市政路桥集团等单位。

交通运行中心下设 5 个工作机构，分别是：交通运行中心办公室、赛事交通服务分中心、交通组织安全保障分中心、城市交通设施保障分中心、城市运输服务保障分中心（图 7-1）。各工作机构的主要职责如下。

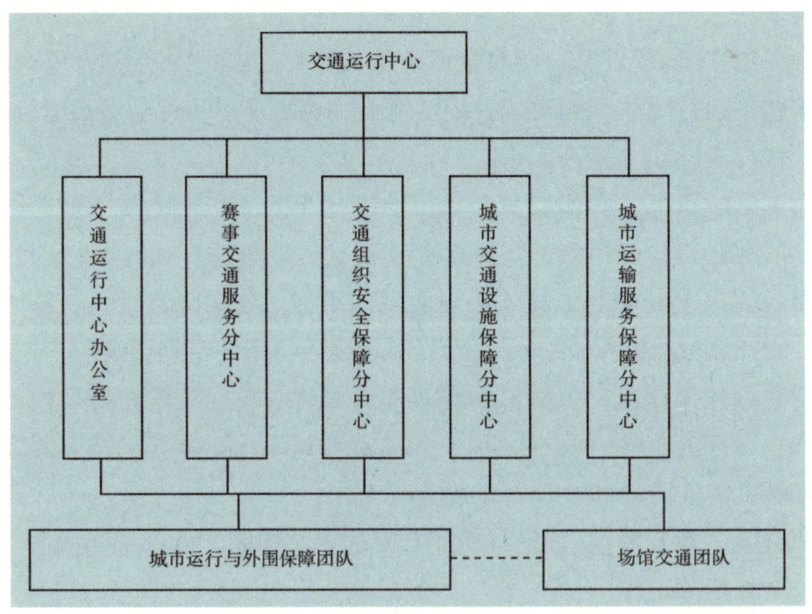

图7-1　交通运行中心组织结构图

（1）交通运行中心办公室：负责交通运行中心日常工作，筹备会务，做好文秘工作，及时将交通与环境保障组领导的决定、部署传达至各分中心；负责对奥运交通工作进行督办；负责联系赛事交通服务分中心，掌握奥运赛事交通运行情况；负责联系交通组织安全保障分中心、交通运输服务保障分中心、交通设施保障分中心的工作，了解奥运场馆、住地、城市道路、机场、火车站等奥运交通运行情况；负责编写奥运交通信息和情况日报，做好每日汇总上报工作；负责联系市市政管委，赛时向市“2008”城市运行监测平台提供城市交通体征指标信息。

（2）赛事交通服务分中心：负责组织奥运会期间国际奥委会官员、各国家（地区）奥委会代表团官员、国际单项体育组织主席、秘书长及其官员、运动员、媒体人员、技术官员等群体的交通服务和交通安全管理。

（3）交通组织安全保障分中心：全面负责城市交通组织指挥、赛事交通安全保卫和交通应急处置工作。

（4）城市交通设施保障分中心：负责交通设施保障工作，建立设施应急响应机制；负责协调高速公路监控设施及安全保障；协调各区做好区管道路的养护工作等。

（5）城市运输服务保障分中心：负责赛事期间的观众、工作人员和志愿者的运输服务；负责赛时场馆周边运输环境秩序；负责危险化学品的运输管理和货物运输保障工作；负责协调交通运输部做好征调600辆外省市大客车为赛会志愿者提供通勤交通服务工作；协助组织赛事运输服务车辆和服务人员等。

关于交通运行中心办公室、赛事交通服务分中心、交通组织安全保障分中心、城市交通设施保障分中心和城市运输服务保障分中心的机构设置、人员配备、职能对接等，可参阅北京奥运交通丛书之六——《北京奥运交通运行》相关章节的内容。

7.1.4 赛事交通服务分中心[1]

7.1.4.1 概述

赛事交通服务组织机构先后经历了“北京奥组委运动员服务部安保交通制证处”（2002年10月~2003年4月）、“北京奥组委运动员服务部交通处”（2003年4月~2005年11月）、“北京奥组委交通部筹备组”（2005年11月~2006年6月）、“北京奥组委交通部”（2006年6月~2008年4月）和“交通运行中心赛事交通服务分中心”（2008年4月~2008年9月）五个阶段。

7.1.4.2 组织结构图

为适应赛时运行需要，充分发挥体制优势，依据“精干高效，减少层级，实现赛时以场馆专项团队”运行为主的原则，赛事交通服务分中心赛时组建“交通服务运行指挥部”和专项“运行团队”两级架构，确定了以“115-478”为模式的赛时交

[1] 此部分内容参考《北京奥运会残奥会赛事交通服务纪实》一书相关章节。

通运行组织架构，实现了由筹备阶段的“交通部”向赛时运行阶段的“赛事交通服务分中心”的转变。赛事交通服务分中心组织结构图如图 7–2 所示。

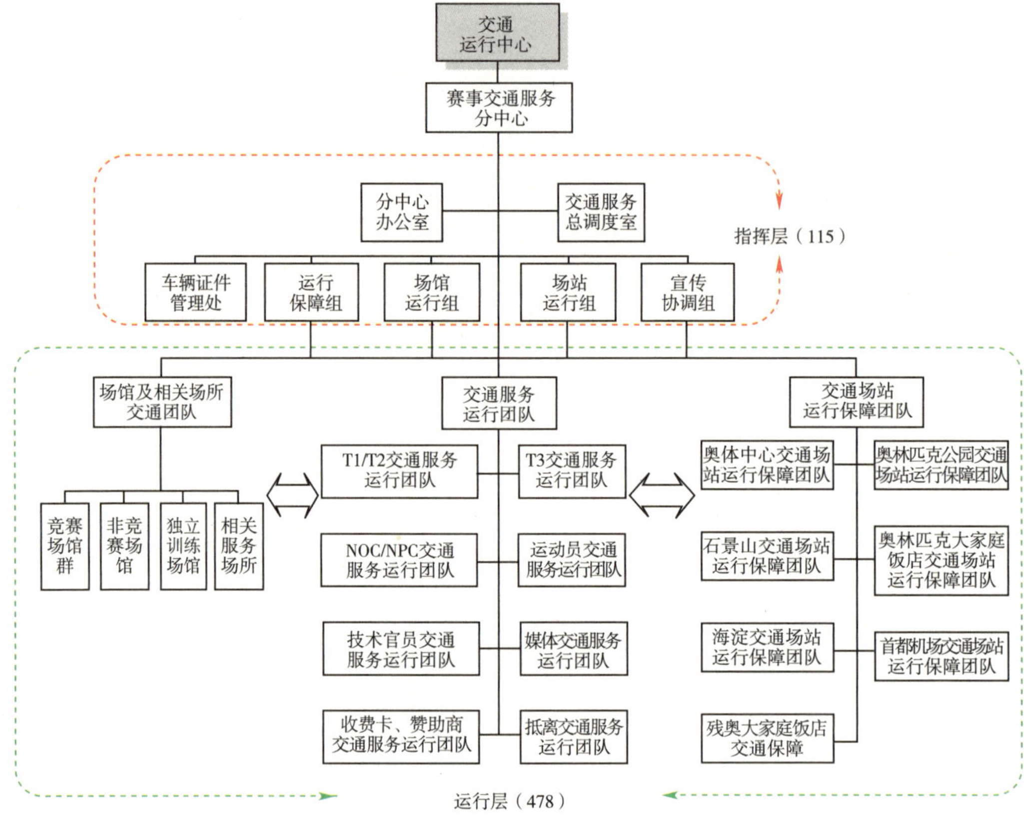

图7–2　赛事交通服务分中心组织结构图

交通服务指挥层为“115”架构，由奥组委交通部、政府相关部门、专业客运企业人员组成；交通服务专项团队运行层为“478”架构，由奥组委交通部、交通运行团队、志愿者、企业专业人员组成。

7.2　T1 ~ T4交通服务保障系统

7.2.1　服务人员招募、培训及管理

赛事交通服务人员的招募、培训和管理历来是奥运会筹备的难题之一。按照有关方面的统计，2004 年雅典奥运会赛前驾驶员志愿者流失率近 40%，2000 年悉尼

奥运会这一数据也达到 18%，新补充人员由于没有经过系统的培训，导致不熟悉服务规则和行驶路线而耽误比赛的现象时有发生。为避免类似事件发生，北京奥运会和残奥会赛事交通服务人员的招募，创造性地采取借用、定向招募等方式动员和整合社会资源，充分发挥体制优势成功地解决了这一难题。

7.2.1.1　服务人员种类及规模

赛事交通服务人员分为付薪人员（P 类）、志愿者（V 类）和合同商（C 类）三类。

北京奥运会赛事交通服务人员共计 25793 人（其中付薪人员 188 人，志愿者 11741 人，合同商 13864 人），残奥会赛事交通服务人员共计 15509 人（其中付薪人员 184 人，志愿者 6738 人，合同商 8587 人）。

7.2.1.2　服务人员招募

付薪人员主要有“借用人员”和“正式聘用人员”两类，其中借用人员占绝大部分。借用人员采用按照岗位需求由组织人事部门推荐的方式招录，正式聘用人员采用公开招聘和选调的方式招录。

交通志愿者分为前期志愿者和赛会志愿者，由奥组委直接或委托采用公开和定向相结合的方式招募。与奥运其他志愿者相比，赛会交通志愿者特别是驾驶员志愿者责任重、风险高、劳动强度大。为了确保安全和便于管理，驾驶员志愿者采取定向招募方式，主要来自于中央直属机关、中央国家机关、中央企业、北京市直属机关、北京市国资委系统、教育系统和外资企业七大系统和十八区县、车友会、部队等。

合同商人员招募工作由当时的奥运会交通工作协调小组负责，具体工作由北京市运输管理局承担，主要面向本市专业客运服务企业招募，另外还有一部分由奥组委交通部通过招投标或企业资助等方式招募。

7.2.1.3　服务人员培训及管理

交通服务人员培训采用立体培训模式分阶段、分层次、分步骤开展。其中，通用培训依托志愿者提供单位集中组织实施，专业基础知识和路线踏勘培训由专门工作组统一组织，专业培训和岗位培训由八个交通服务运行团队分别组织实施。培训内容除按照北京奥运会志愿者培训工作小组的要求外，还增加了专业基础知识、路线踏勘培训、实际操作培训等内容。培训方式采用集中面授、集中自学、分散交流和实践活动等多方式相结合。同时组织编写了一整套培训教材，共计 60 余种，并对培训效果进行评估和考核，做到“不培训不上岗，培训不合格不上岗”。

交通服务人员的组织管理工作按照“重心下移、分级管理和全员覆盖”的原则，由各系统、区县、单位统一组织管理。依托志愿者提供单位的组织体系，建立志愿者总队、大队和小队三级管理体系。各系统、各区县高度重视，总队长均由各系统和区县主管领导担任，确保了交通服务人员管理工作的顺利进行。

7.2.2 车辆筹集

赛会交通服务车辆主要有注册客户群车辆、收费卡项目车辆和赞助商车辆三类，其中注册客户群车辆有大客车（1690 辆）、小客车（3275 辆）和货车（80 辆）三类，收费卡项目车辆（1531 辆）均为小客车，赞助商车辆（1054 辆）均为大客车。

以注册客户群车辆为例，北京奥运会车辆需求为 5045 辆，小客车比雅典增加了 1071 辆，增幅 48.5%，大客车增加了 345 辆，增幅 25.7%。造成北京奥运会注册客户群车辆增加的主要原因是服务区域面积大、竞赛场馆及训练馆数量多且相对分散，导致出行距离和班车线路增加，从而车辆需求大幅增加。

注册客户群所使用的大部分小客车（2904 辆）以 VIK（以实物冲抵赞助金额）和现金支付的形式向大众汽车集团租赁，其余小客车和大客车以及收费卡项目车辆、赞助商车辆均由北京市运输管理局负责筹集，共需筹集大客车 2744 辆和小客车 1902 辆，工作难度之大前所未有。特别是大客车的筹集，由于大客车主要来源于公交企业，而奥运期间实施小汽车限行政策后，公共交通车辆需求将会有较大幅度增加，因此如何协调好赛会车辆需求与社会车辆需求就成为车辆筹集工作的关键。

奥运车辆筹集遵循原则是：

（1）依托国有大型骨干企业，优先考虑具有承接大型活动运输服务经验的企业；

（2）车辆符合奥组委提出的安全、技术、环保等标准；

（3）在满足奥运车辆需求的同时，确保城市交通正常运转；

（4）考虑需求变化，按需求总数的 10% 冗余备份。

7.2.3 交通场站设施

奥运交通场站作为赛事车辆集中停放地和赛事各服务团队的工作场所，直接关系着赛事交通能否“安全、畅通、准点、便利”的运行。

7.2.3.1 交通场站规划

在总结悉尼和雅典交通场站规划经验的基础上，北京奥运会交通场站规划主要遵循原则是:“安全第一”原则;“贴近服务对象和场馆”原则;“分级管理和区分功能”原则;“充分利用现有资源，节约办奥运”原则。

按照上述规划原则，北京奥运会及残奥会共规划了 7 个交通场站，比悉尼奥运会多 2 个，比雅典奥运会多 1 个。

7.2.3.2　交通场站设计及建设

按照各交通场站服务功能定位,结合车辆服务线路,制订了各场站详细设计方案,包括车辆出入口设置、流线设计、功能布局设计等内容。同时根据奥运会和残奥会交通运行的实际需要，参照北京市公共交通场站建设的相关标准，制订了《奥运交通场站建设标准》，具体包括：场站用地标准、场地铺装标准、功能用房建设标准、安保、消防设施建设标准、配套设施建设标准。

7.2.4　班车线路布设及运行

为满足运动员和注册媒体等群体“安全、准点、可靠、便利”的交通服务需求，有关部门按照“安全第一、服务至上、兑现承诺”的原则,精心设计赛事班车运行方案。

奥运会期间，运动员及随队官员交通团队开行班车线路 94 条，其中 64 条为比赛和训练服务的班车线路、22 条观赛班车线路和 8 条购物、旅游、访客线路；残奥会期间开行班车线路 61 条，其中 31 条为比赛和训练专用班车线路、13 条观赛班车线路和 17 条购物、旅游、交流、访客线路。同时奥运会及残奥会期间在运动员村设置了 3 条环线班车以及 1 条机场抵离班车线路。

奥运会期间，注册媒体交通运行团队开通了 123 条班车线路，包括主新闻中心和国际广播中心（Main Press Centre and International Broadcast Centre）至注册媒体酒店、主新闻中心和国际广播中心（Main Press Centre and International Broadcast Centre）至场馆的串行线路、机场抵离线路、驻地至就近比赛场馆线路和北京奥林匹克转播有限公司专线直达班车（Dedicated and Direct Shuttle）线路等类别。残奥会期间注册媒体交通运行团队共开通了 24 条班车线路。

奥运会期间，由“技术官员交通服务团队”负责为国际单项体育联合会、国际残疾人单项体育联合会开通驻地至场馆、驻地至机场的往返班车线路共计 66 条，残奥会开通线路 23 条。

7.2.5　运输服务保障系统

为深入贯彻“科技奥运”的理念，奥运交通运输服务工作自筹办之初就坚持使用计算机网络等先进信息技术，逐步构建奥运交通服务指挥调度综合信息化管理平台和交通专用通信系统，为奥运交通运输服务工作提供技术手段和科技保障。奥运交通服务指挥调度综合信息化管理平台主要由大客车调度系统、小客车调度系统和

GPS 定位监控系统三部分组成。

7.2.5.1　大客车调度系统

大客车调度管理系统用于组织调度注册客户群赛事服务专用大客车（1690 辆），由奥组委交通部组织建设，中国卫星通信集团公司负责承建。系统按照不同交通运行团队的需求分别设计相应的系统功能，经前期需求调研、系统开发、上线测试、测试赛测试运行和后期调整等阶段的不断完善，最后进入奥运及残奥赛时实战阶段，出色地完成了注册客户群赛事服务专用大客车的管理、组织和调度工作，保证了大客车高效顺利运行。

7.2.5.2　小客车调度系统

北京奥运会小客车调度系统由国际奥委会全球合作伙伴西班牙源讯公司设计开发，是由雅典奥运会嫁移过来的。但是由于北京奥运会与雅典奥运会在地域、组织和管理等方面存在很大的差异，导致系统绝大部分功能不能满足北京奥运会的应用需求。为此，奥组委交通部组织相关技术人员，在需求调研的基础上对原系统模块进行重新调整和整合，修改后的系统主要服务于 T3 群体的车辆预定，同时新开发了即时用车模块。奥运会及残奥会期间，系统不间断运行，共处理车辆数据 1471 条、服务地点数据 232 条，收到并处理预订单 5344 个。

7.2.5.3　GPS 定位监控系统

北京奥运申办报告中明确承诺："利用全球卫星定位技术和监控技术为所有奥运大家庭及公共交通路线提供电子定位服务。"历届奥运会还没有利用 GPS、GPRS、GIS 以及计算机技术为奥运服务车辆提供行进监控和调度服务的先例，北京奥运会车辆 GPS 定位监控系统是一次系统应用的创新。

GPS 定位监控系统由奥组委交通部组织建设，中国卫星通信集团公司负责承建，从 2006 年 10 月起动，先后经过需求分析、功能设计、系统开发、测试试用、赛前部署及赛时实战等阶段。

各交通服务运行团队利用系统跟踪掌握车辆的位置、行驶轨迹、车速等运行状况，对超速行车、计划外行车、交通事故实时监控。据统计，奥运会期间，共安装客户端软件 115 个，安装 GPS 车载终端 5818 个（台），上线通信终端共计 5314 台，日均上线 1258 台，累计派发终端故障维修清单 336 份；残奥会期间，共安装客户端软件 76 个，安装 GPS 车载终端 2069 个（台），上线通信终端共计 1810 台，日均上线 864 台。GPS 定位监控系统在奥运会和残奥会车辆、驾驶员指挥调度管理中发挥了重要作用。

7.3　T5交通服务保障系统

T5 交通运输服务工作是在北京奥运会交通工作协调小组办公室的领导下，由北京市运输管理局牵头，联合北京公交集团、北京市地铁运营公司和出租企业共同研究制订的，赛时由场馆外围保障团队负责实施。

7.3.1　交通服务工作人员培训及管理

T5 交通运输服务人员即场馆外围交通服务保障人员，其职责是：满足不同客户群交通需求，在奥运会残奥会期间提供公共交通保障、场馆周边出租汽车“保点服务”、开闭幕式公共交通保障、非注册媒体和非注册贵宾（本市及外埠）交通保障、赛会志愿者交通保障等项目的服务。

7.3.1.1　交通服务工作人员种类及数量

奥运会期间，交通运输系统承担外围保障工作的窗口员工主要由三部分组成：34 条奥运公交专线的 3750 名司售人员，地铁 10 号线、机场线和奥运支线的 2108 名员工，承担 31 个奥运比赛场馆、3 个非竞赛场馆、6 个注册媒体驻地及签约酒店、9 个非注册媒体驻地及签约酒店、机场火车站的赛时外围交通服务保障任务的 21 家出租汽车企业的 139 名管理人员和 2591 名驾驶员。这部分服务人员由城市运输服务保障分中心负责从北京公交集团、北京市地铁运营公司、出租汽车公司等交通运输行业从业员工中择优安排。

7.3.1.2　服务人员培训及管理

城市运输服务保障分中心对 T5 交通运输服务人员开展奥运服务专项培训，培训内容如下。

（1）公交行业以新编《公交员工奥运培训手册》为教材，以奥运会和残奥会知识、英语、职业道德与服务礼仪为主要内容，对 34 条奥运会公交专线、1500 部客运车辆的 3750 名司乘人员进行不少于 24 课时的全脱产培训。

（2）地铁行业以 10 号线、奥运支线、机场线的车站为龙头，以其他与奥运场馆换乘、接驳的车站和奥运场馆（驻地）周边地铁车站为重点，以《北京地铁奥运员工培训读本》、《地铁实用英语》为教材，以奥运会和残奥会知识、英语与手语、职业道德与服务礼仪、职业技能与安全生产为内容，对 2108 名员工进行不少于 192 学时的专项培训。

（3）出租汽车行业以首汽、北汽等 15 家大型出租汽车企业为主，以奥运会和残奥会知识、服务规范和礼仪、交通地理和服务英语为主要内容，对负责 31 个奥运比赛场馆、6 个注册媒体和 9 个非注册媒体驻地、三站一场“保点服务”任务的 2591 名驾驶员和 139 名出租企业管理人员等赛事外围交通服务保障人员，开展不少于 20 课时的奥运服务专项培训。

T5 交通运输服务人员赛时由城市运输服务保障分中心负责组织管理，由各区运输管理部门按场馆确定负责人，由相关交通执法大队、场馆 T5 协调经理和公交企业指定人员组成工作团队，负责落实奥运会和残奥会期间各场馆外围交通保障工作。

7.3.2 运输保障方案

T5 群体的运输保障方案是在奥运交通需求预测相关成果的基础上，同时依据《奥运公交专线线网规划》和《出租车奥运赛时服务方案》等项目研究成果制订的。

7.3.2.1 奥运公交专线保障方案

为满足场馆进（退）场期间短时突发大流量的人群疏散要求，在场馆周边规划并建设了 19 处奥运临时公交场站，依托这些场站开通了 34 条奥运公交专线。其中：中心区 16 条，其他场馆 18 条，配车 2000 辆，运能可达 80 万人次 / 日。

按照运营方式的不同，奥运公交专线分为普线和快线两种，其中：普线 10 条，采取常规公交线路形式组织运行，中途设站，开通日期为 7 月 20 日 ~ 9 月 20 日，每日有 7 条线路 24h 运行，2 条线路 5:30 ~ 23:00 运行，1 条线路 5:30 ~ 20:30 运行。

快线 24 条，以快车或直达方式在比赛日运行，服务于入场、散场的观众和持证人员，利用快速路、高速公路直达外围主要公共交通换乘点，部分线路与轨道交通接驳，运行时间为赛前 3h 发首车，赛后 1.5h 发末车。快线的开辟，为场馆进（退）场观众的快速疏散起到了至关重要的作用。

7.3.2.2 场馆周边常规公交保障方案

充分发挥场馆周边现有公交线网的条件，根据观众数量和流向，采取加密发车等办法，快速疏散观众。制订常规线路夜间散场屯车方案，在比赛场馆（群）周边的 30 余个站点，39 条重点线路安排摆渡车，发车时间与夜间散场时间相对应，原则上在散场后 1h 结束运营。

7.3.2.3 场馆周边轨道交通保障方案

针对场馆周边的 11 处地铁站点，根据赛程及观众入退场时间分布情况分别制订各站每日的运行保障方案，特别是夜间退场高峰期间，采用缩短发车间隔、加开临时客车及延长运行时间等方式，确保观众快速安全疏散。

7.3.2.4　出租汽车保障方案

出租汽车作为奥运赛时各群体出行需求的辅助方式，是对赛时 T1 ~ T4 和 T5 群体的主导交通方式（前者为专用小客车、合乘车或大巴班车、后者为公共交通）的补充。为此，奥运期间，北京市创造性地提出了奥运场馆出租汽车“保点服务”的方式，并研究制订了详细的运行方案，同时制作了专用车证。在竞赛场馆、非竞赛场馆和签约饭店共设有 35 处出租汽车“保点服务”站，奥运会及残奥会赛时共计派车约 13.4 万车次，运送奥运大家庭成员约 27 万人次，得到了各国宾客特别是媒体记者的广泛好评。

7.3.3　免费公交服务

奥运会和残奥会期间，为引导赛会参与人员特别是观众选择乘坐公共交通前往比赛场馆，以减轻城市交通（特别是场馆周边）的压力，北京交通部门研究制订了奥运期间免费公交服务政策。

（1）免费公交服务时段：奥运会和残奥会免费公交服务政策的实施时间为 2008 年 7 月 20 日 ~ 9 月 20 日，共计 63 天。

（2）免费乘坐公共交通的范围：注册人员和非注册媒体人员免费乘坐公共交通的范围为市域内带路号的公共汽（电）车运营线路以及轨道交通 1 号线、2 号线、5 号线、8 号线、10 号线、13 号线、八通线和机场快线。持当日比赛门票的观众免费乘坐公共交通的范围不含机场快线，其余相同。

7.3.4　指挥调度系统

在交通与环境保障组交通运行中心下面成立“城市运输服务保障分中心”，负责城市公共交通管理、统筹协调、应急处置等工作。

由北京公交集团、北京市地铁运营公司分别成立指挥部，在重点车站、场馆成立分指挥部或调度站，负责公交、地铁现场管理、调度、应急指挥等工作。根据赛时可能出现的大客流、暴雨、地铁故障等突发事件，分别制订了应急预案。

奥运会及残奥会期间，交通运输服务所有的 800M 通讯设施按照奥运会交通运行中心的指挥架构分配和运行，确保了赛时总指挥部与各分指挥部及调度站间的通讯畅通。

7.4 场馆交通运行

按照国际奥委会《交通技术手册》(《Technical Manual on Transport》)的有关要求，将奥运会比赛期间涉及的竞赛场馆、非竞赛场馆、独立训练馆及签约饭店统称为“场馆”，需要为其制订详细的场馆运行方案，场馆交通运行则是赛时场馆运行的重要组成部分。残奥会“场馆”的概念也照此定义为残奥会比赛期间涉及的竞赛场馆、非竞赛场馆、独立训练馆及签约饭店。

北京奥运会京内共有212座场馆，其中竞赛场馆31座，非竞赛场馆17座，独立训练馆45座，签约饭店119家。残奥会京内共有51座场馆，其中竞赛场馆20座，非竞赛场馆12座，签约饭店19家。

7.4.1 场馆交通通行政策

7.4.1.1 场馆“三区”划分

按照《交通技术手册》的要求，将奥运会场馆由内向外划分为安保封闭区、场馆区和交通控制区，不同区域实行不同的通行政策和交通管理措施。

安保封闭区在运行期间实施全封闭控制，进入安保封闭区的车辆、人员均需凭奥组委颁发的各种有效注册证件，从各自的安检口接受安全检查后进入。

场馆区在运行期间对该区域实施交通管制，除公共汽车外，准许持有奥运会有效车辆证件的机动车和载有奥运会注册人员的出租汽车（在指定的位置落客，下完即走）在区域内通行。

交通控制区在区域内相关的主要路口实行疏导控制，适时分流社会车辆，确保交通畅通、秩序良好。

残奥会场馆“三区”划分及通行政策参照奥运会场馆制订。

7.4.1.2 场馆安检口及车辆验证点设置

按照场馆“三区”设置方案，需要在场馆安保封闭区区界设置相应的车辆及人员安检口，对进出场馆的车辆和人员进行安检。安检口具体位置和数量根据场馆的规模、群体构成及物理条件因地制宜确定，具体原则包括人车分离、减少交叉、分级设置等。

7.4.1.3 场馆停车场设置

为了便于使用和管理，遵循国际惯例，对奥运会场馆的停车场采用了“统一编号、统一设置、统一政策”的原则，即同一客户群的车辆在不同竞赛场馆都停放在同一编号的停车场里面，或者同一群体的班车在同一编号的停靠区停靠（不进停车场）。例如，针对不同的客户群体，北京奥运会竞赛场馆共设置了 15 种编号的停车场和 4 种编号的停靠区。“统一设置”主要是指不同场馆的停车场或停靠区由场馆运行团队设计初步运行方案后，由奥组委交通部会同各客户群代表统一确定。“统一政策”主要是指相同编号的停车场或停靠区交通通行政策相同。

残奥会停车场设置方法参照奥运会场馆制订。

7.4.1.4　场馆交通通行政策

场馆交通通行政策主要包括通用政策、单项通行政策、公共交通车辆通行政策、有组织观众车辆通行政策和出租汽车通行政策等内容。

通用政策是指按照车证底色来约束车辆在“三区”通行及停放的权限，例如持底色为红色车证的车辆，可以进入安保封闭区内，在指定停车场停车，而持底色为绿色车证的车辆，则只能进入场馆区内，并在指定停车场停车。

单项通行政策是指按照车证的类别来约束车辆在“三区”通行及停放的权限，奥运车证共分为 8 大类 44 种。

公共交通车辆通行政策是用来约束赛时为观众、工作人员及志愿者提供交通服务的地面常规公交、奥运专线公交、轨道交通通行和停靠的权限。

有组织观众车辆通行政策是用来约束运送有组织观众的车辆在场馆“三区”通行及停靠的权限。

出租汽车通行政策是用来约束“保点服务”出租汽车和其他出租汽车在场馆“三区”通行及停靠的权限。

场馆交通通行政策的详细情况可参阅北京奥运交通丛书之六——《北京奥运交通运行》或《北京奥运会、残奥会赛事交通服务纪实》。

7.4.1.5　场馆交通运行团队

场馆交通运行团队在场馆主任领导下，接受安保副主任、服务副主任的直接领导，与竞赛、贵宾、媒体以及外围保障等团队保持密切联系，进行信息沟通，为到达场馆的各客户群提供交通运行保障服务。场馆交通运行团队成员包括组委会付薪人员、交通民警、合同商、志愿者等，一般按照 3 班配置，具体工作时间按照场馆及活动性质分别制订。

场馆交通运行团队在客户群交通服务业务上向赛事交通服务分中心汇报工作并接受其业务指导和运行指令；在场馆交通管理上向交通组织安全保障分中心汇报工作并接受其业务指导和指令；在观众和工作人员交通服务上向城市交通设施保障与

运输服务分中心汇报工作并接受其业务指导和指令。

7.4.2 场馆各客户群交通服务运行

场馆运行涵盖的客户群包括奥林匹克大家庭成员、运动员及随队官员、媒体、转播商、临时准入客户、观众、场馆服务团队、场馆保障团队、场馆外围保障团队、场馆安保团队等，不同性质的场馆客户群种类有所不同。场馆交通服务运行是指为上述群体按照事先制订的运行方案提供服务保障，包括咨询、引导、调度、传达等工作。

7.4.3 场馆外围交通保障运行

每个场馆都有外围交通保障团队，主要由各区县交通运管部门、相关交通执法大队、场馆 T5 协调经理和公交企业相关人员组成。

场馆外围交通保障团队对城市运输服务保障分中心负责，同时通过场馆 T5 协调经理与场馆运行团队进行沟通协调，作到场馆内外联动，确保场馆交通运行内外衔接顺畅。场馆外围交通保障团队主要负责确保场馆周边地面常规公交、奥运专线公交、地铁、“保点服务”出租汽车及社会出租汽车等交通方式的顺利、安全、有序运行，及时疏散各客户群体，特别是观众、工作人员和志愿者群体。同时负责维护各场馆周边的运输环境和秩序，查处非法经营和业内违规行为和外围交通保障工作动态信息的收集、汇总和报送等工作。

7.4.4 场馆交通运行保障及意外突发事件应急处理

7.4.4.1 场馆交通运行保障

场馆交通运行保障包括场馆交通运行专用物资、场馆交通运行技术支持系统和场馆交通运行后勤保障等。其中场馆交通运行专用物资配备是场馆交通运行的物质基础，同时直接关系着场馆运行的经费预算，主要包括交通管理技术物资配备、交通服务技术物资配备、交通通用物资配备和交通专用物资配备等。场馆交通运行技术支持系统是“科技奥运”的集中体现，包括大客车系统、GPS 通讯系统、电视监控系统、通讯系统等，设置在场馆交通管理指挥室和车辆调度室。

7.4.4.2 意外突发事件应急处理

场馆交通运行可能出现的意外突发事件主要包括以下情形：

（1）指挥系统设备突然发生故障；

（2）场馆突然停电，指挥系统监控系统无法使用；

（3）车辆安检口压力过大，造成车辆拥堵；

（4）场馆停车场不足；

（5）因人群聚集造成交通堵塞；

（6）发生交通拥堵，影响客户群车辆行驶；

（7）步行人流在场馆安检口附近发生交通事故；

（8）大家庭成员车辆在场馆内发生交通事故；

（9）遇暴雨，导致路面积水；

（10）运营车辆出现故障；

（11）车辆发生自燃；

（12）乘客使用不当语言或提出不当要求；

（13）语言交流障碍。

在实际场馆交通运行中，如遇上述突发事件，将按事先制订好的应急预案启动相应的响应机制。

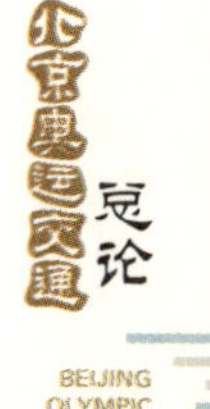

7.5 开闭幕式交通运行

开闭幕式作为奥运会及残奥会最重要的组成部分，历来受到全世界媒体的广泛关注。开幕式交通运行工作作为开幕式运行的重要保障，一直是国际奥委会高度关注和严格督办的工作。奥运会残奥会开闭幕式人员构成及关键时间点如表7–1、表7–2所示。

表7–1 北京奥运会、残奥会开闭幕式人员构成比较

客户群	奥运会开幕式（万人）	奥运会闭幕式（万人）	残奥会开幕式（万人）	残奥会闭幕式（万人）
专车客户群	6.9	5.8	4.5	6.1*
公共交通客户群	9	8.6	8.6	6.9
总集散量	15.9	14.4	13.3	13

*含团体观众2.2万人。

表7-2　北京奥运会、残奥会开闭幕式关键时间点比较

关键时间	奥运开幕式	奥运闭幕式	残奥开幕式	残奥闭幕式
日期	8月8日	8月24日	9月6日	9月17日
星期	星期五	星期日	星期六	星期三
公园开放	16:00	17:00	16:00	17:00
仪式开始	20:00	20:00	20:00	20:00
仪式结束	23:30	22:30	22:50	22:00

7.5.1　奥运会开闭幕式交通运行

7.5.1.1　奥运会开幕式交通运行

北京奥运会开幕式总客流集散量为 15.9 万人，根据交通方式划分，总体可分为专车客户群和公共交通客户群。

专车客户群：总人数为 6.9 万，乘专车集散，包括贵宾、运动员、演员、媒体，团体购票客户、赞助商等。

公共交通客户群：总人数为 9 万，使用公共交通或专用大客车方式集散，包括持票观众，开幕式工作人员及志愿者等。

北京奥运会开幕式于 2008 年 8 月 8 日 20:00 ~ 23:30 举行，开幕式当日主要活动安排包括：仪式前演出、开幕式正式演出及开幕式结束后的焰火表演。开幕式交通运行的关键时间点包括：奥林匹克公园及国家体育场对公众开放的时间、开幕式正式演出开始及结束的时间（表 7-3、表 7-4）。

奥运会开幕式公交专线、地铁进出场共运送观众约 7.38 万人次，其中，进场约 3.95 万人，散场约 3.43 万人。

地铁奥运支线共运送奥运会开幕式观众 6.27 万人。其中：进场观众约 3.57 万人，散场观众约 2.7 万人。首都机场空域管制解除前后，轨道交通机场线开行 43 列，集中疏运旅客 650 人。

公共汽车进、散场共运送奥运会开幕式观众 2.55 万人次。其中：28 条开幕式公

交专线备车 420 部，共发车 434 次，运送进场观众约 3850 人。为缓解部分安检口压力，开行摆渡车 219 次，运送从 2 号安检口至 3 号安检口和 8 号安检口、3 号安检口至 8 号安检口、5 号安检口至 8 号安检口观众共 1.44 万人。运送散场观众约 7273 人。安排常规公交线路 100 条，从 28 条开幕式公交专线远端站二次疏散观众 40 车次。

表7-3　开幕式当日关键时间节点及活动安排——入场

到达客户群	运输方式	抵达时间
工作人员、志愿者上岗（50000人）	公交、地铁	9:00之前
电视转播文字摄影媒体（5050人）	媒体自备车、媒体班车	12:00
开幕式演员（19750人）	演员专车	13:00 ~ 15:30
关键时点之一	奥林匹克公园对公众开放	16:00
关键时点之二	国家体育场对公众开放	16:00
持票观众（32690人）	公交、地铁	16:00 ~ 20:00
团体购票观众（10064人）	团体观众专车	
赞助商（15000人）	赞助商专车	
注册贵宾、特邀嘉宾（10000人）	贵宾专车	17:30 ~ 19:30
入场仪式运动员（12000人）、观看仪式运动员（1000人）	运动员班车	17:45 ~ 19:30
高级贵宾（722人）	贵宾专车	19:00 ~ 19:45
关键时点之三	开幕式正式开始	20:00

表7-4　开幕式当日关键时间节点及活动安排——退场

退场客户群	运输方式	退场时间
演员退场（19750人）	演员专车	18:30 ~ 21:40（随演随走）
高级贵宾退场（722人）	贵宾专车	23:20 ~ 23:40（焰火表演开始时高级贵宾开始退场）
关键时点之四	开幕式结束	23:30
普通贵宾退场（10000人）	贵宾专车	23:30 ~ 次日01:00
入场仪式运动员退场（12000人）	运动员班车	
持票观众（32690人）	公交、地铁	
团体购票观众（10064人）	团体观众专车	
赞助商（15000人）	赞助商专车	
观看仪式运动员（1000人）	运动员班车	
媒体退场（5050人）	媒体班车	
工作人员、志愿者退场（50000人）	公交、地铁	次日1:00 ~ 3:30

7.5.1.2　奥运会闭幕式交通运行

北京奥运会闭幕式总客流集散量为14.4万人次，其中专车客户群总人数为5.8万，公共交通客户群总人数为8.6万。闭幕式当天入退场关键时间点及重点活动安排情况如表7-5、表7-6所示。

表7–5　奥运会闭幕式入场关键时间点

到达客户群	运输方式	抵达时间
关键时间点之一	调整安保封闭线，中心区清场	22:00
工作人员、志愿者上岗（50000人）	公交、地铁	12:00 ~ 14:30
电视转播文字摄影媒体（4550人）	媒体班车（含北京奥林匹克转播有限公司（BOB））	12:00
闭幕式演员（8177人）	演员专车	12:00 ~ 14:30
关键时间点之二	奥林匹克公园和国家体育场对公众开放	17:00
持票观众	公交、地铁	17:00 ~ 20:00
团体购票观众	团体观众专车	
赞助商	赞助商专车	
观看仪式运动员	运动员班车	17:30
入场仪式运动员	运动员班车	18:10 ~ 19:40
注册贵宾、特邀嘉宾	贵宾专车	18:00 ~ 19:15
高级贵宾	贵宾专车	19:00 ~ 19:45
关键时间点之三	闭幕式正式开始	20:00

表7-6　奥运会闭幕式散场关键时间点

<table>
<tr><th>退场客户群</th><th>运输方式</th><th>退场时间</th></tr>
<tr><td>演员退场（8177人）</td><td>演员专车</td><td></td></tr>
<tr><td>高级贵宾退场</td><td>贵宾专车</td><td></td></tr>
<tr><td>关键时间点之四</td><td>焰火表演</td><td>22:00 ~ 22:30</td></tr>
<tr><td>普通贵宾退场</td><td>贵宾专车</td><td>22:08 ~ 23:50</td></tr>
<tr><td>关键时间点之五</td><td>闭幕式结束</td><td>22:30</td></tr>
<tr><td>持票观众</td><td>公交、地铁</td><td rowspan="7">22:30 ~ 次日0:00</td></tr>
<tr><td>团体购票观众</td><td>团体观众专车</td></tr>
<tr><td>赞助商</td><td>赞助商专车</td></tr>
<tr><td>入场仪式运动员退场（12000人）</td><td>运动员班车</td></tr>
<tr><td>观看仪式运动员（1000人）</td><td>运动员班车</td></tr>
<tr><td>媒体退场（4550人）</td><td>媒体班车</td></tr>
<tr><td>工作人员、志愿者退场（50000人）</td><td>公交、地铁</td><td>次日0:00 ~ 2:00</td></tr>
</table>

7.5.1.3　奥运会开闭幕式交通运行对比分析

与开幕式相比，北京奥运会闭幕式交通运行具备如下特点：

（1）闭幕式当天，国家体育场有马拉松比赛，公共区及国家体育场场地从赛事到闭幕式的转换期较短，闭幕式入场交通准备时间紧张。

（2）闭幕式的入场交通与国家体育馆及奥体中心的散场交通存在时间和空间上的交织，总体交通运行方案难度大。

（3）闭幕式当日公共交通需运输赛时观赛观众和闭幕式观众，需针对观众需求，合理分配公交运力，制订公交运输方案服务于有赛事的国家体育馆、英东游泳馆、五棵松篮球馆、工人体育馆、北工大体育馆等比赛场馆及主会场国家体育场。

（4）闭幕式当日多个场馆有比赛，这些场馆均有参加闭幕式的人员，造成参加闭幕式的人员分布分散，为入场时人员集结、车辆安排以及路径和时间的安排增加难度。

（5）与开幕式相比，闭幕式集散人员数量较小。奥运会开幕式总集散数量为15.9万人，奥运会闭幕式总集散量比开幕式略少，为14.4万人。

（6）闭幕式结束时间比开幕式早。奥运会开幕式计划结束时间为23:30，奥运会闭幕式计划结束时间为22:30。

上述特点决定了奥运会闭幕式交通运行组织既有与开幕式相同的难点，还有其特殊之处。

（1）需针对赛事安排及闭幕式活动安排，制订闭幕式当日奥林匹克公园的开放及清场方案、相应的人员安检方案以及交通管控措施。

（2）需针对国家体育馆及奥体中心的观赛观众疏散，制订特别方案，避免对闭幕式入场人员的影响。

（3）需确保从五棵松篮球馆及工人体育馆方向参加闭幕式的运动员、媒体及奥林匹克大家庭成员准点到达国家体育场。

7.5.2 残奥会开闭幕式交通运行

7.5.2.1 残奥会开幕式交通运行

第13届残奥会开幕式于2008年9月6日20:00在国家体育场举行，开幕式总客流集散量为13.1万人次，根据交通方式划分，总体可分为两类：专车客户群，包括贵宾、运动员、演员、媒体，团体购票客户、赞助商、专职工作人员及演员助理、国家（地区）残奥委会（NPC）助理等，预计总人数为4.5万人，乘专车集散；公共交通客户群，包括持票观众、开幕式工作人员及志愿者，预计总人数8.6万人，使用公交及地铁等公共交通方式集散。

据票务部门不完全统计，贵宾席中有轮椅254个；入场运动员和官员轮椅座位1974个；观众52486张门票中，包括普通观众轮椅217个，持票赞助商轮椅4个以及团体购票轮椅59个。为残疾人员提供特别人文关怀和特殊交通服务是保障残奥会开幕式成功的重点任务。

开幕式当日主要活动安排包括：仪式前演出、开幕式正式演出及开幕式结束后的焰火表演。开幕式交通运行的关键时间节点包括：奥林匹克公园及国家体育场对公众开放的时间、开幕式正式演出开始及结束的时间。残奥会开幕式的入退场活动安排详见表7-7和表7-8。

表7-7　残奥会开幕式当日关键时间节点及活动安排——入场

到达客户群	运输方式	抵达时间
工作人员、志愿者上岗（50000人）	公交、地铁	9:00之前
电视转播文字摄影媒体（4000人）	媒体班车	12:00
仪式人员（4310人）	仪式人员专车	13:00 ~ 15:30
演职人员（8300人）	演职人员专车	13:00 ~ 15:30
关键时点之一	奥林匹克公园、国家体育场对公众开放	16:00
普通观众（35714人）、持票赞助商（8286人）	公交、地铁	16:00
团体购票观众（8000人）	团体观众专车	17:00 ~ 18:30
赞助商（8286人）	赞助商专车	17:00 ~ 18:30
入场仪式运动员及官员（6500人）	运动员班车	18:20 ~ 20:00
普通贵宾（4950人）	贵宾专车	17:30 ~ 19:00
高级贵宾（650人）	贵宾专车	19:00~19:45
关键时点之二	开幕式正式开始	20:00

表7-8　残奥会开幕式当日关键时间节点及活动安排——退场

退场客户群	运输方式	退场时间
演职人员及助理（8300人）、仪式人员（4310）	演员、仪式人员专车	随演随走
高级贵宾（650人）	贵宾专车	22:35 ~ 23:00
关键时点之三	开幕式结束	22:50
普通贵宾退场（4950人）	贵宾专车	22:50 ~ 0:00
入场仪式运动员及官员（6500人）	运动员班车	22:50 ~ 0:00
团体购票观众（8464人）	团体观众专车	22:50 ~ 0:00
普通观众（35714人）	公交、地铁	22:50 ~ 0:50
赞助商（8286人）		
媒体（4000人）	媒体班车	22:50
工作人员、志愿者退场（50000人）	公交、地铁	次日1:00 ~ 3:30

残奥会开幕式交通运行具有以下特点和难点：

（1）残奥会开幕式与奥运会开幕式不同的主要特点是各客户群中都有残疾人，需要根据残疾人出行需求提供符合残奥会服务标准的就近上下车点、低底盘车辆、残疾人摩托车停车位、从落客点到场馆残疾座席的无障碍通道以及相应的安检设施；

（2）不同类别的残疾人（盲人 –3 级、肢体残疾残 –3 类 25 级）对交通集散服务需求不同，交通运行组织复杂；

（3）参加仪式的运动员都是残疾人员，人数多、出发时间集中，需要在残奥村和公共区、国家体育场提供相应的停车、上下车点、无障碍通道，并在给定时间内完成交通服务，需要系统周密的策划和高水平的引导服务；

（4）贵宾和其他专车客户群中也有一定比例残疾人，需要安排就近的无障碍上下车和通行条件，提供相应的陪护空间和引导措施；

（5）残奥会开幕式中组织观众（包括教育计划观众）、志愿者人数（照顾残疾人）多于奥运会。部分残疾人乘坐公共交通方式到达，需要落实低底盘公交车和进出公交场站、国家体育场之间的无障碍衔接通道，并为残疾人摩托车提供就近的停车和安检设施；

（6）部分地面公交场站距离国家体育场较远，需要做出特殊安排；交通集散引导方案需针对不同类别残疾人的特殊需求，制订特殊交通服务方案，志愿者需要有为残疾人服务的基本知识和技能培训。

残奥会开幕式公交专线、地铁进出场共运送乘客约 7.27 万人次。其中，公共汽车运送观众 1.25 万人次（28 条开幕式公交专线运送观众 9651 人次），地铁运送观众 6.02 万人次。公共交通总体运行安全有序平稳，未发生大客流积压和危及安全的事件。针对 120 名轮椅观众进场的情况，交通与环境保障组交通运行中心、奥运公园公共区管委会等单位紧急研究轮椅观众散场交通组织措施，做好轮椅观众集中散场的交通特殊服务，充分体现“人文奥运”的理念。

7.5.2.2　残奥会闭幕式交通运行

北京残奥会闭幕式总客流集散量为 13 万人次，根据交通方式总体可分为两类：专车客户群人员，总人数 6.1 万人，乘专车集散（含组织观众 2.2 万人）；公共交通客户群，总人数 6.9 万人，使用公交及地铁等公共交通方式集散。

闭幕式交通运行的关键时间节点包括：奥林匹克公园及国家体育场清场时间、对公众开放的时间、闭幕式正式演出开始及结束的时间。残奥会闭幕式活动安排详见表 7–9 和表 7–10。

表7-9　残奥会闭幕式当日关键时间节点及活动安排——入场

到达客户群	运输方式	抵达时间
各参与单位主要岗位工作人员就位	公交、地铁	9:00
闭幕式演职人员（3400人）、仪式工作人员（2399人）集结	演员专车、仪式人员专车	10:00 ~ 11:00
关键时点之一	马拉松比赛结束国家场清场	12:00
关键时点之二	奥林匹克公园清场	13:00
闭幕式演职人员（3400人）、仪式工作人员（2399）进入国家场地下一层候场	步行	13:00
电视转播文字摄影媒体（3400人）	媒体班车	16:00
关键时点之三	奥林匹克公园、国家体育场对公众开放	17:00
持票观众（19000人）	公交、地铁	17:00 ~ 20:00
团体购票观众（9704人）	团体观众专车	17:00 ~ 18:30
赞助商（4349人）	赞助商专车	17:00 ~ 20:00
市政府组织观众（12000人）	组织专车	17:00 ~ 20:00
奥组委组织观众（6920人）	组织专车	17:00 ~ 20:00
旅游局组织观众（3000人）	组织专车	17:00 ~ 20:00
中残联组织观众	组织专车	17:00 ~ 20:00
注册贵宾、特邀嘉宾（5300人）	贵宾专车	17:30 ~ 19:00
入场仪式运动员及官员（6500人）、NPC助理（800人）	运动员班车	17:45 ~ 19:20
高级贵宾（650人）	贵宾专车	18:50 ~ 19:35
关键时点之四	闭幕式正式开始	20:00

表7-10　残奥会闭幕式当日关键时间节点及活动安排——退场

退场客户群	运输方式	退场时间
演员退场（3400人）	演员专车	随演随走
关键时点之五　　闭幕式结束		21:56
高级贵宾退场（650人）	贵宾专车	21:46 ~ 22:15
入场仪式运动员、官员、NPC助理退场（7300人）	运动员班车	21:56 ~ 23:30
普通贵宾退场（5300人）	贵宾专车	
持票观众（19000人）	公交、地铁	21:56 ~ 23:30
团体购票观众（9704人）	团体观众专车	21:56 ~ 23:30
各类组织观众（22000人）	各类组织专车	21:56 ~ 23:30
持证赞助商	赞助商专车	21:56 ~ 23:30
持票赞助商（23000人）	赞助商专车	21:56 ~ 23:30
媒体退场（4500人）	媒体班车	21:56 ~ 23:30
工作人员、志愿者退场	公交、地铁、班车	21:56 ~ 23:30

残奥会闭幕式交通运行的主要特点是：

（1）残奥会闭幕式集散量与残奥会开幕式大致相当，较奥运会闭幕式规模小；客户群类别基本与奥运会开闭幕式相同，但各客户群中均存在一定比例的残疾人；专车客户群人数比例高于奥运会闭幕式（观众总数中有组织的观众占多半）。

（2）公园开放时间为17:00，入场时间（17:00 ~ 20:00）与社会交通晚高峰时间重叠（残奥会闭幕式当天是工作日）。

（3）散场时间较早，无须安排夜间公交专线。

（4）残奥会闭幕式当日国家体育场和击剑馆均有赛事，散场交通对闭幕式入场交通会产生一定影响，需针对国家体育场和击剑馆制订特别疏散方案。

7.5.3　开闭幕式转场物资运输

7.5.3.1　转场运输概述

转场是指作为奥运会、残奥会开闭幕式主会场的国家体育场，由演出场地向竞赛场地的转换过程。这个过程表面上是场地角色的转换，实际上是一个十分复杂的物流组织过程，涉及物资运入、场地保护、设备拆装、物资运出、铺装草坪、设备调试、清洗保洁等一系列作业环节，“运输”则是贯穿始终的后勤保障工作。奥运会、残奥会开闭幕式共有 4 场，由于开闭幕式日期不可更改，体育赛事赛程已经确定，转场期物流运输对安全性和准时性的要求极高。因此，科学合理的运输计划、严谨周密的运输组织、安全高效的运输过程对于转场期的顺利实现至关重要。

转场运输的对象主要包括场地设备和演出物资两大部分。根据奥组委开闭幕式工作安排，由北京交通运输部门负责转场运输的组织协调，北京祥龙物流有限公司作为承运商承担运输任务。

北京交通运输部门根据转场运输的需求特征和时限要求，按照转场期整体实施方案，制订了分赛会、分阶段、分时段转场运输一体化运输流程：即开闭幕式前，将场地设备和演出物资从存放地提前运至国家体育场，开闭幕式后根据物资保管归属，将场地设备和演出物资从国家体育场运至相应的物流仓库存放。

7.5.3.2　转场运输完成情况

（1）奥运会开幕式转场运输。开幕式转场运输历来是奥运运输中的难点，其难度主要体现在以下几个方面：

① 需求不确定。因开幕式演出节目调整频繁，需运输物资品类、数量也随之变化，转场运输计划随之反复修改、调整 20 余次。

② 运输时间紧。历届奥运会转场工作实际耗时均在 90 多个小时，而此次转场时间只有 56h，其中制约此次转场能否成功的关键运输主要集中在 8 月 9 日 04:00 ~ 8 月 10 日 04:00 这 24h 内，加上体育场作业场地有限，只有两个运输车辆通行出口。转场设备运出与闭幕式设备运入交叉进行，设备拆装难度大、用时多，卸车地点分散，加之安检程序复杂，运输时限十分严格。

③ 天气情况不确定。转场运输期间正值雨季，有可能出现降雨、大风、雷电等天气，对运输装卸影响较大，需要提前制订应对各种天气情况的运输方案。

④ 协调部门多。运输工作涉及开闭幕式工作部、安保部、物流部、交通部、各有关场馆运行团队以及交通管理、路政管理等多个部门，组织协调工作繁杂。

奥运会开幕式转场主要包括奥运会开幕式进场设备（记忆塔和中心子台）、开幕式技术设备、道具、仪式制作物、服装、化妆、灯光、音响、仪式前演出道具、跑道保护材料等 10 大类总计 1.1 万余吨、3 万多件物资。运输工作于 8 月 7 日 15:00 开始，至 12 日 6:00 圆满结束，共投入运输车辆 138 部、运输 502 车次（图 7–3）。

a）

b）

图7-3　奥运会开幕式国家体育场转场运输现场情况

（2）奥运会闭幕式转场运输。奥运会闭幕式设备转场（含部分残奥会开幕式设备进场）运输时间集中在8月23日23:00～8月29日16:00，主要包括奥运会闭幕式记忆塔和中心子台、仪式前演出道具，音响、服装、舞美道具、仪式制作物、伦敦奥组委8min演出服装道具和残奥会开幕式演出白玉盘舞台设备共计8000余件3800多吨。运输工作从8月23日23:00开始，至8月28日03:00结束，共投入车辆138部、运输311车次。

图7-4　奥运会闭幕式国家体育场转场运输基本结束时现场情况

（3）残奥会开幕式转场运输。与奥运会开幕式转场运输相比，残奥会开幕式转场运输主要有以下特点：

①时间更紧。从 9 月 7 日 00:00 ~ 9 月 8 日 09:00 开始比赛，共有 33h，这其中还要留出设施安装、清扫卫生等工作 3h，实际转场运输的时间只有 30h；

②转场物资与奥运会开闭幕式不同，设备厂家和设备规格都是全新的，需要重新配备车型并选择相应的运输组织方案（图 7-5）；

图7-5　残奥会开幕式国家体育场内转场运输设备进场前铺设跑道保护

③现场交叉重叠作业，给运输增加了难度；

④残奥会开幕式的主设备厂家要进行回收，不能有丝毫的损坏，此设备进场运输时间较长。

残奥会开幕式转场运输物质主要包括“白玉盘”、小舞台和跑道保护材料，共计4000余吨。运输工作从9月7日00:00开始，至9月8日08:00结束，共投入车辆110部、运输265车次（图7-6）。

图7-6　残奥会开幕式国家体育场内首块“白玉盘”撤场

（4）残奥会闭幕式转场运输。残奥会闭幕式转场运输主要包括残奥会闭幕式智能草坪、演出道具、伦敦奥组委演出设备和跑道保护材料等，共计约1000余吨。运输工作从9月16日23:00开始，至9月18日07:00结束，共投入运输车辆80部、运输175车次。

转场运输问题在奥运筹办初期往往容易被忽视，在制订奥运竞赛日程阶段很难考虑到这个问题。例如国家体育场在8月9日上午就安排有相应的比赛项目，直到制订场馆运行方案阶段，转场运输时间短的问题才凸显出来，由于此阶段竞赛日程已经确定，给转场运输工作带来了很大的挑战。

7.6　城市交通运行及服务保障系统

7.6.1　城市公共交通运行

为实现奥运承诺，保证2008年奥运会期间环境质量达标、满足赛事及社会交通需求，奥运期间实行了机动车限行等交通需求管理政策。按照机动车停驶方案，考虑奥运观众、工作人员及志愿者出行增加等因素，奥运期间公共交通日客运量在常规出行需求的基础上约增加 465 万人次，其中公共汽（电）车分担约 280 万人次，轨道交通分担约 110 万人次，出租汽车分担约 75 万人次。

7.6.1.1 公共汽（电）车运行

按照优先发展公共交通总体思路，自 2006 年以来，在大力推行优先发展公共交通政策方面采取措施，取得了良好的效果。具体措施有：优化公交线网、完善换乘设施、改革公共交通票制，实行低票价政策、施画公交专用道、加快公交车辆更新，着力推动“绿色奥运”、积极提升公交技术水平，努力推动实现“科技奥运”、实现文明行业目标，努力实现“人文奥运”目标。

奥运会期间，全市公共汽（电）车客运系统要承接新增 280 万人次的客运量。一方面要加大运力投入，另一方面要改进运输服务，提高运行效率。

（1）调整车型结构，增加运送能力。

奥运会期间北京公共汽（电）车总数 21712 辆，其中单机车 16183 辆，占总数的 74.5%，通道车 5529 辆，占总数的 25.5%。用于常规公交线路 18237 辆，奥运公交专线 1500 辆，T4 媒体班车 1305 辆，开闭幕式等比赛场馆演练人员用车 670 辆。在扩大车队规模的同时，注重车型结构的调整，使整体运能大幅增加。

（2）提高运输效率，挖掘运营潜力。

实行交通限行措施后，车辆运行速度提高，每日增发 1.1 万车次，全日运行班次达到 16.5 万，日客运能力增长 213 万人次。

（3）加强调度指挥，及时调整运营计划。

根据客流变化和交通管制措施，及时调整运营计划，采取发大站快车、区间车等方式，快速疏散乘客。

7.6.1.2 轨道交通运行

奥运会期间轨道交通将增加约 110 万人次的客运量，地铁运营公司积极筹备，通过制订并落实有关方案，全面提高运力，完善运营服务。

面对奥运大客流，尽全力提高线网运能，地铁 1 号线、2 号线、5 号线、13 号线和八通线的运力分别提高了 4.9%、60%、33%、4% 和 37.5%，极大地缓解了站车乘客拥挤、滞留现象，为奥运交通提供了强大的运力保障。奥运赛事期间，地铁全路网最小运行间隔达到了 2.5min，单线最高运输能力提高了 75%。通过新线开通、既有线增加编组、缩小运行间隔等挖潜措施，轨道交通运力全面提高，日均客运量达到 380 万人次。

为保障观众、志愿者和工作人员的出行需要，8 月 10 日 ~ 23 日轨道交通全路网延长运营时间。全路网 8 条运营线路延长末班车时间从 60min 到 177min 不等，延时最长的是地铁八通线四惠到土桥方向，延至次日 01:42。

同时，各项应急预案和措施落实到位。依据确保安全的原则，全路网 123 个站安排专人密切关注站内、外客流情况，增设导流围栏，适时采取分流措施。在此基础上，密切关注客流变化，遇客流骤增或发生突发情况时，及时调整列车运行计划并加开临时客车。同时，运管、公安、交通执法等部门按照应急处置工作要求，协助引导客流，维护运营秩序。

奥运会残奥会期间（7 月 20 日 ~ 9 月 20 日）全市客运系统共计完成客运量 12.39 亿人次，其中城市公共交通完成客运量 10.88 亿人次（含公共汽（电）车客运量 8.57 亿人次，轨道交通客运量 2.31 亿人次）。高峰日（8 月 22 日）轨道交通全路网共运送乘客 492.2 万人次，其中地铁 10 号线客运量达到了 73.4 万人次，日客流量创历史纪录。

7.6.2 城市道路交通设施运行

7.6.2.1 总体情况

为做好奥运交通设施赛时的应急抢险工作，确保道路交通设施安全平稳运行，赛前组建了 153 支交通设施赛时应急抢险队伍，负责城市道路抢修、公路抢修、奥运临时设施抢修和轨道交通抢修等任务；组织抢险人员 5703 人，抢险设备、车辆 3408 台套，应急抢险物资 16043.5t，为赛时交通应急提供了坚实保障。

7.6.2.2 突发事件应急处理

奥运会前制订了全市道路桥梁应急保障、场馆周边道路保障等专项预案，并根据预案组织了道路塌陷、倒树、塌方、遗撒等 15 项演练，为赛时及时处理突发事件积累了经验。

奥运期间，城市道路处理了右安门外大街等城市道路塌陷 24 处，修复塌陷面积 1250m^2；公路方面，共巡查发现并处理了各类突发性事件 120 次，保障了奥运道路交通设施的安全运转。

7.6.2.3 特殊活动及赛事道路交通设施运行

交通路政部门认真做好火炬传递路线、马拉松赛、公路自行车赛等特殊活动及赛事交通设施保障备勤工作，确保道路设施完好。赛时保障成员单位对交通设施加强巡查，提高设施巡查频率，马拉松、自行车、铁人三项比赛道路赛前一天 24h 巡查，确保公路自行车赛、马拉松赛顺利进行。

7.6.2.4　赛会车辆快速通行高速公路服务保障

全市高速公路收费站均设置了“奥运专用通道”，印制 35 万张奥运赛事车辆专用通行券，奥运交通服务车辆凭奥运赛事车辆专用通行券快速通行，为奥运服务车辆提供了优质服务，顺利完成北京地区奥运火炬转场、奥运会开闭幕式物资运输所经高速公路的通行保障工作。

7.6.3　城市交通组织安全运行

7.6.3.1　总体情况

奥运期间，公安交通管理部门通过强化源头管理，以及采取削减机动车总量、外地进京车绕行等一系列交通管理措施，确保了全市交通安全畅通运行，交通事故和交通拥堵大幅下降。交通拥堵和事故报警分别比奥运前下降 86.6%、43.8%，市区主干道交通流量下降 20.3%，车辆通行速度提高 9.2%。从 8 月 8 日奥运会开幕到 9 月 17 日残奥会闭幕，全市交通事故死亡比 2007 年同期减少 52 人、下降 51.5%。

7.6.3.2　特勤交通万无一失

奥运会和残奥会期间，开闭幕式、火炬传递、奥委会及残奥委全会等多场大型活动相继举行，141 位国家元首、政府首脑、王室代表等政要团组不间断抵离京，奥林匹克大家庭成员、各国政要等分散在全市观看比赛、参观购物游览，各项勤务规格之高、数量之多、路线之长、情况之复杂，前所未有。公安交管部门共完成现场、路线勤务 15267 次（其中一级 322 次、二级 2490 次、三级 1411 次，平均每天 252 次），共投入警力 34.5 万人次，现场共指挥机动车 74.4 万辆次。特别是对于超大规模的奥运会开幕式，通过采取“外围集结、远端安检、集中乘车、分时分路抵离”等交通集散组织措施，进场时各客户群分散集结、准点抵达，散场时要让贵宾 27min 内全部顺利返回，其他与会人员 75min 内疏散完毕，确保了交通绝对安全万无一失，成为历届奥运会开幕式交通组织最成功的一次。

7.6.3.3　赛事交通“安全、准点、可靠、便利”

奥运会和残奥会期间，通过精心设计、精心组织、精心指挥，确保了全部比赛场次（包括马拉松、公路自行车等场馆外进行的特殊赛事）顺利进行，未发生因交通影响运动员训练比赛的事故，更未发生涉及奥林匹克大家庭成员的重大敏感事故。期间，执行警车带路任务 6179 路次、行程 45 万 km。奥委会、残奥委会各客户群班车交通运行便捷高效，保障了运动员、媒体记者全部准时到达比赛、训练场馆，无一晚点，体现了高规格的交通管理水平。

7.6.3.4 严格执法，确保道路交通安全

以全市主要大街、交通枢纽和奥运场馆、驻地、路线周边为重点，坚持不懈地开展各种专项整治。同时不断完善交通安全组织网络，落实交通安全防范责任。建立“黑名单”数据库，对10类重点单位、车辆、驾驶员实施重点监管。奥运期间，全市1.6万名奥运服务驾驶员未发生重大交通事故。

通过严格执法、强化监管、治理隐患，道路交通事故预防水平显著提升，重大事故大幅下降，2008年万车死亡率为2.81，为历年来最低的，接近发达国家水平。

7.6.3.5 完善设施，保障交通运行

奥运前编写了《奥林匹克专用车道标志和标线》标准，施画了480km奥运常备路线，设置了287km专用车道。奥运会期间，每天平均8.5万名奥运交通协管志愿者上路，在全市各个灯控路口和重点地区、重点路段、奥运场馆周边和社区、村镇、边境出入口，维护交通秩序，劝阻限行车辆，确保了交通秩序良好、奥运交通运行畅通有序。

7.6.4 城市交通运输环境保障

奥运会残奥会赛时期间，交通执法部门对涉及奥运活动的场所及重点交通枢纽、场站周边进行全天候防控，做好区域监管、专项勤务、应急处置、安全防范、协调配合等方面的工作。

第一，奥运场馆和签约饭店周边运输市场环境的监管。由交通执法部门在加大监管力度的同时，与各场馆交通团队、场馆外围交通保障团队、签约饭店保卫部门建立协调协作工作机制，全力维护好交通运输环境秩序，防范交通运输行业发生服务质量和运输安全等问题。积极配合相关部门做好运力保障、交通秩序维护、机动车非法营运治理等工作。

第二，社会交通运输环境秩序的监管。加强对火车站、机场、公共交通枢纽、旅游景区等重点地区的监管力量部署，并根据不同地区的特点采取固定岗与巡查岗相结合的方式做到全方位、全时段监管；与运输管理部门建立协调协作工作机制，协助做好运力保障等工作；与公安、城管等部门联合，有效遏制机动车非法营运行为，坚决杜绝运输行业严重服务质量问题和机动车非法营运侵害乘客权益问题的发生；各郊区县重点加强对进出京主要路口、城郊主要联络线、重点旅游景区的看守

和巡查，防范省际长途客运、旅游客运和危险化学品运输行业发生侵害乘客权益和安全事故等问题。

第三，奥运期间专项勤务运输环境保障。围绕全市 241 个涉及奥运活动的场所，本着“突出重点、兼顾一般、点面结合、责任到人”的原则，集中全市交通行政执法力量，动员和组织运输企业管理人员等社会力量，统一部署，采取固定岗和巡查岗相结合的方法，切实做到要害地区专人值守，重点区域全面巡控。

奥运专项勤务期间，全市每天组织不少于 700 多人、100 多个执勤车组，对涉奥重点地区交通运输环境秩序进行全面维护。

7.6.5 城市货运交通运行

采取交通限行政策后，为了确保城市基本生活生产物质的正常供应，建立了货运保障公共服务窗口，自 2008 年 6 月 27 ~ 9 月 20 日对外开放。

通过向各行业的绿标车核发通行证，运输效率可平均提高一倍左右，可基本满足奥运期间重点行业基本生产生活物资运输需求。

7.6.5.1 保障原则

奥运及残奥期间城市货运交通保障工作遵循以下原则：

（1）控制总量、用足绿标、确保重点；

（2）先申请、后发证、再运输；

（3）符合环保标准的“绿标车”一车一证，按规定时间、路线行驶；

（4）在现有基础上绿标车运输效率至少提高一倍；

（5）开辟市内“绿色通道”；

（6）应急车辆实行特事特批。

7.6.5.2 货运运输保障方案

为做好奥运期间北京城市生产生活物资运输工作，确保首都城市运行正常，北京交通主管部门与公安交通管理、环保、安全监察等部门充分沟通协调，摸清货运车辆数量、分类、环保情况，调查各行业奥运期间货运量及运力需求状况。研究制订了《奥运会残奥会期间北京城市货物运输保障措施》，包括社会化货运保障措施、应急货物运输保障措施、危险化学品运输保障措施、“绿色通道”运输保障措施、其他生产生活物资运输保障措施等。

7.6.5.3 城市货运运行监测

为及时了解和掌握货运车辆通行情况、城市基本生产生活物资供应情况，交通运输部门对北京市进京检查站、高速公路收费站、道路货运站场、主要农副产品批发市场、大型超市配送中心等进行了监测。监测表明：在奥运交通限行情况下，首都货运车辆运行趋势平稳，鲜活农产品等“绿色通道”车辆行驶畅通，城市生产生活物资货运配送及时，运输秩序正常。

7.6.5.4 城市货运运行情况

自 2008 年 7 月 21 日 ~ 8 月 24 日，全市各行业主管及归口部门和“绿色车队”企业投入运输的 1.9 万辆持证货运车辆，共完成货运量 366.7 万 t，平均每日 10.5 万 t；完成货运周转量 25568 万 t·km，平均每日 729.7 万 t·km；平均每车每日运输 1.86 车次，平均每车每日货运量 5.54t。

“绿色车队”企业主要承担社会化货物运输保障任务。据统计，自 2008 年 7 月 21 日 ~ 8 月 24 日，“绿色车队”企业所属 4490 辆货车，共完成货运量 68.7 万 t，平均每日 1.96 万 t；完成货运周转量 6417 万 t·km，平均每日 183.3 万 t·km；平均每车每日运输 1.92 车次，每车每日货运量 4.4t。

自 2008 年 7 月 4 日至 8 月 26 日，联合服务窗口共审核货运保障车辆 28250 辆（其中：危险货物运输 1750 辆，“绿色车队”4577 辆，农委系统鲜活农产品运输 5149 辆，商务系统配送运输 6111 辆），并转公安交管部门审批核发车辆通行证。在审核工作中，联合服务窗口优先办理商务、农委货运车辆，保障首都商业配送、农副产品运输等基本生活物资的货运通行需求。

7.6.6 城市交通运行及服务保障系统

7.6.6.1 路网运行实时动态监测系统

依靠自主研发的基于浮动车数据采集系统的“路网运行实时动态监测分析平台”，以“交通拥堵强度”、“交通拥堵空间分布”、“交通拥堵持续时间和分布”、“拥堵发生频度”及“路网运行可靠度”等“五维”评价指标，对奥运前（7 月 1 日 ~ 7 月 19 日）、奥运会期间和残奥会期间北京市五环路内道路网运行状况进行全天候的实时监测，为每日城市路网或局部区域运行状态评估，特别是开闭幕式等重大活动当天的运行状态评估提供了技术手段。

7.6.6.2 公共客运运行实时动态监测系统

（1）北京奥运公共交通运营管理系统。由公共交通运营组织与调度软件子系统、运力资源优化配置软件子系统、奥运公交应急联动子系统、奥运场馆地面公交运输仿真子系统、奥运公交抢修救援调度子系统等组成的奥运公交运营组织与调度系统，支撑了奥运会期间奥运公交专线运营调度工作，圆满地完成奥运公交运输任务，为北京奥运会及残奥会期间场馆观众的及时疏散提供了技术保障。

（2）北京市轨道交通指挥中心。北京市轨道交通指挥中心是目前世界上集路网指挥调度和票务清算管理两大系统于一体，接入线路和系统最多，集约化、网络化、自动化程度最高的轨道交通指挥中心。该中心整合了北京轨道交通各线路行车组织、电力控制、环境控制、自动售检票等各个专业系统资源，在此基础上建设可满足 28 条线路的轨道交通路网指挥调度中心（TCC）系统和路网票务清算管理中心（ACC）系统，集成 14 条线路的指挥调度中心（OCC）和联网收费系统线路控制中心（LC）以及通讯、后备中心、楼宇等配套系统设施。为奥运期间轨道交通的顺利运营提供了技术保障，更是创造了奥运会开幕式期间在两条新线开通运营不到一个月时间的情况下全网不间断运营 44h 的纪录。

（3）一卡通 IC 卡数据处理及分析系统。利用北京市政交通一卡通 IC 卡应用系统采集的公共汽车、地铁及出租汽车运营数据，北京交通发展研究中心开发了一卡通 IC 卡数据处理及分析系统，广泛应用于公共汽车、地铁、出租汽车客运量和运行速度分析等日常工作中。奥运会及残奥会期间，利用该系统对实施交通限行政策后公共交通系统客运量变化情况进行了监测，为交通需求管理政策实施效果分析提供了第一手资料。

7.6.6.3 应急指挥调度系统

北京市交通安全应急指挥部在奥运会前专门建设了一套交通应急指挥调度系统，以应对奥运会及残奥会期间突发交通事件的处置工作。该系统通过对市轨道交通和运输保障指挥中心、市路桥指挥中心、市公安交通和雪天交通保障指挥中心的功能整合，具备事件现场全程监控、视频会议、统一指挥调度以及确保系统设备和信息资源安全可靠等功能，为奥运会及残奥会期间突发交通事件的应急指挥调度提供了保障。

7.7 赛前运行演练

7.7.1 演练目的

为了确保奥运交通保障方案的有效性和可行性，需要经过多次的交通演练来进行验证，同时经过演练，对各项保障方案进行不断的调整和完善，使得奥运会期间的各项措施都能够保障有力，运转高效。因此，交通运行各项方案的演练对方案的最终确定和优化起到了关键的检验和实践的作用。

7.7.2 演练组织

自2006年以来，按照各项保障方案的具体内容，组织设计相应的演练方案，最大限度地模拟奥运赛时的真实场景，对各项保障措施进行实地演练。

（1）“中非论坛”交通保障措施演练。2006年11月1日～6日，中非合作论坛北京峰会在京召开。为了保障论坛期间正常的交通运行和良好的交通秩序，北京市综合采取交通需求管理措施，对奥运期间交通相关保障措施进行了一次实地演练。

（2）“好运北京”测试赛演练。为实现奥运承诺，保证2008年奥运会期间环境质量达标、满足社会交通需求，在好运北京综合测试赛期间（2007年8月17日～20日），北京交管部门对本市行政区域内道路采取临时交通需求管理措施，机动车按照单双号行驶，并对空气质量和交通运行进行测试。

（3）交通环境保障演练。为确保奥运期间交通需求管理措施的有效性和可实施性，同时测试各项方案的实施效果，2007年8月17～20日，在奥运会前，在全市范围内，对各项需求管理措施进行了综合的精细化演练。

（4）奥运会注册客户群交通服务运行专项演练。本着通过实战检验奥运交通筹备工作效果，完善赛事交通服务指挥调度系统，磨合运行机制，总结经验、查漏补缺的目的，2008年6月28日，赛事交通服务分中心组织实施“奥运会注册客户群交通服务运行专项测试”。测试工作从实战出发，突出重点，对奥运会注册客户群交通服务运行进行实地互动演练，为赛时交通“安全、准点、可靠、便利”运行奠定基础。

（5）奥运会开幕式彩排演练。2008年7月30日、8月2日、8月5日，奥运会开幕式前期，共进行了三次彩排演练，对奥运会开幕式涉及的所有群体的运行组织方案进行了演练测试。

7.7.3 演练的作用

通过奥运会前的测试演练，对各项交通运行方案起到了检验实际效果、修改完善具体方案的作用。

如，2008年6月28日，奥运会注册客户群交通服务运行专项演练，共计对8项方案进行了演练测试。

（1）测试内容。奥运会注册客户群交通服务运行专项测试工作是由赛事交通服务分中心组织实施的，对赛事交通服务运行的一次整体测试。测试前分别制订了 8 个交通服务运行团队、31 个场馆交通团队、4 个交通场站团队的测试方案，测试内容包括：

赛事交通服务分中心工作机制的测试、交通服务运行团队运行组织调度测试、交通场站运行测试、竞赛场馆（不包括马拉松、公路自行车两个项目）交通组织测试、重点非竞赛场馆交通运行方案测试、签约酒店交通运行测试、交通服务保障能力测试、交通应急预案测试。

（2）测试效果。在测试过程中，各团队按照测试方案对各项测试内容进行了逐一演练，基本按照计划进行，整个演练内容完整，运行顺畅。同时，经过演练，共发现主要存在的 8 个方面的问题，包括各团队之间的对接不到位，沟通不顺畅；测试车辆不熟悉线路，发生车队走错路线的情况；交通引导不到位，交通引导标识缺失、设置不当等问题；部分场馆的交通设施还没有完全建设安装到位；部分测试的车辆和人员未达到赛时的规模等。

通过对上述问题的分析，向各运行团队提出了具体的改进建议。其中 T1/T2、T3、运动员、媒体、奥运公交场站、首都机场、国家体育场、国家游泳中心 8 个团队，对提出的改进意见进行了落实，保证了奥运期间交通运行的高效顺畅。

7.8　奥运交通风险评估

7.8.1　评估基本情况

奥运会期间，北京市将面临近 500 万 ~ 600 万人次的观众、近 20 万的奥运会工作人员、志愿者、奥林匹克大家庭成员等群体的交通运输服务工作，同时还要保证奥运赛时城市日常交通运输的正常运转。预计奥运赛时平均日交通出行量将达 2300 万人次 / 日以上。如此大规模的运输服务，需要强有力的交通保障工作给予支撑，同时还要提前防范各种风险，保证奥运交通服务万无一失。

为此，北京交通部门会同有关专家组成奥运会交通安全风险防范评估课题组，对北京奥运交通进行风险防范评估，主要评估奥运交通三个方面的问题：一是奥运会开闭幕式交通集散尤其是观众疏散问题；二是地铁运营安全问题；三是奥运会赛事的交通保障问题。

评估工作与政府相关部门奥运会交通安全保障方案的落实工作相结合，努力做到“严格、谨慎、细致、扎实”，精心组织、精心排查，不放过任何一个细节，不遗漏任何一个问题，促进“平安奥运”交通保障目标的实现。

评估工作历时 3 个月，评估课题组与北京奥组委交通部、北京市公安交通管理局、市路政局、市运输管理局等部门就奥运会交通保障方案和应急预案进行了充分沟通，实地视察了地铁奥运支线及 10 号线安全风险防范情况和市公安交通管理局交通指挥调度中心工作情况等。通过调研和视察，委员和专家们针对奥运交通存在的风险进行了分析和评估，提出了相应的意见和建议。

7.8.2 评估流程

风险评估流程包括计划和准备、风险识别、风险承受能力与控制能力分析、风险可能性评估、风险后果评估、风险等级确定、提出处置建议、反馈与更新 8 个环节（图 7–7）。

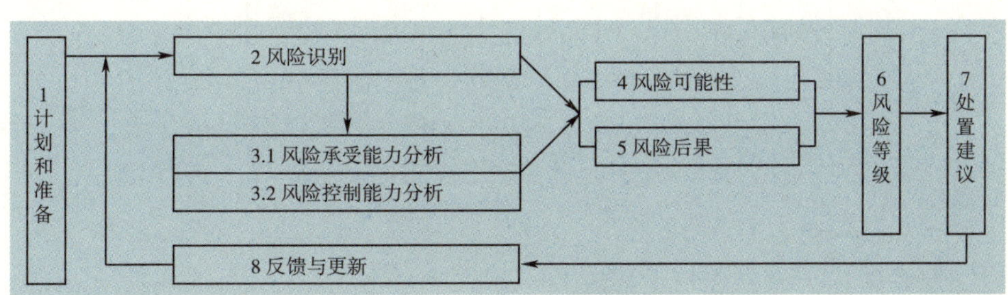

图7–7 风险评估流程图

评估过程中使用了“专家经验法”及“模型测试法”等多种方法，重点对 35 类交通风险事件进行风险的识别、发生概率、风险控制能力、风险后果等进行评价，确定风险等级，制订针对性防范及控制措施。

7.8.3 评估工作组织

成立奥运交通安全风险防范评估课题组，评估工作采取“专家领衔、公众参与、专业评估”的工作组织方式（图 7–8）。

7.8.4 评估内容

奥运交通系统涉及奥运期间赛事交通以及城市交通运行的方方面面。围绕奥运交通工作的构成，以奥林匹克大家庭成员交通服务、交通安全和组织管理、城市交

通设施保障、观众和城市交通运输服务保障、赛时交通管理政策和奥运会开幕式交通运行方案为评估对象的六个方面的奥运交通风险评估。

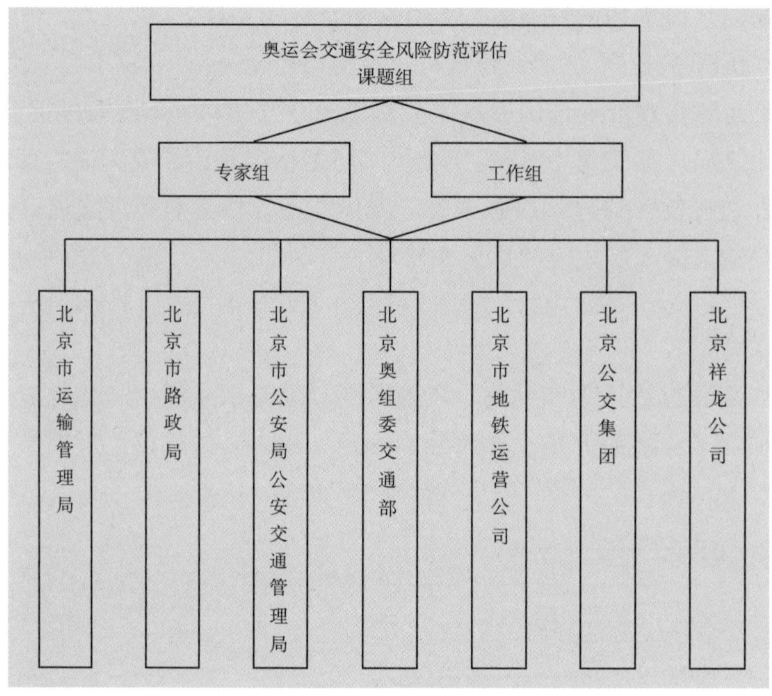

图7-8　工作组织架构

（1）奥林匹克大家庭成员交通服务。

赛时，奥组委交通部负责奥林匹克大家庭成员交通服务工作，承担比赛期间国际单项体育组织主席、秘书长及其官员、国际奥委会官员、运动员、媒体人员、技术官员等群体的交通服务工作。为此，奥组委交通部需要组织各个场馆编制针对各个客户群体的交通运行计划。

评估的重点是《交通服务运行计划（方案）》的合理性和可行性，评价针对奥运大家庭交通服务提出的主要风险事件及其防范措施，以确保兑现承诺，为大家庭提供“安全、准点、便利、快捷”的交通服务。

（2）交通安全和组织管理。

赛时，北京市公安交管部门负责道路交通组织和交通安全管理，包括：负责赛事场馆、住地、行车路线、大型活动等交通安全保卫工作的组织实施；负责道路交通组织与交通秩序维护管理;负责社会面交通指挥调度;负责赛事期间交通安全宣传、交通安全监管工作；负责赛事交通管理信息发布等。

评估的重点是赛时《奥运交通安全保卫工作总体方案》的合理性和可行性，评价针对交通管理提出的主要风险及其防范措施，以实现在保证奥运交通需求的前提下，确保赛事交通和社会交通的和谐运转。

（3）城市交通设施保障。

北京市交通路政部门负责城市交通设施保障，主要负责场馆周边及城市交通基础设施保障，包括赛时临时公交场站及临时交通设施的保障。

通过评估《北京市奥运期间道路交通安全突发事件风险评估与对策报告》和《北京市奥运期间桥梁安全突发公共事件风险评估与对策报告》中风险事件分析的合理性和相应对策可行性和实施效果，重点评价针对道路积水和路面塌陷等主要风险事件及其防范措施，以实现奥运期间交通设施运转完好，为赛事交通和社会交通提供坚实的交通设施保障。

（4）观众和城市交通运输服务保障。

北京市交通运输管理部门牵头，北京市交通执法总队、北京公交集团、北京市地铁运营公司等负责观众和城市交通运输服务，主要负责赛事期间的观众、工作人员和志愿者的运输服务；负责保障城市日常交通运输服务的正常运转；同时协助组织赛事运输服务车辆和服务人员等。

评估的重点是评价《奥运会城市交通运行保障工作总体方案》以及《北京市奥运期间突发事件交通运输安全应急保障预案》、《奥运会期间地铁重大安全运营突发事件防范与处置工作方案》、《奥运会残奥会赛时公共交通保障实施方案》、《北京市省际长途客运平安奥运应急预案》等方案的合理性和可行性，针对城市交通运行的主要风险事件提出防范措施，以实现奥运期间既要为奥运会观赛的观众、奥运会的相关工作人员和志愿者提供便捷的公共交通服务，也要满足社会日常生活出行需要。

（5）赛时交通管理政策。

本着“保奥运、保环境、保交通、少影响、可操作”的工作思路，北京市交通部门会同公安交管部门、环保部门等，研究提出了赛时全市的交通需求管理政策和措施，以达到保障北京奥运会及残奥会期间奥运交通安全畅通、最大限度减少对市民日常生活的影响，同时最大限度地为市民出行提供公共交通服务保障、减少机动车尾气排放对空气质量影响的目的。

评估的重点是评估赛时《第29届奥运会北京交通保障方案》中针对赛时城市交通需求管理政策的实施所提出的主要风险事件及其防范措施的可行性和有效性，以实现奥运会空气质量保障和交通保障两个目标。

（6）奥运会开幕式交通运行方案。

开闭幕式是奥运会中两个最重要的环节，它具有人流量大、密度高、持续时间长、影响地区广等诸多特点，一场好的、成功的开幕式的举办，意味着奥运会成功了一半。因此交通部门专项研究和编制了奥运会开闭幕式的交通组织方案，提出了详细的包括观众、工作人员及志愿者在内的各客户群体的交通运行方案。

评估的重点是《奥运会开幕式交通运行整合方案》中各个客户群体交通运行方案的合理性，以及针对奥运会开幕式所提出的主要风险事件及其防范措施的可行性和有效性，以确保实现举办一届“有特色、高水平”的奥运会开幕式。

在开幕式运行方案的风险评估中，对可能产生的意外风险按其结果的危害性及发生概率(可能性)进行了分级评估。根据不同的风险源将开幕式运行风险分为五类：交通运行与人群集散系统风险、恶劣气象条件风险、保障设备运行风险、来自参会人员的风险以及来自系统外的突发事件引发的次生风险。

对于上述五类风险发生的可能性、后果危害程度、主责单位以及应对预案逐一进行了定性与定量相结合的评估，结果如表 7-11 所示。

通过评估，对发生概率很高、危害程度较大的风险源进行了逐一处置，修改调整了开幕式人流疏导组织方案。例如，为了应对散场时，公交和地铁入口大客流的冲击可能造成的拥塞甚至发生踩踏事件，重点对地铁奥林匹克公园站以及公园周边两个较大的公共汽车枢纽站客流组织方案进行了细化调整（图 7-9）。

经风险评估后提出如下措施：

①为避免观众疏散流线与运输流线冲突，关闭地铁奥林匹克公园站西入口；观众由鸟巢北端缓冲区，一方面自湖边西路及中一路向东北方向的公交枢纽站疏散，另一方面被引导进入下沉广场，而后进入地铁站（图 7-10）。

②在缓冲区设置人流疏散控制分流点，根据地铁站进站人流状况，控制进入下沉广场人流量。

③对进入下沉广场的梯道、坡道及两组自动扶梯通过量实行限流控制。

对于公园东侧及西南侧的两处公交枢纽站分别进行了疏散梯道能力与疏散量的匹配度校核，将人流出口数量增至 4 个，且拓宽至 5m，控制出口通过速度和流量，并且对公交站内车辆出入口及通道也做了相应调整（图 7-11）。

④考虑封闭区解除管制期间，前往西南方向公交枢纽站的乘客只能通过体育场东侧的湖边西路和南一路向西南方向疏散，需在封闭管制区南侧和景观大道南端的景观大桥增辟通道和出口，并设置引导员。

表7-11　交通运输及人群集散系统风险

风险源	造成的危害描述	危害程度	发生的可能性	主责单位	规避和应对措施
地铁8号线技术故障	车辆停驶，人员在站台、车辆内积压，可能引发次生恐慌，增大公交客流压力	特别重大	较低	运输局：地铁运营公司协同公交总公司	抢修线路、调用备用车辆，采用其他方式疏散积压人群
地铁5号、10号线技术故障	车辆停驶，人员在站台、车辆内积压，可能引发次生恐慌，增大公交客流压力	重大	较低	运输局：地铁运营公司协同公交总公司	抢修线路、调用备用车辆，采用其他方式疏散积压人群
M8 奥运公园站客流量过大	人员拥挤	重大	很高	奥组委运动会服务部、安保部、地铁运营公司	临时关闭车站，利用东部场站分流
下沉广场客流量过大	人员拥挤	较大	很高	安保部、志愿者部	临时关闭下沉广场入口
外围地铁系统故障	影响观众返程	较大	一般	地铁运营公司	抢修线路、调用备用车辆，采用其他方式疏散积压人群
公交场站、线路客流量过大	站台拥挤、场站出入口拥堵	重大	很高	公交集团	备用场站调车、控制人员进站流率
外围地铁车站、线路客流量过大	影响观众返程	较大	较低	地铁运营公司	临时加车缩短发车频率
出入口和通道局部疏散出现未料及的人群集中，造成出入口能力和缓冲区能力不足	人员拥挤，发生安全事故	重大	很高	国家体育场团队、安保部、运动会服务部、志愿者部、地铁运营公司、公交集团	控制人员流率，提前采取分流措施
园内观众迷失方向	步行人员停驻、张望，人员流线交叉，阻碍正常行进	一般	很高	工程部、志愿者部、运动会服务部	完善引导标志系统，提前进行宣传，工作人员积极连续引导
道路、桥梁、隧道意外事件造成的路由封闭	车辆通行道路受阻	重大	较低	路政局、交管局	处理突发事件，设置并告知绕行路线
外部道路拥堵	车辆通行受阻或者延误	较大	一般	交管局	积极疏导，告知等待时间或绕行路线

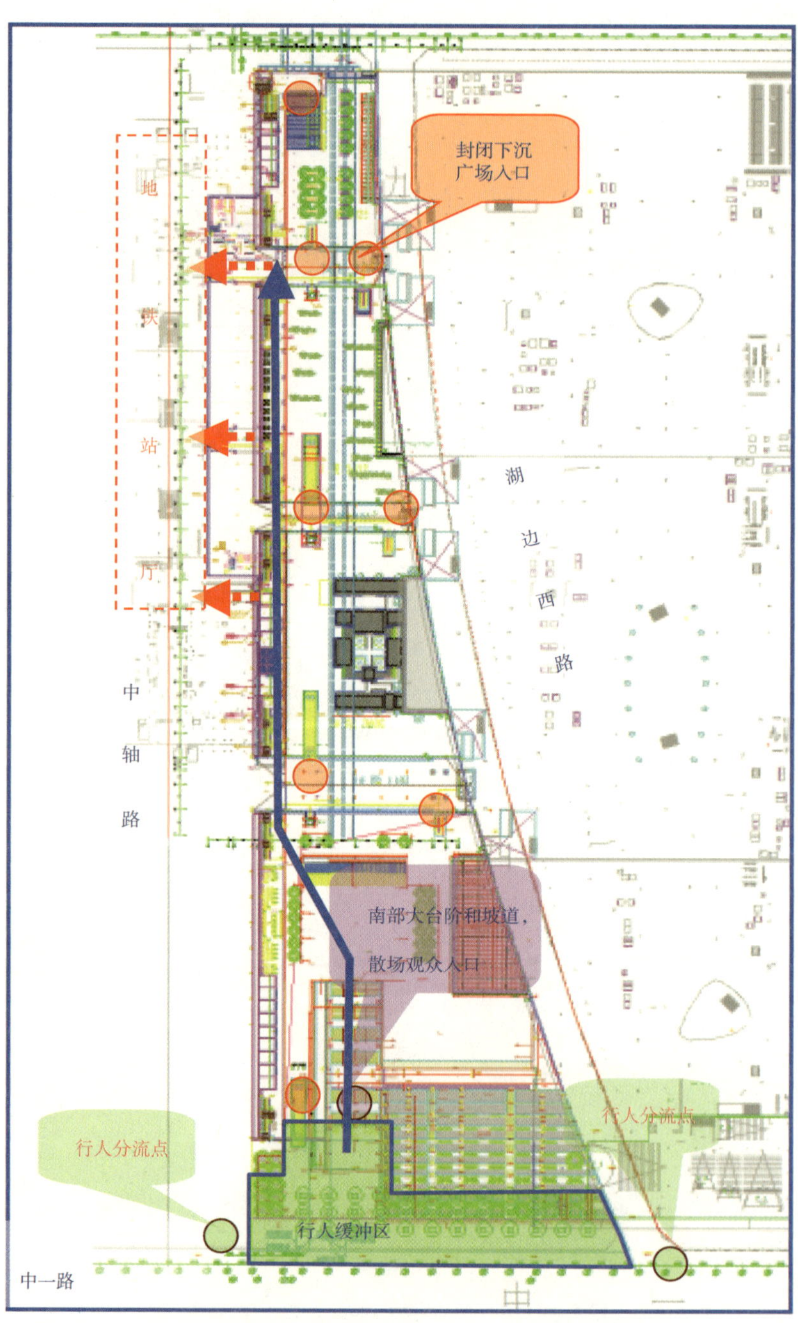

图7-9　地铁奥林匹克车站进站人流分流控制示意图

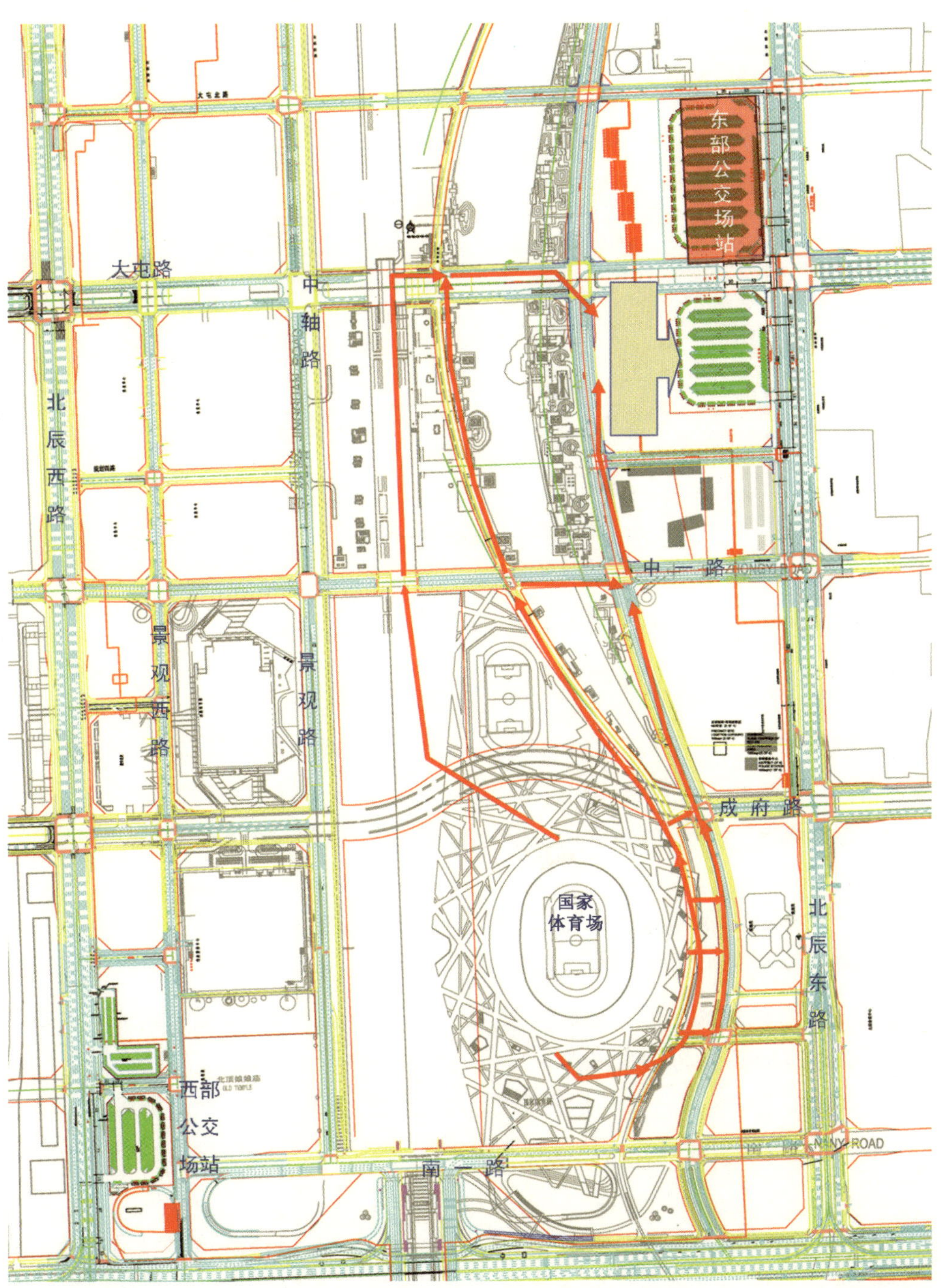

图7-10　观众向东部公交场站疏散方案的调整

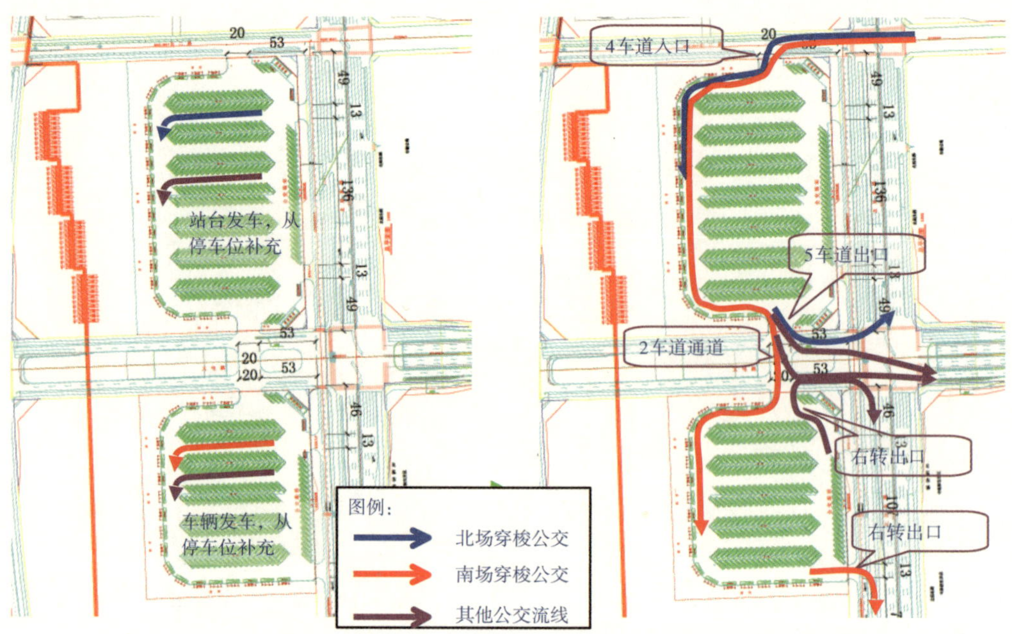

图7-11　东部公交枢纽站进出站通道及流行调整

7.8.5　评估作用

通过此次评估，最终形成以下七项专业评估报告：

（1）以保障奥运会期间赛事交通安全为核心的《奥运会交通安全风险评估及对策报告》；

（2）以保障城市交通为核心的《北京市奥运期间道路交通安全突发事件风险评估与对策报告》；

（3）以保障城市交通设施安全为核心的《北京市奥运期间桥梁安全突发公共事件风险评估与对策报告》；

（4）以保障观众及城市交通运输服务为核心的《北京市奥运期间城市轨道交通运营突发事件风险评估与对策报告》；

（5）以保障观众及城市交通运输服务为核心的《北京市公共交通奥运保障预案》、《奥运期间交通运输行业风险防范工作报告》及《开幕式交通运行整合方案风险评估与对策报告》。

各相关部门对评估建议逐项落实，制订了22项应对措施和两项应急预案。事实证明风险评估工作为奥运会和残奥会交通组织、风险防范和应急处置提供了强有力保障。

8 奥运交通科技创新

2008 年奥运会把“科技奥运”的理念贯穿于规划、建设、运行与服务的各个领域。在奥运交通领域，以科技创新为引领，从科学交通规划体系的创建，到交通基础设施建设、系统运行监控与调度，以及为 T1 ~ T5 各类群体提供交通服务装备、运行组织，都有一系列的科技创新成果。科技创新成为本届奥运会交通运行服务的重要保障。

早在筹办初期的交通战略研究阶段，北京市政府与奥组委就着手研究和制订奥运科技创新的全面规划，并作为交通发展战略的重要支撑点。在《纲要》中将“促进交通科技发展，加快交通信息化与智能化建设”列为一项重要任务，明确了交通科技发展的重要地位、方向和基本任务。《纲要》明确指出：“以信息化、智能化为重点推进交通行业的科技进步，提高交通规划、设计、施工、运行管理的科技水平”，“研究开发新交通方式、新交通工具、新材料和新工艺”。

8.1 奥运交通科技创新的基本目标

从奥运交通面临的关键技术难题和奥运交通的实际需要出发，北京奥运交通科技创新确立了以下基本目标。

（1）解决开放性复杂巨系统运行监测与有效管理难题，实现广域路网实时监测和评价，全方位掌握奥运交通运行动态状况。

应对奥运交通管理决策需求，根据北京市实际交通状况和条件，着力研发适用于广域路网的道路运行实时数据采集和处理技术，解决以往奥运举办城市未能解决的开放性复杂巨系统的无盲区数据采集和系统监测难题，实现对北京市市区路网运行状态和公交客流全天候、全网络的实时监测，并成功服务于奥运会。

（2）实现奥运交通服务车辆的智能化调度、交通运行管理的现代化指挥，以及实时动态交通信息服务，确保安全、高效、有序。

为满足奥运不同群体的特殊交通保障需求和城市日常交通及运输需求，通过全方位监控、畅达的通信网络、精准的定位技术、高效的组织优化方案，建立道路交通管理指挥调度系统、公共交通智能化运营组织调度系统、轨道交通指挥调度系统、交通应急指挥系统等多层次的指挥调度系统，实现交通的合理组织和车辆的智能化调度，确保奥运交通的安全、高效、有序运行。

（3）保障奥运场馆的安全、顺畅运行，解决突发性高强度人流疏散难题。

针对奥运交通需求的突发性、高强度特征，应用先进的人流仿真分析技术方法，诊断奥运比赛场馆人流疏散的关键节点，降低人群集散风险。通过事先对有关的营运计划或交通组织方案进行评估，测试行人交通组织、观众引导服务、安全保障以及相应设施的设置功能，针对场馆赛事活动、开闭幕式交通运行组织提供辅助决策方案。

（4）解决奥运交通规划的系统集成问题，建立科学的交通规划体系。

（5）研发各类交通规划与交通运行方案的预评估和可实施性检验技术。

交通规划与运行方案的合理性与可实施性受客观条件限制，往往在付诸实施前无法进行实际检验，尤其是涉及全局的中长期战略规划更是如此。然而，任何规划都存在基础数据中的诸多不确定性，加上规划理论方法的缺陷，规划方案的科学合理性及实施的可行性确实难以保证。针对这个难题，需要利用现有的交通流理论及建模技术，研究建立一套可用于各类交通方案的预评估和可实施性检验的规划方案预评估体系，辅之以小规模的现场检验手段，从而保障奥运交通各项规划和运行管理对策实施方案的有效性和可实施性，并为我国大型活动交通组织和管理提供参考和理论研究依据。

（6）研究有效协调奥运短期特殊需求与城市中长期可持续发展需求的对策。

奥运交通科技发展提升“科技奥运”品质，更是对城市交通长期发展战略目标实现的催化剂。奥运会是短期的，投入是巨大的，而城市交通发展依赖于长期可持续发展战略。在奥运交通科技工作中必须注重对这两方面的思考，充分利用奥运会这个契机，以科技促进城市交通长远发展，全面推动交通基础设施建设、运输装备、运营组织调度等领域新技术、新材料、新方法的研发应用。

8.2 科技创新成果

8.2.1 实现全路网无盲区的实时运行数据采集与处理

交通系统是一个开放性的复杂系统，无论是系统服务对象，还是系统的规划、建设、运行监管和系统服务，提供者随时随地、不经任何约定，随机介入这个开放系统，这种介入恰恰又是在信息不对称的情况下实现的。因此，所有这些群体或个体对系统的介入不可避免地带有盲目性。正是这种几乎不间断的有很大盲目性的介入无时无刻不在干扰系统的正常运行。因此，交通系统是一个随机动态变化系统。对这样一个非稳态随机系统实行监控，首先要解决时空连续无盲区的全网交通运行实时数据采集与数据处理问题，这也是当今国际上尚未真正解决的难题。

8.2.1.1 关键技术

传统的以交通流量检测为主的交通流数据采集手段能够获取的仅是断面流量及通过断面的瞬间速度等信息，无法做到空间上无间断的交通流信息采集。

以浮动车技术为代表的车辆行程数据采集技术与传统采集技术有着本质的区别，它采集的是时空连续的道路运行信息，可间接反映道路拥堵程度，采集成本低且无盲区。

北京市基于浮动车的实时交通数据采集与监测系统包含 40000 辆浮动车（其中，33000 辆依托于集中调度系统的出租汽车，5000 辆私家车和 2000 辆租赁旅游大客车），样本代表性强，覆盖面广，实现了对五环路内路网的 90% 以上覆盖，实时监测各等级路网的动态运行状况，已成为国际领先的技术典范。

8.2.1.2 技术创新点

（1）首次提出并建立了高覆盖、大规模城市动态交通信息实时获取系统，详细到支路的全路网覆盖，解决了传统固定检测技术覆盖范围小、仅能采集瞬时点速度、建设成本高的“痼疾”。

（2）自主研发的基于路径搜索的实时地图匹配和速度估算技术、分布式并行处理技术，解决了城市复杂路网主辅路并行和立交匝道的地图匹配难题，匹配准确率达到 95% 以上，速度估算精度达到 86% 以上。

（3）提出并验证了区间旅行速度时空集成算法，解决了单车状态与车流区间状态的代表性问题。快速路速度估算精度达到 92% 以上，主干路旅行速度估算精度达到 86% 以上。

（4）首次提出基于 CUSUM 算法的交通异常状态（事件）在线检测模型，实现了交通事件的自动甄别，性能与国外最好的美国 UCB 模型相比，在同一误报率下，检测率提高 10% 以上。

（5）首次提出并建立了城市广域路网实时监测和历史趋势分析相结合的运行分析体系和技术。实现了任意道路、自定义路径的“指向型”监测，任意时段的对比分析，解决了交通系统运行实时监测和规律分析缺乏便捷手段的难题。

（6）首次提出基于大样本出行轨迹的交通网络特征分析技术，实现了出行轨迹提取、出行 OD 时空分布等的城市交通供需时空分布分析。首次提出基于车辆行程数据的路网结构和功能层次分析技术。解决了交通出行人工调查样本量少、无法进行大样本细致出行特征提取和路网结构诊断分析的难题。

8.2.2 建立全路网实时运行动态评价平台

国际上大城市普遍面临日益严重的交通拥堵问题。对交通拥堵“生成——消散”实时动态跟踪监测，进而分析路网运行规律对改善路网运行状况具有重要意义，一直是各国共同关注的问题。然而，直到 21 世纪初，在这个领域仍有一系列的技术难点尚未突破。北京奥运会筹办期间，根据历届奥运会的交通运行经验，建立一个全天候的道路系统及城市公共客运系统实时动态监测分析平台是保障奥运交通安全、高效运行所必需的一项重要基础设施和技术支持手段。为此，针对此项建设所面临的多项关键技术难题，制订了一套缜密的科技攻关计划。经过长达 6 年的研发工作终于取得突破，初步建立了覆盖市区五环路以内 650km^2 范围的交通运行实时监测分析平台，成功地应用于奥运交通调度指挥系统（图 8-1）。

8.2.2.1 关键技术

目前各国仍在沿用的路网系统整体动态评价方法是以“断面流量”和“通行能力”为基础参数的“负荷度”评价技术方法体系。这种方法可用于局部路网的静态评价，却无法用于路网整体运行动态评价。首先，断面流量的数据在空间上是不连续的，无论在理论上还是实践上都无法解决路网整体评价基础数据盲区问题。其次，“负荷度”指标（V/C）的标定始终把通行能力（C）视为常数，实际上在车流运动处于非稳定（即紊乱流态）状态时，C 并非为常数，而是随流量 V 的增加而逐渐趋于“0”，V/C 则趋于无穷大。不仅如此，在自由流状态，V/C 也同样不能反映道路的实际运行功况（例如行程车速）。在自由流的前半段及稳定流的后半段，道路上车流运动状况（车速）是围绕一个平均值上下随机波动的，与

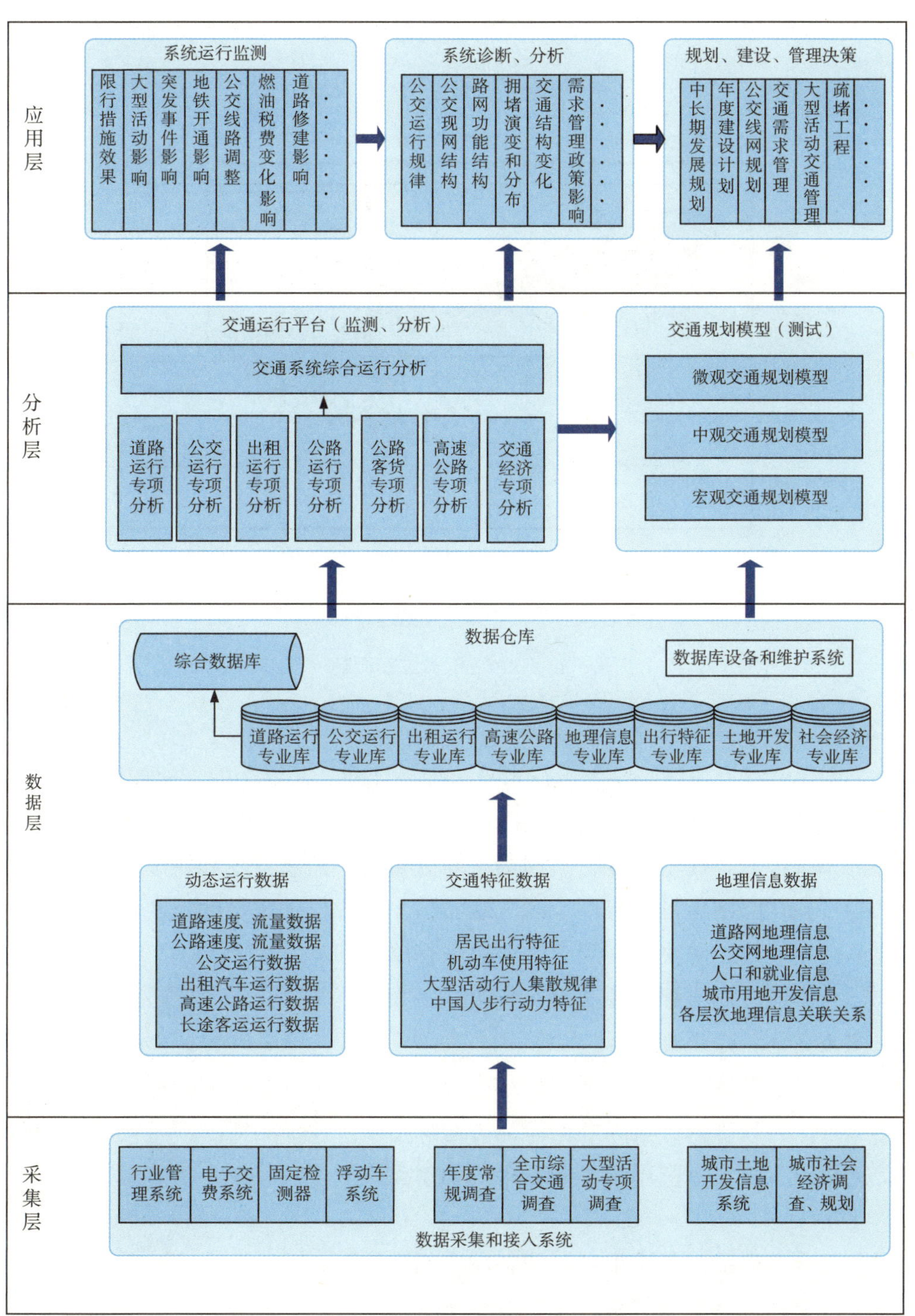

图8-1　路网实时运行宏观动态评价平台体系架构

V/C 没有很好的相关性（图 8–2）。因此，“负荷度”评价方法不适用于路网系统整体的动态评价。

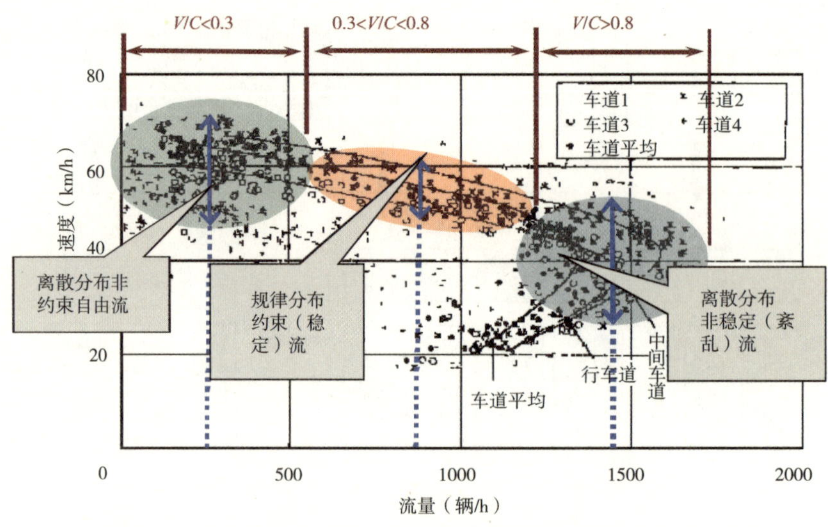

* 行程车速呈离散分布的蓝色区域，*V/C*不能客观反映道路实际运行水平

图8–2　负荷度评价方法的局限性

8.2.2.2　主要技术创新点

（1）创建能够反映路网整体运行水平（拥挤度或畅通度）的交通拥堵的“五维”测度指标和评价技术方法，并进行实际应用，这项成果迄今在国内外尚属首创。应用此评价系统可从“拥堵强度”、“拥堵空间分布”、“拥堵发生和持续时间”、“拥堵发生频度”及“路网运行稳定性”的五维特征，全方位、定量地反映城市交通拥堵的状况和变化规律，解决了国际上长期以来在路网系统运行实时监测与评价领域没有解决的一大难题（图 8–3）。

（2）提出了拥堵等级阈值标定技术。综合使用问卷调查、频数分析、实际数据验证方法确定拥堵等级阈值，可灵活应用于不同城市的动态运行评价。

（3）首次实现我国各城市自身和各城市间的横向与纵向交通拥堵对比分析，直接应用于交通战略决策和交通疏堵工程，填补了国内空白。

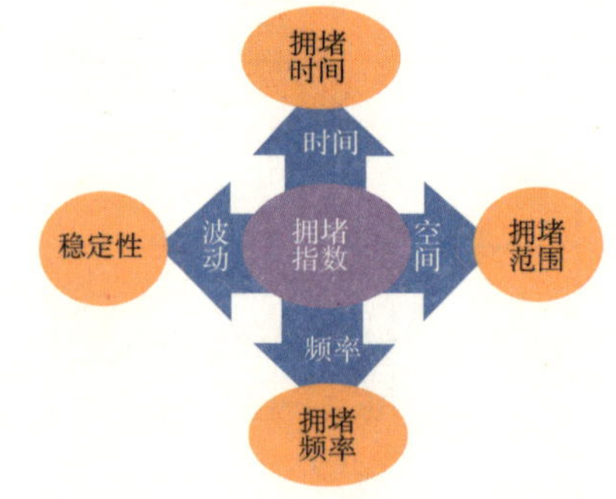

图8–3　“五维”交通拥堵评价指标体系

8.2.3 多层次的指挥调度系统应用技术创新

以往奥运会通常仅以道路交通的智能化管理系统为主，缺乏全面整合道路网、轨道交通网、地面公共客运交通网和城际（航空、铁路、公路等）运输网络的运行实时监测与指挥调度系统。通过多层次网络运行系统集成技术研发，建立覆盖市域范围的道路交通组织管理、公共交通运输、出租汽车调度、应急处置一体化智能指挥调度技术，解决了奥运交通综合保障一大难题。主要技术创新点包括以下方面。

（1）解决了海量多源异构数据融合与数据仓库设计关键技术问题，实现专项应用与综合处置相结合的集成体系。

（2）建立了北京奥运交通管理指挥调度系统，实现了系统接入与信息提取整合，事件管理与协调控制、指挥调度、预案管理与辅助决策、数据发布等功能的综合集成。

（3）提出并成功建立了智能化公交运营管理调度系统，突破了在公交运营组织调度、公交线路发车频率优化模型和线路车辆配置模型、地面公交运力资源优化配置、突发事件自动响应、奥运公交运输方案压力测试、大规模奥运公交应急救援等业务领域的技术瓶颈。建成一个总调度中心、6 个分调度中心和 34 条奥运公交专线的调度系统，成功完成奥运公交运输保障。

（4）轨道交通网络化运营管理及调度技术，实现轨道交通路网票务清算管理、路网调度指挥和应急处置等三大功能。开创了行业内集中指挥协调的全新模式，在综合信息平台及工程技术规划、项目管理模式和清算模式等方面取得创新成果，有效提高了运营管理效率和服务水平。

（5）基于出租汽车调度系统，针对奥运出租汽车服务需求，设计并建设了多语言电话叫车系统；实现了卫星定位、无线通信、调度、监控报警、监听、免提通话、实时监控等多种功能，提供了多语种（英语、日语、韩语、德语、法语、俄语、西班牙语、阿拉伯语）服务，实现远程外语实时翻译。

奥运期间，该系统为北京 84 家出租车公司约 2 万辆出租汽车提供调度和多国语言在线翻译服务，为媒体村、奥运中心区、各比赛场馆、北京南站等地点发布出租汽车紧急用车信息，保证了上述场地的客人用车，得到中外来宾的好评。

（6）建成了集成有线通信系 统、无线调度系统、计算机网络应用系统、视频图像系统、综合保障系统、应急移动指挥通信系统、应急备份系统的奥运交通应急指挥综合系统，为交通管理者提供各类重大和较大突发交通事件的应急指挥支持保障。

8.2.4 自主知识产权的车辆动态导航技术

动态导航作为智能交通系统的重要标志，一直是各国智能交通发展的重点之一。车辆动态导航技术在美国、日本、欧洲发展较早，但由于数据条件和交通特征的差别，不能照搬应用到我国。为了更好地适应我国城市情况，打破国际技术壁垒，北京市以奥运为契机开展车辆动态导航技术研发。主要技术创新点包括以下方面。

（1）首次自主研发了国内第一套调频副载波实时交通信息发布系统，实现了动态交通信息的自动生成和广域、廉价的数字化播报和导航服务。与国外同类技术相比，整个系统的发送速率和发送容量提高了3倍，成功率提高到94%，误码率降低到6%，兼容国际标准，解决了我国交通信息服务和动态导航的关键技术难题，填补了我国在该领域的空白。

（2）编制了全国第一套交通信息服务、动态导航领域的地方系列标准“交通信息广播频道数据格式”，解决了信息服务产业规模化发展标准缺失的难题。

（3）突破了包括基于向量识别的启发式路径推测、基于多源数据的信息融合、迭代式交通流信息的填补与预测、路况信息准确自适应绘制等在内的车辆动态诱导关键技术难题，实现了真正意义上的车辆动态导航，成功应用于奥运服务车辆。

8.2.5 大规模人流集散动态仿真技术应用技术创新

奥运交通需求具有典型的突发性和高强度特征，直接影响着奥运比赛场馆观众进散场、场馆周边行人交通流是否安全、快速、有序。为了应对这个难题，北京通过行人交通仿真技术，对有关的营运计划或交通组织方案进行评估，降低奥运交通风险，减少大规模演练的费用，为制订合理可行的奥运会交通组织方案、预案提供支持。

此外，国际上先进的行人交通仿真模型并不能直接使用，最关键的技术难题是对我国行人交通特性的捕捉和分析，只有解决这一难题才能准确地进行人流仿真和组织方案优化工作。主要技术创新点包括以下几个方面。

（1）根据大型活动特点，分别针对集中进场和陆续进场的活动，构建了行人集散模型，并通过Gini-Simpson系数和Gini集中度指标进行集散过程评价，为分析行人时间集中程度提供量化指标。

（2）中国行人交通流特性：基于各种类型场地条件下的实测数据，建立了场地条件、性别、结伴、行走目的等多种因素对速度的影响关系；研究了行人交通流的速度、流量、密度三要素之间的关系，构建了行人交通流模型;通过交通流模型分析、行人时空消耗原理，计算了常规行人设施及安检等排队通道的通行能力；根据中国行人交通流特性，以中国行人拥挤感受阈值为划分标准，制订了兼顾交通流特性和使用者主体需求的服务水平等级划分方法，并提出了相关的应用指标，为大型活动的组织方案设计提供理论依据。

（3）在分析大型活动行人路径选择和拥挤状态下的行人交通行为的基础上，基于 Logit 模型构建拥挤状态行人行为（拥挤阈值、拥挤感受、反应和动作）模型及路径、目的地选择模型。

（4）针对拥挤人群的特点，用有序度和熵作为评价指标，提出了大型活动的行人规划组织方法。

8.2.6 规划系统集成技术创新

8.2.6.1 关键技术难题

奥运交通规划从总体规划到各专项规划，贯穿于奥运筹备的各阶段。为实现奥运交通规划与城市交通总体发展战略相一致的目标，避免由于相互衔接关系不清、互相冲突而造成的内部资源消耗和外部环境影响，需要梳理各类规划间的关联和制约关系，主要技术难点包括以下两类问题：

（1）分析和处理奥运交通系统内部规划的制约与相互反馈关系；

（2）分析和处理奥运交通系统规划与外部规划的制约与相互反馈关系。

8.2.6.2 主要技术创新点

（1）交通规划体系内部结构及系统集成技术。通过设定包括目标层、总体规划层、具体分项层和奥运专项层的科学规划体系，实现从总体到局部、从宏观到微观，各层次间和层次内部相互依存，相互制约，相互反馈，形成了一个完整的多层次规划体系，避免了各项交通规划互不衔接、相互矛盾的局面。北京奥运会总结历届奥运会交通规划的经验教训，站在系统规划的高度进行综合交通体系规划，这是带有开创性的探索，是本届奥运会对交通规划体系的贡献。

（2）交通规划体系与外部规划体系的衔接与整合技术。奥运交通规划体系不是一个孤立的封闭体系，编制过程中要充分顾及它与外部规划的互动关系。北京奥运交通规划提出了交通规划体系与其他规划的外部集成技术的内涵和体系方法，在进行交通规划的同时，考虑与外部系统规划（如城市规划、经济发展规划、能源规划、环境规划等）的关联关系，发挥“1+1>2”的共赢效益。

8.2.7 规划与管理方案优化评估技术创新

由于大部分的规划与管理方案无法在实际交通系统中测试演练，在信息化、智能化的评估技术出现之前，对于规划与管理方案评估主要依靠经验和传统的实施效果评价方法，一般是宏观评价，无法满足奥运会项目评价的要求。为解决规划与管理方案无法预评估或者测试演练费用太大的难题，北京市针对奥运会开展了奥运会和大型活动的交通模型和仿真技术研发，在国内尚属首例。主要技术创新点包括以下方面。

（1）提出了大型活动交通需求的叠加分析法。我国首次取得奥运会的举办权，对如此大型活动的交通需求分析尚缺少经验数据。通过总结分析近几届奥运会交通需求预测的经验，提出了一套背景需求加赛事需求的叠加分析法。并且考虑不同群体的出行特征，在需求叠加运用中，并不是简单的加合，而是充分分析了两部分需求的相互影响和修正。

（2）基于活动链的城市背景交通模型。在城市背景交通模型建模中，运用了目前国际上比较先进的活动链理论。结合北京出行特征分析，建立了包括64类行为链的需求分析模型。活动链描述了一个人在一天24h中所有的行为，以及各行为在时间上和空间上的相互关联性，以及使用交通方式的连贯性，从而更真实地模拟人们的出行需求。

（3）基于活动地点链的奥运运行模型。充分分析奥运需求的特殊性，提出了基于活动地点链的奥运需求分析方法。奥运行为的活动地点包括家、宾馆、工作地、车站机场和赛场。以赛程的时间安排为主线，以活动链的理念对这些活动地点的相互关联性进行分析，进而分析奥运需求。

（4）研发建立了适用于不同功能层次规划与管理对策方案评估的模型体系与测试平台。以奥运为契机，针对城市交通规划体系中各功能层次规划编制以及各项政策与管理对策方案评估的实际需要，建立了宏观—中观—微观分析与静态分析—动态仿真多层次、多功能相互嵌套的模型体系，成功地用于从中长期交通发展战略规划到场馆交通运行规划各个层次规划的评估和优化工作。

根据需要建立了动态仿真测试平台，用于奥运会开闭幕式运行方案、奥运公交专线规划方案以及需求管理“一揽子”实施方案等专项方案的测试，实现了规划与管理方案的低成本、智能化预评估，既节约了时间和资金成本，又提高了科学性和可信度。

8.2.8 新技术、新材料和节能环保车辆创新

节能环保是当今世界的重要议题,是可持续发展的关键。为充分体现"绿色奥运"理念,实现奥运低排放承诺,北京市以奥运为契机,研发基础设施建设和车辆新技术,既服务奥运,又为城市交通的可持续发展奠定基础。主要技术创新成果有以下几个方面。

(1)奥运电动客车在国际上首次规模化应用了高能锂离子动力电池,开发了电池组模块化封装系统,实现了动力电池自动快速更换。发明并开发了电机和机械自动变速器组成的一体化动力传动、卧式涡旋式零泄漏一体化冷暖空调、整车信息化控制、电池组能量管理等关键技术产品。整车实现了轻量化设计,解决了用电体制、二次绝缘及安全可靠和冗余稳定等难题。

(2)在电动客车应用方面,建立了车辆应用与动力电池管理分开、动力电池租赁、集中分箱充电、电池组快速自动更换、远程监控与智能调度、集中维护保养的电动客车运行体系,构建了全新的电动客车城市推广模式。

(3)为保障奥运期间电动客车运行的能源供给,建成国际上规模最大、充电机数量最多的充电站,充分考虑了功能性、技术要求、经济效益和社会效益等多方面因素,在奥运期间为50辆电动客车提供24h充电、动力电池更换服务及相应的整车和电池维护保养服务。电池管理系统采用集散式系统结构,系统功能、电压和电流全范围检测精度达到了国内外同类产品先进水平,建立了基于自适应双卡尔曼滤波的SOC估计算法模型,经示范运行检验,SOC估计精度在8%以内,能满足运行使用要求。同时,管理系统具有整车绝缘电阻监测能力,确保了电池和人身安全。

(4)自主研制了废胎胶粉改性沥青成套技术,并实际应用于机场南线、康西路、辛樊路等多条道路施工。编制了我国第一部地方性"橡胶沥青及混合料设计施工技术指南"。

(5)自主研制了温拌沥青施工技术,采用表面活性平台法研究开发温拌沥青混合料,以特种乳化沥青替代热沥青,从而达到低排放、节能型、适合薄层摊铺的目的。

(6)自主研制了钢渣骨料在沥青混凝土面层的应用技术。通过对钢渣集料的性能和对钢渣沥青混合料配比设计的研究,通过试验对混合料进行综合性能的评价,并编制了"钢渣沥青混合料设计施工技术指南"。在双清路和南雁路得到应用,钢渣沥青混合料良好的抗滑性能得到了验证。

(7)自主研发的储能反光标志标线技术,全部技术指标符合国家标准,并已通

过权威机构的各项检测。该产品属于企业自主知识产权成果，现已向国家知识产权局申请发明专利。通过施划一年来的试用，证实其自发光效果较好，对行人、非机动车的安全出行提供了更高的安全保障。

8.3 科技创新成果应用

8.3.1 奥运赛时24h路网运行监测

基于浮动车交通信息系统实现了全天候路网运行速度实时监控。奥运会期间，根据北京奥运会残奥会交通与环境保障组交通运行中心工作部署，每日报送监测数据，为奥运交通管理团队掌握系统运行实况，快速应对、合理组织，保障奥运交通稳定有序运行提供了有力支持（图 8-4）。

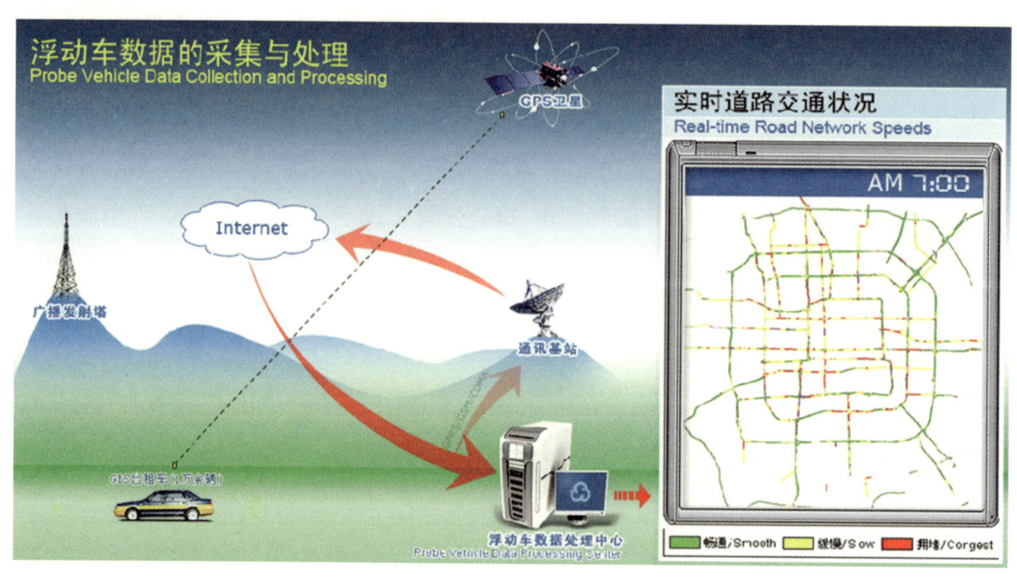

图8-4　奥运路网运行监测系统示意图

通过对“公车、单双号限行等措施效果分析”、“奥运专用道停用”、“单双号限行范围缩小”、“中小学开学对交通运行的影响”等专题分析，全方位评价各类交通保障措施、社会活动等对路网运行状况的影响，对奥运后交通需求管理政策（如“每周少开一天车”）制订起到重要作用。积累的大量交通常态和非常态典型交通特征数据，对日常及重要活动期间的运行保障等工作提供了强有力的支持（图 8-5）。

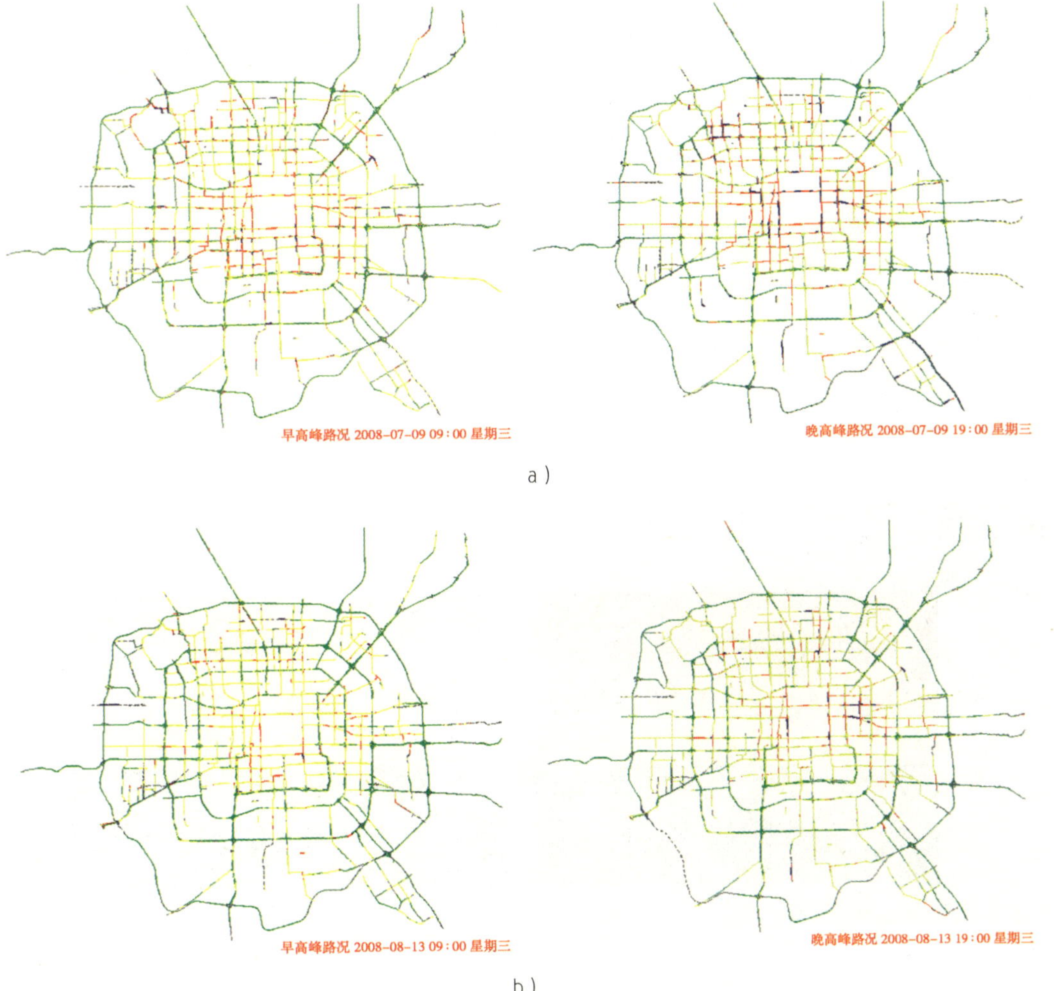

图8-5　五环路内道路早晚高峰速度图（工作日）

a）7月9日早晚高峰（奥运前）；b）8月13日早晚高峰（奥运期间）

8.3.2　测试赛及奥运赛时需求管理政策实施效果评价

分析结果表明，2008 年 7 月 1 日 ~ 7 月 19 日期间，工作日道路网交通拥堵指数为 6.14，处于“中度拥堵”状态；在单双号限行、黄标车停驶、错峰上下班等奥运交通保障政策措施的联合作用下，奥运村预开村至闭村期间（7 月 20 日 ~ 8 月 27 日）交通运行条件大为改善，工作日道路网交通拥堵指数降为 2.49，较 7 月 1 日 ~ 7 月 19 日降低 59.4%，处于“畅通”状态。周末交通拥堵指数则由 2.35 降为 1.58，呈现

"非常畅通"状态。

残奥村开村至闭村期间(8月28日~9月20日),工作日道路网交通拥堵指数为2.92,较奥运村预开村至闭村期间有所增大,但仍比7月1日~7月19日降低52.4%,处于"畅通"状态,周末交通拥堵指数为1.58,呈现"非常畅通"状态。

奥运会(8月8日~8月24日)和残奥会(9月6日~9月17日)期间交通拥堵指数分别为2.45和3.22,与单双号限行前相比路网运行状况明显改善,处于"畅通"等级。

从日交通拥堵指数变化可以看出(图8-6),单双号限行前工作日处于"中度拥堵"或"轻度拥堵"等级;7月20日后工作日多处于"畅通"等级,其中8月8日和8月24日(奥运会开、闭幕式当天)路网交通运行顺畅,皆为"非常畅通"等级;自中小学开学以来,工作日交通拥堵指数有所上升,除个别工作日外,总体仍处于"畅通"等级。

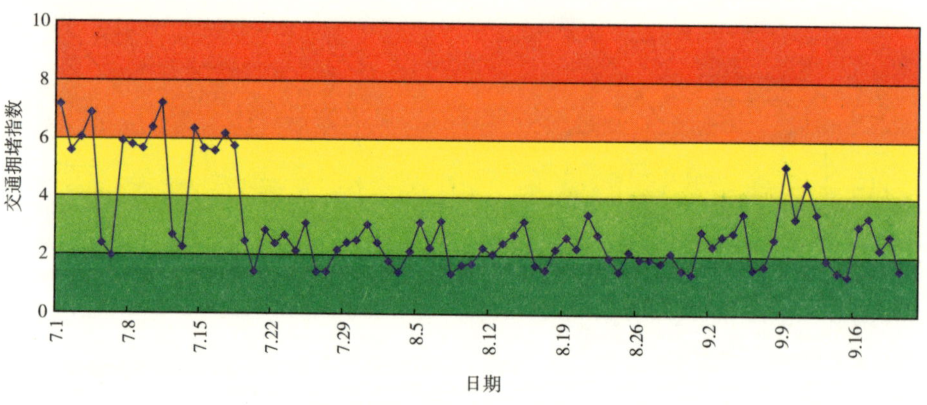

图8-6 日交通拥堵指数变化(7月1日~9月20日)

以15min为间隔进行交通拥堵状况的跟踪分析(图8-7),可以发现在各奥运交通保障政策措施实施后,工作日早晚高峰交通拥堵明显缓解,早高峰的出现时间向后延迟了大约30min,且"削峰"的效果非常显著。受中小学开学的影响,残奥会期间早高峰的出现时间比奥运会略有提前,而晚高峰则呈现轻微的恶化。

8.3.3 奥运公交运营组织及调度

奥运公共交通运营管理系统通过奥运会期间的实际应用,不仅圆满完成了奥运会的公交运输任务,也为北京市举办其他大型活动的公交运营组织与调度积累了丰富的经验。在奥运会结束之后,根据奥组委的安排,奥运会期间的相关财富在公交集团得到了很好的继承。目前，公交集团已形成了 1 个总中心、6 个分中心，11 个调度指挥分中心，并将奥运公共交通运营管理系统应用于日常公交运营组织与调度。服务于奥运会期间的 6339 个 GPS 设备也已重新分配到常规公交线路的车辆上。对于安装有 GPS 设备的线路沿用了奥运会期间的调度模式，对于没有安装 GPS 设备的线路，采用其他办法进行了调整，也实现了利用系统进行调度。

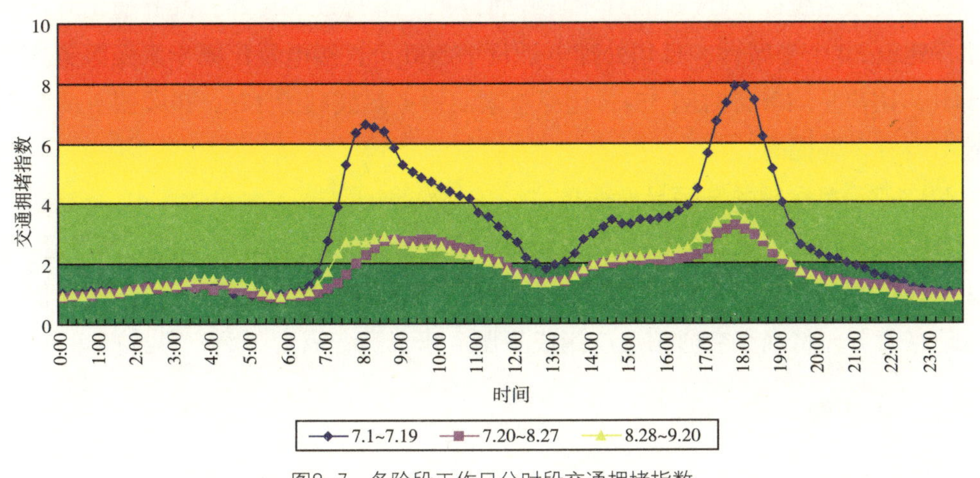

图8-7　各阶段工作日分时段交通拥堵指数

8.3.4　奥运服务车辆动态导航

8.3.4.1　北京公众出行网奥运交通站

北京公众出行网第一次面向出行者提供全面和多样化的出行信息服务，其服务内容涵盖了公众出行所需的方方面面，包括城市道路和高速公路路况信息，公共汽车、地铁、长途客运线路和换乘信息，各类交通服务企业和机构信息，占路施工信息，复杂立交桥和拥堵路段的行车线路信息，旅游景点、星级饭店信息，交通新闻信息，出行常识信息和政策法规信息等。

奥运会及残奥会期间，开通了“奥运交通站”等栏目，整合了奥运比赛场馆的各种公共交通信息，提供丰富、实用的奥运公共交通出行资讯。包括详尽的奥运交通新闻、赛事安排、奥运场馆周边交通等信息，同时，针对每天的赛事赛程开设“奥运出行提示”栏目，方便市民和观众查询，保障奥运出行顺畅与便捷。

2008 年 7 月 20 日 ~ 9 月 15 日期间，网站总页面浏览量达 594 万，日均页面浏览量超过 10 万。其中，单日最高页面浏览量达 26 万，8 月 7 日和 8 月 8 日页面浏览量均在 17 万左右。

8.3.4.2　交通服务热线“96166”

北京交通服务热线是在原“北京公交李素丽服务热线”的基础上，整合了公共汽车、地铁、一卡通、高速公路、长途汽车 5 个行业 20 大类交通服务信息，采用“总中心”加“行业分中心”的建设模式,为市民提供更加全面和一站式的交通信息服务。实现了拨打一个号码，就能查询全部交通出行信息。

交通服务热线自 2008 年 8 月 1 日开通以来，运行效果良好，共开通 180 条语音线路，建设 50 个坐席台，日均处理电话量 18500 个，接电量比原李素丽服务热线增加 54%，用户平均等待时间 58s，比原李素丽服务热线减少 17s，热线服务质量和服务效率均有显著提高。

8.3.4.3　奥运相关车辆导航服务

奥运会期间，车辆导航仪在奥运服务公务用车、志愿者运输车辆、新能源车辆、非注册媒体用车和保点出租汽车等奥运相关车辆上安装使用，为上述车辆提供动态导航信息服务，将现有交通信息应用成果服务于奥运，展现了北京科技奥运风采。

8.3.5　新能源车辆

奥运会期间，包括 50 辆纯电动公交客车、7 辆混合动力公交车和 3 辆国产燃料电池客车进行了示范运行。

从 2008 年 7 月 23 日在奥运村注册完毕到残奥会结束，50 辆纯电动公交客车总计运行里程 13.13 万 km,载客 14.5 万人次,快速更换电池 2017 次,实现了中途零故障、零抛锚，顺利地完成了奥运会的运营任务。

从 7 月 20 日至残奥会结束，27 辆混合动力公交车被安排在奥运专线 1 号环线示范运行。该线路 24h 不间断运行，累计行驶 30 万 km，运送乘客 141 万人次。

3 辆国产燃料电池客车于 2008 年 8 月 1 日开始正式载客运营，在 801 区间常规线路（北宫门——人民大学）进行示范运行。截止到 2008 年年底，3 辆运营车辆累计行驶 26086km；运营时间 1897h；载客 18092 人次；氢气消耗量 10.83kg/100km，低于奔驰车同期水平；出勤率 99.32%；满载率 27.39%；期间发生故障 9 次，平均故障间隔里程 2880km，圆满完成了奥运期间示范运行和服务任务。

9 奥运交通财富

2008 年 8 月 24 日和 9 月 17 日是两个永载史册的日子，第 29 届奥林匹克运动会和第 13 届残奥会分别在这两天胜利落下帷幕。

2008 年北京奥运会和残奥会达到了“让国际社会满意、让各国运动员满意、让人民群众满意”的要求,国际奥委会主席罗格给予了“一届真正的无与伦比的奥运会”的高度赞誉。就在奥运会圆满闭幕之际，留给人们的不仅仅是成功的喜悦和难以割舍的奥运情节。

蓦然回首，刚刚过去的这一盛事留给北京乃至中国的经济、文化、科技财富赫然在目，“更快、更高、更强”的奥林匹克精神已经成为铭刻在每一个中国人心中的座右铭。

毋庸置疑，奥运会对主办城市乃至国家的深远影响才刚刚开始，发扬奥林匹克精神，传承“绿色奥运、科技奥运、人文奥运”理念，珍惜并继承奥运财富是我们不可推卸的光荣使命。

2009 年 2 月，在北京奥运会闭幕后的第 5 个月，中共中央政治局委员、北京市市委书记刘淇在《求是》杂志撰文指出，“不断丰富、升华、发展人文、科技、绿色三大奥运理念，努力建设‘人文北京、科技北京、绿色北京’，将人文、科技、绿色的奥运理念转化为北京城市的发展目标”。

此后，在奥运筹办举办期间实现跨越式发展的北京交通，为奥运提供了优质服务的北京交通，确立了“人文交通、科技交通、绿色交通”的发展理念。“人文交通、科技交通、绿色交通”的发展理念作为奥运会留给北京，特别是留给北京交通系统的奥运财富被历史性的刻入了北京交通发展的里程碑。

9.1 奥运理念传承

回顾申奥之初，“交通拥堵”与“环境污染”是北京最受质疑的两个问题，而这两者都与交通有关。在20世纪90年代末的北京，刚刚经历了城市机动化进程中的第一个100万辆机动车，私人汽车则在2001年突破了100万辆。20世纪末至21世纪初，私人汽车年均增长达到了17万辆左右，小汽车在机动化出行方式中的比重已超过20%。面对机动车交通需求的飞速膨胀，北京在20世纪90年代选择了加快城市基础设施建设缓解拥堵的方法，道路设施建设规模空前。大规模的道路基础设施建设固然使北京市道路系统的容量迅速增长，赢得了供需矛盾暂时的平衡，但随之又被由此刺激引发的更大需求所打破。北京的交通陷入了“面多了加水、水多了加面”的恶性循环。

从某种意义上说，奥运会的申办、筹办和举办，使北京交通在历史抉择的十字路口重获新生，将“绿色、科技、人文”理念注入政府交通战略决策领域及社会公众意识行为领域，使其得到了持久的传承、延伸与发展。在“绿色、科技、人文”奥运理念指引下，北京市陆续编制出台了《奥运行动规划——交通建设和管理专项规划》、《北京交通发展纲要（2004 ~ 2020）》、《缓解北京市区交通拥堵工作方案》、《优先发展公共交通意见》和《轨道交通近期建设规划》等，提出了建设“新北京交通体系”的近远期发展目标和战略任务，自此北京交通在奥运三大理念的引领下稳步前行。

“绿色、科技、人文”的理念紧紧抓住了当今世界关注的主题，提出了当今人类社会生存和发展中遇到的重大理论和现实问题，以敏锐的时代眼光和深切的人文关怀，关注人类的命运，促进社会和谐发展。

“绿色奥运”的理念萌生于奥林匹克运动对自身可持续发展的探索，北京奥运会借鉴往届奥运会的成功经验，把繁荣奥林匹克运动和可持续发展的伟大号召与北京加强生态环境建设、建设宜居城市的战略目标紧密结合起来，通过制订严格的生态环境标准和保障制度，全面推进环境治理和环境保护，广泛开展环境教育，使“绿色奥运”理念在思想深度和实践广度上实现了前所未有的飞跃。

科技进步是奥林匹克运动发展的重要动力。北京奥运会从实施科教兴国战略、提高国家自主创新能力的高度出发，明确提出将“科技奥运”作为指导奥运筹办工作的重要理念。通过以科学精神引领奥运、以科学技术支撑奥运、以科技奥运惠及社会这三个层面的丰富实践，在举办一届荟萃人类最新科技成果的奥运盛会的同时，全面推动我国科学技术的跨越式发展。

人文精神是奥林匹克运动的核心。北京奥运会把“人文奥运”作为核心目标，全方位挖掘奥林匹克人文精神的时代价值和丰富内涵，积极推动东西方文化在体育及更广泛领域的交流，努力建设让所有奥运会参与者满意的自然环境和人文环境，进一步促进体育与教育、体育与社会的融合，使北京奥运会成为有史以来民众参与程度最高的一届奥运会。

从更深的层次理解，“绿色奥运”关注人的生存环境，主旨在于生态保护，创造一个洁净的、充满绿色生机的自然环境，以保障人们生活在健康的环境中；“科技奥运”的主旨在于用现代科技推动奥运及整个人类社会的飞速发展，为人的身体和精神的和谐发展提供保障支持；“人文奥运”关注人的精神健康，主旨在于要使人的文化素养、精神境界不断提高，促使人的身体和精神全面、和谐、健康发展。“绿色奥运”、“科技奥运”和“人文奥运”的结合是人类通过现代科技的运用，在洁净健康的环境中，实现身心和谐发展的追求。“以人为本”，一切为了提高人的生存质量和文化素养，一切为了人的身心和谐发展，这是北京奥运会三大理念的共同追求和根本含义。在这三大理念中，“人文奥运”是最核心的理念，是北京奥运会的灵魂；“绿色奥运”和“科技奥运”是体现“人文奥运”的两个极其重要的方面，体现“人文奥运”的“以人为本”原则，为实现“人文奥运”创造良好的条件。同时，“绿色奥运”与“科技奥运”密切相关，相互渗透，“绿色奥运”的实施离不开“科技奥运”的保障和支持，“绿色奥运”为“科技奥运”创造和谐宜人环境。

回顾奥运筹办以来的 7 年，“绿色、科技、人文”三大奥运理念已贯穿交通发展宗旨、目标、政策与各项行动之中。三大理念在交通规划、建设、运行管理与服务领域的实践过程，是北京城市交通可持续发展的具体生动体现，符合北京城市功能定位、北京未来发展方向和社会各界的殷切期望。

9.2 奥运交通财富

2001 年 ~ 2008 年，在历史长河中只是弹指一挥间，如白驹过隙。但对于北京交通来说，却是意义深远的 7 年。在北京奥运百年梦圆的时刻，北京交通系统保障了奥运会，奥运会改变了北京交通。奥运不仅仅是一次体育盛会，它见证了北京交通的理性成长，留下数不尽的财富——纵横交错的轨道线路、舒适宽敞的公交车辆、四通八达的城市路网是有形的物质财富；深入人心的绿色出行理念、焕然一新的交通文明氛围、以人为本的科学发展观是无形的精神财富。这些有形与无形财富承载着的“绿色、科技、人文”奥运理念已经并将永久地改变北京的发展方式和北京市民的生活方式。

在奥运筹办和举办的过程中，北京将绿色理念深刻融入城市交通“人”、“车”、“路”三大要素，综合体现了绿色奥运的核心精神。而纵观世界城市发展历程，国外各大城市机动化进程最终都必将走上节能环保、集约化的发展道路。以资源、环境为约束的城市交通政策所能取得的综合效果大大超越交通本身，成为绿色北京与建设宜居城市战略的有力支撑，三者在发展内涵和最终目标上有机的融为一体。

21 世纪以来，北京交通系统科技创新成效显著，在综合交通管理、公共客运管理、公路交通管理、公众出行服务、现代物流服务、交通基础设施建设与养护、节能环保新材料新工艺等诸多方面取得了突破，实现了从传统的经验管理模式向以信息化技术为基础的科学创新型管理的重大迈进，为奥运期间和奥运会后的交通管理提供了强有力的技术支撑。

如果说各种体育设施是北京奥运留下来的有形财富的话，那么通过举办奥运折射出的社会文明进步和奥运精神洗礼，则是一笔无法计算的无形财富。奥运交通保障工作，既促进了城市管理理念和交通发展理念的转变，更为今后城市交通发展创造了良好的物质和人文环境，积累了管理经验，为今后北京交通发展带来了有益的启示。

9.2.1 深入人心的绿色出行理念

北京奥运会留给北京的第一笔绿色财富是奥运会后深入人心的绿色出行理念。

奥运会期间，北京及周边城市针对小汽车交通实施的需求管理范围之广，力度之大，持续时间之长，均可谓开创国内先河。而政府部门、社会民众、舆论媒体和国际组织在交通需求管理政策上的认同和共识同样史无前例，这毋庸置疑地应归功于绿色奥运理念的深入人心。

粗略估算，停驶一辆车每年可以减少温室气体 1.8t、节省燃油消耗 800L。奥运会期间停驶的 195 万辆小汽车将为整个城市减少 87.8 万 t 温室气体排放、3.9 亿升燃油消耗和 48.9 万车公里的交通负荷。奥运期间，北京空气质量好于二级天数比同期多 16 天——清新空气、湛蓝天空、闪烁星空下的美丽北京让市民释怀于汽车限行的遗憾和不便。社会民众也由此开始了对汽车文明的重新审视。各类自发行动如星星之火——“少开一天车”、“无车日”，数十万私家车车主放弃开车，签下自己的庄严承诺；奥运期间社会民意网调查显示，61.7% 的有车族支持单双号限行政策。来自民间的自行车租赁企业以绿色出行为旗帜，得到社会各界的支持和援助，自行车出行在长达 20 余年的衰退后终于重新为人们所关注。

无论这些自发行动最终的效果如何，这些行动本身就已反映出对交通需求管理政策日趋强烈认同的民意，也必将为北京奥运会后破解北京交通拥堵难题奠定厚实的基础。

9.2.2 节能减排的绿色环保车辆

节能减排的绿色环保车辆是奥运会留给北京的又一笔宝贵财富。

2001 年以来，国家科技部、北京市、汽车生产企业投入 13 亿元开展新能源车辆的研制，为奥运服务的 500 辆纯电动客车、混合动力客车、燃料电池小客车陆续投入试运行。奥林匹克中心区全部使用配备世界先进水平的发动机、自动变速器、空气悬挂技术、CAN 总线等先进技术的节能环保型汽车。

20 世纪末，城市公交、出租汽车车辆老旧、乘坐舒适度差、尾气排放标准低。为此，北京市在申奥成功后加速更新淘汰能耗高、排放超标的老旧车型，新增更新符合环保要求的公共汽（电）车 13803 辆，全部公交车 2 万多辆符合国 III 及以上标准。新增环保型旅游客车 2788 辆，更新老旧出租汽车 6.1 万辆，全部出租汽车 6.6 万辆达到环保要求。环保型、舒适型车辆投入运营，不单单是改善了空气质量，而且也改善了市民的乘车环境，一举多得。

奥运交通限行政策实施后，为保障农副产品供应，由 178 户专业运输企业、4273 辆车组成的城市保障道路货运“绿色车队”临危受命，成为了奥运期间交通战线上一道异常亮丽的风景线。这些符合环保、社会化、规模化运输资质要求的专业货运企业，运输效率是普通货运业户的 1.5 ~ 2 倍，有效减轻了道路拥堵和环保压力。奥运期间建立的“绿色车队”模式在奥运会后已经成为常态化的运输模式。

9.2.3 循环集约的新材料新工艺

土地、能源和空气是关系发展和民生的基础资源，奥运申办成功以来，从规划设计环节开始注重节约土地资源。道路建设注重生态文明，保护自然环境和生态环境，避免破坏环境。坚持以“不破坏就是最大的保护”为原则，减少大填大挖，增大桥梁和隧道的比重，融入自然环境和生态环境的道路建设模式，充分体现了集约发展的绿色理念。

在基础设施建设中推广使用再生资源，不仅减少了垃圾量，还节约了对不可再生资源的消耗。例如，北京道路建设部门应用橡胶粉的做法不仅解决废旧轮胎带来的环保问题，同时提高了路面的技术性能——降低路面噪声 2 ~ 3dB，相当于减少了 30% ~ 45% 的车流量噪声。

与此同时，应用透水沥青提高沥青路面的抗滑性，应用沥青路面再生技术变废为宝，使用太阳能标志、太阳能凸起路标等新材料节约资源、保护环境的做法取得了很好的效果。奥运会后，这些成功经验已在北京设施建设过程中继续发挥作用。

9.2.4 重大活动与事件的交通保障能力

奥运交通需求与城市日常交通需求的兼容性和差异性的正确认识和满足。北京交通在此方面的深刻认识和系列经验为北京市今后重大活动组织和今后奥运会交通组织提供了非常宝贵的借鉴经验。

系统集成的交通规划体系。奥运会留给北京的另一项宝贵财富就是健全的交通规划科学体系。2002 年以来，北京以举办奥运为契机，完成了一系列的交通专项规划，并运用系统集成技术，将不同阶段、不同功能层次的诸多单项规划构建成相互依存、相互融合的交通规划体系，很好地处理了交通规划体系与外部各相关规划的相互协调反馈关系。科学规划体系的建立不仅为举办一届“有特色、高水平”的奥运会残奥会提供了优质的交通服务保障，也为建设新北京交通体系奠定了基础。

灵活高效的重大活动交通保障工作体制。奥运交通保障作为一项庞大复杂的系统工程，充分发挥了社会主义制度所特有的集中力量办大事的优势，采取了“双进入”的工作机制，为今后交通管理提供了有益启示。申奥成功以来，北京市连续开展了五个阶段缓解市区拥堵工作。截至 2008 年上半年，累计投资近 3 亿元，实施改善道路微循环系统，优化平交路口，完善过街设施，建设公交港湾及站台，完善公交换乘系统，增加交通安全设施等 8 个方面的近 1400 个项目。这些投资少见效快的项目，起到了改善道路系统功能，改善整体路网通行能力的作用。经测算，已实施交通疏堵工程的路段和路口，综合通行能力提高 28%。其中，600 余处交通拥堵严重点段交通状况有了不同程度的改善。

2003 年以来，北京市先后对地铁设施设备、桥梁、隧道、天桥、通道等进行了检测、评估和改造，提高了交通安全运营水平。制订了一系列交通应急预案，重点完善地铁、公交防范火灾及恐怖袭击事件应急处置预案和道路、桥梁等交通设施重大事故应急处置预案，提高了交通应急处置能力。针对暴雨等灾害性天气，与市防汛部门建立雨天应急抢险联勤指挥模式。为奥运交通应急处置和增强今后交通应急抢险能力做好了思想、人员、设备、物资准备。

奥运交通宣传工作取得的成就不仅为奥运会营造了交通舆论环境，也为奥运会后北京交通发展创造了良好的社会舆论环境，无疑有助于增强社会各界对北京交通发展的信心和支持力度。

先进可靠的科学技术支撑。在保证北京市常态交通服务水平的基础上，大幅提高交通领域突发事件应急处置能力是本届奥运会高新科技做出的一大贡献，也是北京交通发展的长久财富。通过建设和应用交通管理指挥调度系统、公交运营管理与调度系统、车辆监控及服务系统等一系列智能交通平台，从交通指挥调度、交通控制、交通监测、区域交通优化等方面充分挖掘了北京市交通系统的能力，在充分保障奥运交通需求的同时也为日常交通需求的满足积累了宝贵经验。

奥运期间建立的奥运交通管理指挥调度系统在奥运会后继续发挥其强有力的技术支撑作用，路网综合通行能力与去年同期相比提高了15%以上。旅行时间缩短5.8%，旅行速度提高4.9%。有效减少交通违章行为和交通事故的发生，北京市交通运行和安全状况达到了十几年来的最佳。如今已实现全市交通指挥调度的智能化、可视化和扁平化，提高了快速反应和协调联动能力，减少突发事件对公众的影响。

通过建立奥运公交运营管理与调度系统，北京公交改变了仅有少数场站和线路实现智能调度，大部分场站和线路采用劳动强度大、效率低、手段落后、应急能力差的传统运营调度方式。奥运公交运营管理与调度系统则通过大量计算机、信息、通信、定位等先进技术，为乘客提供更加快速、准确、全面、综合的公交出行服务，并为北京举办其他大型活动的公交运营组织与调度积累了丰富的经验。可以说，奥运期间的公交调度系统不但圆满完成了奥运期间的公共交通运输任务，为北京奥运会的成功举办作出了重要贡献，更是提高了公交系统应对大型活动和突发事件的应变能力，增强了北京公共交通的安全可靠度。有了这一基础，它必将吸引更多的市民选择公交出行，从而将进一步改善北京市交通出行结构。

此外，奥运期间建成的监控系统未来市场化应用前景广阔。通过奥运会赛时6000辆车2个月的稳定运行，对系统的兼容性、安全性、可靠性、易操作性等进行了全方位的检验。奥运会后，结合定位监控市场拓展的需要，在奥运会GPS定位监控系统的基础上进行系统扩展改造，吸引了全国范围6万辆入网车辆。

9.2.5 交通行业管理决策支持能力

以奥运为契机，北京市交通科研工作者在道路交通仿真方面完成了北京市道路交通流模型研究，建立了基于非参数回归和混合模型的道路交通流模型预报，开发了面向奥运的交通流预测预报系统，并在此基础上，建成了北京城区交通运营状态仿真评价系统，实现了城市交通仿真与路网宏观评价。奥运筹办期间，北京市完成了城市区域交通仿真评价系统的研究，对典型路段交通拥堵原因进行分析，并提出了解决方案,完成了道路交通仿真评价系统示范工程建设。在任务攻关和项目建设中，完成了北京市城区 27 个典型路口仿真方案和工程改造，完成了奥林匹克公园周边区域交通组织方案仿真优化和改造。

在奥运会期间取得成果的基础上，目前北京已拥有世界先进的城市路网宏观评价系统，实现了网络运行信息实时发布，并即将整合到北京市公众出行网，为政府主管部门、交通管理部门、科研工作者提供区域的路网宏观评价相关的决策支持，并为社会公众提供信息服务。

市政交通一卡通系统和地铁全路网 AFC 系统投入使用，使公交、地铁、出租汽车全部使用 IC 卡刷卡乘车，目前全市发行 IC 卡达 2270 万张，日均刷卡 1400 万笔，达到日均客运量的 86%。

在交通枢纽仿真系统方面，继承了奥运成果，在行人交通组织与引导、设施布局规划和公交运营管理等领域广泛应用，对交通枢纽规划、组织、营运和管理提供辅助决策。

为实现避难所选择、资源及疏散、救援路径优化、交通控制策略优化等功能，北京市交通部门建立了基于 GIS 平台的交通应急仿真系统，通过系统评价模块组中分别给出倾向于效率、安全或经济性的备选推荐方案，灵活、高效地对所制订的交通应急预案进行分析评价。基于道路巡查业务，整合道路信息数据和地理信息系统数据，实现业务的信息化管理和信息资源的共享，从而将城市道路管理转向城市道路服务管理。奥运会期间建立的“城市道路巡查管理系统”已覆盖了北京五环路以内 400 多条市管以上道路，极大提高了城市道路问题诊断效率。

9.2.6 公众出行信息服务能力

面向日常交通和奥运交通的需求，由出行服务网站和奥运交通站等构成的北京交通网（www.bjjtw.gov.cn）发挥了重要作用。北京交通网在奥运前建成并投入使用。

出行服务站整合了交通行业的多种信息，为北京市民、中外游客提供直观实用的出行服务和丰富多彩的出行资讯；奥运会结束后，北京交通网和车辆导航服务系统功能得到进一步强化，成为市民获取出行信息的重要途径。

9.2.7 持久传承的奥运精神财富

筹办和举办奥运会，逐步形成和积累了巨大的奥运精神财富，即：为国争光的爱国精神、艰苦奋斗的奉献精神、精益求精的敬业精神、勇攀高峰的创新精神和团结协作的团队精神。奥运精神已经激励北京举办了一届“有特色、高水平”的奥运会。奥运会后，这种精神必将被继续传承，成为包括交通行业在内的各个行业积极进取的工作精神，激励和鼓舞着交通工作者继续努力攻坚，圆满完成各项任务。

交通行业服务意识大幅度提高。通过北京奥运会，北京交通系统树立了良好的行业形象。从2005年3月以来，北京市交通系统对公交、地铁、出租汽车、旅游客运、高速公路收费等五大窗口行业20万名一线员工开展全员奥运培训工作，特别强化了对7100余名直接承担奥运服务的专业驾驶员及8627名奥运赛事外围交通服务保障人员的培训。同时开展文明礼仪竞赛活动，公交“礼仪服务标兵”评选、公共交通周及无车日活动，地铁“文明之星”和“金手柄奖”评选、“文明礼仪地铁情”活动，出租汽车行业开展了出租汽车驾驶员迎奥运社会信誉评价活动、“北京的士之星”评选、“运营服务百日竞赛”活动等，带动了交通行业整体服务意识的增强和服务水平的提高。

交通“志愿者”精神蔚然成风。奥运会期间，170万志愿者在不同的工作岗位上开展了多种形式的志愿服务活动和社会公益实践活动，使“奉献、友爱、互助、进步”的志愿服务理念在全社会蔚然成风。奥运会后，北京市进一步完善了志愿服务组织体系，170万人的奥运志愿者队伍整体保留，500个城市志愿服务站点继续保留，成为展现首都社会文明的窗口，未来5年，全市公众志愿者服务参与率达到20%，注册志愿者总数不少于200万人。北京市已将志愿服务精神教育正式纳入中小学课程中，志愿服务的种子将播撒到更多年轻人的心中。

全社会交通文明通过奥运会得到全面升华。奥运会筹办及举办的几年来，社会各个群体以主人翁姿态诠释着“重在参与”的奥林匹克精神，积极投入“迎奥运、讲文明、树新风”活动，自觉养成文明行为习惯。中央和国家机关、驻京部队率先垂范，提前停驶车辆，本市党政机关和各企事业单位落实公务用车削减措施，广大市民自觉遵守交通限行有关规定，自觉选择公共交通等绿色出行方式。社会文明素质和城市文明程度不断提高，为今后交通可持续发展奠定了坚实的社会基础。

9.2.8 交通设施建设实现跨越式发展

奥运筹办的7年间，北京市交通基础设施投资总额达2000亿元，带来了轨道交通、城市道路、高速公路、枢纽场站等交通基础设施的跨越式发展。交通设施供给和承载能力的提高，不仅仅服务于奥运会和残奥会，更重要的是为今后首都的经济社会发展提供了交通基础设施条件。奥运会筹办的几年间，克服了建设任务重、时间紧、征地拆迁难等困难，全面完成各项设施建设养护任务，路网功能进一步完善，为首都经济社会发展提供了基础条件。

9.2.9 公共交通优先发展解决民生问题

中共中央总书记、国家主席、中央军委主席胡锦涛在视察北京交通时为首都交通发展指明了方向——“北京作为特大型国际城市，要解决城市交通问题必须充分发挥公共交通的重要作用，为广大群众提供快捷、安全、方便、舒适的公交服务，使广大群众愿意乘公交、更多乘公交”。确实，公共交通在奥运会筹办和举办的过程中，得到了空前的发展，发挥的重要作用也有目共睹，这些将为今后继续坚持公交优先发展战略打下坚实的基础。

构建公共交通快速网络，公交线网得到优化调整，市民出行更加方便。通过减少中心线网重复、扩大边缘线路覆盖，初步形成了市区公交、市郊公交、郊区客运城乡一体化的三级公共交通网络体系。施划公交专用道285km，开通运营三条大容量快速公交，公共交通快速网络雏形初步形成。

坚持公交公益性定位和城乡统筹，实施低票价政策，使城乡市民共享改革成果，市民公交出行更经济实惠。

适应轨道网络化运营要求，地铁运输能力大幅提高。既有线路缩短发车间隔，新建线路实行高水平开通运营，轨道交通网络效应初步显现，运营效率进一步提高，为市民出行创造了安全、快速、准时、经济的交通条件。

坚持城乡统筹，实现“村村通公交”。加大对郊区公共客运的投入，全部实现了行政村“村村通公交”。农村公路和公共客运的发展，使农民出门走在水泥路、沥青路，坐上了公交车，改变了过去出门“晴天一身土，雨天一身泥”和“无车坐”的状况，极大地方便了郊区市民的出行。

优先发展公共交通，既满足了奥运会残奥会公共交通服务需要，又为当前和今后解决城市交通问题作了积极有益的探索。近几年来，公共交通吸引力逐年提高，公交出行比例已由 2002 年的 28% 提高到 2009 年的 38.9%。

9.2.10 交通管理政策为解决城市交通问题带来新思路

奥运期间临时实行了本市和外地车辆按车牌尾号单双号上路行驶、黄标车禁止上路行驶、外地过境货车绕行 112 国道等临时交通需求管理措施后，日均削减机动车 195 万辆以上，全市道路交通流量明显下降，交通安全顺畅，车速明显提高。奥运会后，北京继续实行错时上下班、“每周少开一天车”等需求管理措施，得到市民的广泛拥护，全市路网运行速度比“无限行”期间提高 14.7%。所有这些都将为今后交通需求管理常态化积累宝贵经验。

9.3 奥运交通财富的持续影响与延伸价值

北京奥运留下了巨大精神财富和物质财富，在奥运会后，如何将这种奥运财富传承，并在实际行动中使其不断增值，是北京奥运赋予我们的历史使命。

9.3.1 奥运会后北京交通的挑战

2008 年北京市人均 GDP 达到 8000 美元，即将跨入国际公认富裕地区的行列。六环路内日均出行 3072 万人次，机动车 350 万辆，预计 2015 年全市日出行量将达到 5500 万人次，机动车保有量将超过 600 万辆。城市人口膨胀、私家车的持续快速增长、被一个个“封闭式大院”割裂的城市路网、土地空间资源短缺、环境容量约束……以上种种，都是奥运会后北京交通系统所需要直面的发展困境。这些问题短期内很难解决，并很可能始终伴随北京市城市化、机动化进程而激化。

而奥运会留给北京交通的绿色、科技、人文财富，其关键要义并不在于如何提高城市供给能力或改变交通需求增长态势（从某种程度来说，奥运会的举办还激发了新的需求增长点），而在于留下了许多关于发展模式的启示——帮助北京交通系统今后在面临任何困难与挑战的时候，更为理性的把握自身的发展方向和正确途径。

9.3.2 建设人文交通科技交通绿色交通

2009 年 7 月，北京市颁布了《北京市建设人文交通科技交通绿色交通行动计划（2009 ~ 2015）》（简称《行动计划》）。人文、科技、绿色理念作为奥运财富正式融入北京交通总体发展战略，与北京交通发展的实际情况和具体问题相结合，形成了“人文交通、科技交通、绿色交通”这一北京交通未来7年的发展目标和行动计划。

人文交通就是把“以人为本”的方针贯彻到交通规划、建设、运营、管理与服务之中，使交通改革发展的成果惠及全体市民。一是交通发展要以解决民生问题为根本出发点，交通各个环节、各项工作要充分体现人性化，以更加适宜的方式满足交通参与者的多样性出行需求。二是交通建设的规模和速度要与首都经济社会发展水平相适应，交通规划体现人与自然、人与城市的和谐，体现交通设施与城市风貌的协调。三是交通运行和管理体现公平性和法制化，着力推进交通基本公共服务的均等化，为广大市民提供更加安全、便利、高效、快捷的交通服务。四是全面提高交通行业从业人员和交通参与者的现代交通意识与文明素质，实现人的全面发展。

科技交通就是要始终坚持科技是第一生产力，推进交通科技创新，不断提高交通科技创新能力，促进交通科学发展。一是通过科技手段，实现交通基础设施建设、路政管理、运输行业管理、交通行政执法的资源共享，推动交通领域创新能力有效整合和提高效率。二是充分发挥科技的引领作用，大力发展智能交通，提升信息化、智能交通技术的应用水平，为交通规划、交通运行和交通服务提供科学高效、全方位的信息服务。三是突出科技成果的推广应用，特别是在道路桥梁建设改造和公共交通等运输领域，创新理念，广泛应用新技术、新工艺、新材料、新方法，实现交通基础设施建设改造对交通系统运行的影响最小，时间最短，成本最低，投入最少，实现公共运输安全、方便、快捷、经济和舒适的目标。

绿色交通是一种使用绿色能源或采用绿色交通工具，节约能源、节省交通费用、有利于城市健康发展的可持续交通运输系统。有四层含义，一是在交通基础设施建设中要以资源环境承载能力为基础，注重节约、集约利用土地等不可再生资源。二是优先发展公共交通，加快轨道交通建设，构建地面快速公交通勤系统，不断提高公共交通出行比例，降低小汽车出行比例，减少交通能耗和机动车尾气污染。三是大力推广清洁燃料车辆使用，特别是混合动力汽车、燃料电池汽车、纯电动汽车等新能源车辆。打造新型货运“绿色车队”，发展城市货物绿色配送体系。四是优化自行车和步行环境，短距离出行或接驳公交提倡使用自行车和步行方式，引导交通参与者转变交通出行观念。

9.3.3 奥运会后的具体交通行动

《行动计划》中最引人关注的是优先发展公共交通成功经验与人文、科技、绿色奥运财富结合后产生的“公交城市”这一宏伟蓝图。这一模式以集约化、社会化公共运输方式为主导、建立多种交通方式协调运转的交通系统，并与城市发展相协调的城市。公共交通与城市形态相匹配，与城市发展相适应，与城市历史文化风貌相协调，与城市和谐共存，支持和引导城市可持续发展。“公交城市”超越了传统公共交通服务的思维定式，力图通过完善的网络化轨道交通和地面公共交通运营系统、完善的自行车交通与步行系统、便捷的多种交通方式衔接换乘系统、完善的城市中心区交通无障碍系统、完善的城市中心区物流配送系统和低能耗、低排放、高效率的交通工具共同组成,涵盖人们日常出行全过程,兼顾城市发展客货运输的双重需求。

在《行动计划》中以奥运经验为基础，建立北京交通有序和可持续发展的长效机制。《行动计划》中五项关键指标更是高度浓缩了北京交通继承与创新的奥运财富力度与决心。到 2015 年，基本建成适应首都经济社会发展需要，满足不断增长和变化的交通需求，以“人文交通、科技交通、绿色交通”为特征的新北京交通体系，为建设繁荣、文明、和谐、宜居的首善之区提供有力的交通保障。

（1）公共交通吸引力明显增强。中心城公共交通出行比例达 45%。其中，高峰时段通勤出行中，公共交通分担比例达 50% 以上。轨道交通承担公共交通总客运量力争达 50% 左右。

（2）城市物流配送体系形成规模。与铁路、水陆、航空运输接驳的道路货物运输网络初步形成，中心城内物流配送系统承担城市正常运行货运量的 70% 左右。

（3）交通出行效率不断提升。形成“1—1—2”小时交通圈，即中心城内通勤出行时间平均不超过 1h，最远新城到中心城（五环路）出行时间平均不超过 1h，北京到环渤海经济圈中心城市出行时间平均不超过 2h。中心城交通拥堵指数控制在 6 左右。

（4）道路交通安全水平进一步提高。交通参与者安全意识和法制意识明显提高。全市万车交通事故死亡率控制在 2 以下。

（5）交通节能减排效果显著。通过经济技术手段降低机动车能源消耗。提高机动车尾气排放标准，机动车主要污染物排放总量低于 2008 年水平。

图索引

表索引

后 记

《北京奥运交通丛书》在有关单位的鼎力配合下，终于付梓印刷了，北京市交通委员会和北京交通发展研究中心在丛书的组织编著过程中，得到了北京市交通委员会路政局、北京市交通委员会运输管理局、北京市交通执法总队、北京公交集团、北京市地铁运营公司、北京市轨道交通建设公司、北京市基础设施投资公司、北京市首都公路发展集团、北京市公联公路联络线公司、北京市市政路桥集团、北京祥龙公司、北京市轨道交通指挥中心、北京市公安局公安交通管理局、原北京奥组委交通部等单位有关负责同志、专家学者和工作人员的大力支持。

刘小明、王兆荣、全永燊、郭继孚、郭卫亮、孙壮志等同志对丛书的架构和内容设计付出了辛勤的劳动。

郭继孚、郭卫亮、孙壮志、张奋搏、马海红等同志对本册书的编写做了大量的工作，周凌、王书灵、刘新华、姚广铮、孙福亮、宋俪婧、冯陶、许焱、孙建平、刘莹、李春燕、陈峰等同志提供了大量的资料或参加了编写工作。

北京市交通委员会、北京市交通委员会路政局、北京市交通委员会运输管理局、北京交通发展研究中心、北京公交集团、北京市轨道交通建设公司、北京市地铁运营公司、北京祥龙公司和柏城（北京）公司等单位也为本书提供了宝贵的资料。

在此，对参与编写工作的各单位和各位同志付出的辛勤劳动表示衷心的感谢！

本书的出版得到了人民交通出版社戴慧莉编辑的帮助，她认真负责的工作态度与高水平的编辑能力，为本书增色很多，在此一并表示感谢！

《北京奥运交通丛书》编著委员会

2010 年 2 月